U0349540

FEAR OF FOOD: A HISTORY OF WHY WE WORRY ABOUT WHAT WE EAT by HARVEY LEVENSTEIN

© 2012 by The University of Chicago.
This edition arranged with THE UNIVERSITY OF CHICAGO PRESS

Through BIG APPLE AGENCY,INC.,LABUAN,MALAYSIA.
Simplified Chinese edition copyright:
2016 Shanghai Joint Publishing Company
All rights reserved.

上海市版权局著作权合同登记

图字：09-2016-184号

Fear of Food
让我们害怕的食物
美国食品恐慌小史
A History of Why We Worry about What We Eat

［美］哈维·列文斯坦 著　徐漪 译

上海三联书店

目　录

序　1

引言　1

第一章　病菌恐惧症　1

第二章　牛奶："最宝贵也最危险的食物"　12

第三章　自体中毒及其争议　20

第四章　细菌与牛肉　37

第五章　厨房里的卢克雷齐亚·波吉亚?　55

第六章　维生素的狂热与缺乏　71

第七章　"隐性饥饿"在蔓延　86

第八章　来自世外桃源的天然食品　98

第九章　脂肪恐惧症　115

第十章　创建全国性的饮食失调　128

尾声　148

常见引用源缩写表　152

注释　153

索引　208

序

不为享受,而是为健康而吃,这无疑是源自美国的一个基本
特征:害怕生病。人们如此急于相信通过某种饮食方式,就能获
得愉悦而精力充沛的生活,这种情形或许在英国能看到,但肯定
不会在法国、西班牙、德国或俄罗斯出现。在那里,美食即珍宝,
营养学家即先知。

《财富》,1936 年 5 月[1]

在撰写关于美国人在法国旅游历史的两本书时,我开始对 20 世
纪里有如此之多旅行法国的美国人与法国食物的关系出现了问题这
件事感兴趣。虽然世界上大部分人都认为法国美食无与伦比,但美国
中产阶级却总是对其满怀恐惧与不安。他们担心闻名遐迩的法式酱
料掩饰了不清洁的肉料,担心菜单上陌生的菜式会让他们生病,担心
饭店的厨房和侍者都不讲卫生。(更不用提厕所了!)我开始感到奇
怪,他们与食物的关系怎么会糟到这个地步?[2]

与此同时,美国心理学家保罗·罗津(Paul Rozin)和法国社会学
家克劳德·费什勒(Claude Fischler)正在展开跨国研究,重点调查在
对待食物的态度上,美国人与欧洲人有多大差异。有一项调查表明法
国人和美国人正好处于对食品担忧的两个极端。例如,当被问及一提
到搅奶油和巧克力就会联想到什么的时候,法国人往往用愉悦的想法
来回答,而美国人则使用"内疚"或"不健康"之类的表达。这让罗津发
现:"在许多美国人看来,食物既有营养又有毒性,吃和不吃的危害性
是一样的。"后来和费什勒联合发起的另一次调查也证实了这一点。
这次调查显示,美国人比法国和另外四个欧洲国家的国民对于食物更

加忧虑,更有负罪感。其中法国人的反差尤其强烈,他们通常把就餐看作是社交行为,而非私人活动——也就是说看作赏心乐事。美国人则相反,被一种对于自己的食物选择所负有的个人责任感所折磨,总是在关注"营养"而非"美味"。³

viii　　　所有这一切都促使我重新审视:为什么在 20 世纪的大部分时间里把自己看作是"世界上吃得最好的人民"的美国人,如今却已经到了这个地步。我说"重新审视",是因为在 1993 年,在我第二本关于现代美国食物历史的书《丰富的悖论》(*Paradox of Plenty*)结尾处,就提到了"一个人被富足的物质所围绕,却无法享用的悖论"。⁴然而这本书以及前一本《餐桌革命》(*Revolution at the Table*)的主旨,则是考查自 1880 年左右以来,形成美国人饮食习惯的各种各样的力量。《让我们害怕的食物》在这项工作中只扮演了较小部分的角色。在本书中,我使用了在前两本里所提及的一些话题,如改善食品卫生以及排除大规模生产影响的种种努力,作为一个出发点,以进一步深入研究这些话题对美国人食物焦虑的影响。这使我得以从一个不同于其他研究——包括我自己以往的研究——的角度来看待各个相关专题,包括追求"纯净"和"自然"食物的运动、维他命狂热,以及饱和脂肪恐惧等。作为这一思考的结果,我希望本书能够吸引那些关注美国人与食物之间的关系是如何随着时间的推移建立起来的读者。我同样也希望本书能够成为当下流行的食品流言的解毒剂。如果它能帮助减轻即使是少数人的焦虑,并增加他们从饮食所得到的乐趣,我会认为这就是成功了。

　　我要再一次感谢我的妻子莫娜(Mona),她就是老式无线电喜剧演员所说的那种"我的好伙计兼最严厉的批评家"。与对待我的上一本书相同,她用锐利而又饱含支持的眼光仔细审读了整本原稿,提出了许多有用的修订建议。我的朋友,来自位于巴黎的法国国家科学研究中心(Centre national de Ia recherche scientifique CNRS)的克劳德·费什勒从一位社会科学家的角度审阅了大部分原稿,同时我的分子生物学家朋友、滑铁卢大学(University of Waterloo)名誉教授杰克·帕斯特纳克(Jack Pasternak)则提供了一位正宗科学家的眼光(我猜作者这里是在调侃社会科学——译注)。麦克马斯特大学

（McMaster University）迈克尔·G. 德格罗特医学院（Michael G. DeGroote School of Medicine）名誉教授唐纳德·罗森塔尔博士（Dr. Donald Rosenthal）运用其医学方面的智慧为原稿指点勘误，增强了我的信心。宾夕法尼亚大学（University of Pennsylvania）的保罗·罗津教授应出版社之邀通读了书稿，并提出了许多有用的建议，我都力争将其纳入书中。芝加哥大学出版社（University of Chicago Press）的编辑道格·米歇尔（Doug Mitchell）一如往常地支持本书。当然，书中所传递的享受美食的理念与这位专注的美食家（原文为法语 bec fin）一拍即合，没有什么能够阻挡他对佳肴的向往。他的副手蒂姆·麦戈文（Tim McGovern）在将书稿整理成最终印刷版本时，也是一如既往地干练称职。

本书的一部分是基于我 2009 年在安大略省伦敦市西安大略大学（University of Western Ontario in London，Ontario）所做的年度"乔安妮·古德曼（Joanne Goodman）系列讲座"的内容。"乔安妮·古德曼系列讲座"由乔安妮的家人和朋友所设立，是为了纪念她的乐观精神、对知识的探求，以及她在西安大略大学所度过的硕果累累的两年时光。

加拿大安大略省汉密尔顿市Hamilton

2011 年1 月

引言

我们对于食物的焦虑，其根源是所有人都具有的共同的东西——也就是保罗·罗津所说的"杂食者的困境"[1]。也就是说我们人类与……比如说考拉不同，后者始终只吃桉树叶，不会离开桉树生长地域，我们食用多种不同食物的能力，使得我们几乎能在地球上任何地方生存。而困境则在于这多种不同食物之中，有些会致我们于死地，这就导致了对食物的自然焦虑。现如今，我们的恐惧不再来自在荒野中遭遇的新植物，而来自担忧我们的食物在到达我们的餐桌之前，究竟被动过什么手脚。这些都是市场经济增长的自然结果，因为在食物的生产者和消费者之间插入了中间人。[2] 近年来，工业化和全球化完全改变了我们所吃的食物的种植、运输、加工以及销售的方式，这更对我们的恐惧起到推波助澜的作用。

随便瞥一眼哪个揭露"都市传说"的网页，你都会发现其中漂浮着数量惊人的关于食物供应链（通常涉及可口可乐）离奇恐怖的内容。这些传说使我们得以一窥阴谋论的本质，然而并非本书所要记载的那种恐惧。我感兴趣的是拥有美国最显赫的科学权威、医学权威以及政府权威背书的那些恐惧。本书中有一位主角是诺贝尔奖获得者，另一位则自认为本应获奖。主人公里还有许多人都是当时最杰出的营养科学家。书中所谈及的政府机构无不配备各自领域的顶尖专家。然而，正如我们将看到的，他们所激起的恐惧最终被发现要么毫无根据，要么充其量也不过是夸大其辞。其他造成全体美国人恐慌的事件，其实只威胁到了极少数人。

这些恐慌及其所造成的对食物的焦虑，都源自19世纪末开始出现的多重力量的汇合，其改变了美国人的食物以及他们对自己食物的想法。首先也是最重要的，是当代家政经济学家常常指出的一点：多年以来，食物的生产和处理正在稳步从家庭转移出来。在美国建国早期，当时百分之九十的美国人住在农场里，处理他们食物的外人主要是磨坊主和贩卖盐和糖蜜（molasses）之类必需品的商贩。消费者往往与其供应商保持着一种私人的信任关系，他们常常就是邻居。然而到了19世纪晚期，工业化、城市化，以及一场运输革命改变了这个国家。城市勃兴，铁路在国土上纵横交错，巨大的蒸汽船涌入港口，而城市居民的食物岂止是并非由邻居所种——它们甚至不是在邻国种植的。装罐、腌制、精炼、研磨、烘焙，以及其他种种保存和处理食物的工序，以往都是在自家或邻居家完成，如今却被冷冰冰的大公司掌握。食物在陌生人的手里一路走来，沿途充满着在质量和卫生上做手脚以牟利的机会，因而有足够的理由怀疑在到达餐桌之前，食物到底遭遇过哪些不堪之事。

这些自然产生的关切，又被现代科学所加深。19世纪晚期，营养科学家发现食物并不只是人体引擎毫无差别的燃料而已。他们说食物中含有蛋白质、脂肪以及碳水化合物，每一种都在维护人体健康的任务中扮演一个不同的角色。只有科学家才算得出每种成分的需要量。随后他们又用美味是健康饮食最不可取的指标这一警告，为现代人对食物的焦虑打下了大部分基础。

与此同时，新生的细菌致病理论也加剧了恐惧，这一冲击将在本书的前两章中论及。接下来的两章则探讨对于用来保存和处理食物的化学品的忧虑。随后的一章讲述美国人对牛肉是如何神魂颠倒到了不顾任何正当警告的程度。然后我要提到，维生素的发现导致人们担心，现代化的食物处理去除了食物中这些必须的元素。下一章讲述了对现代食物处理的担忧，是如何导致人们理想化地看待前工业化时代的饮食，如巴基斯坦一个所谓的世外桃源的地方居民的食谱，以及随之而来的天然和有机食物的热潮。最后的两章则谈及脂肪恐惧（lipophobia）——即对膳食脂肪的恐惧，一些美国人将其称为"我们国家的全国性饮食失调症"。

3　　当然，要激起美国人关注自己的食物，几条吓唬人的理念是远远不够的。食品工业所涉及的巨额金钱，意味着其中也蕴含巨大的金融风险。然而我们应该看到,利益相关者并不只是那些最常受怀疑的,占据粮食生产主导地位的大公司,也有善意得多的参与者。好心的公共卫生当局试图通过发出夸张的食物风险警告来证明自身的重要性。家政经济学家则通过教授如何正确饮食来避免致命疾病,以期为自己在教育系统中的地位辩护。在二次世界大战期间,联邦政府传播误导性的观念,认为服用维生素可以弥补食品加工所造成的营养缺乏,并帮助国家抵御入侵。战后,美国心脏协会(American Heart Association)等非盈利性慈善团体募集了数十亿美元的捐款,以传播这样的观念,即吃了不该吃的食物已经造成数以百万计的美国人病故。科学和医学研究人员则获得了更多的政府和企业研究拨款,以警告人们,食用脂肪、糖、盐以及一大批其他食物所存在的风险。

但由此而造出的食物恐惧需要一个乐于接受的受众,而美国中产阶级正好就是这样的人。到 20 世纪初,他们已经成为美国文化的主导力量。由于主要居住在城市和大型城镇,他们最受益于大大增加的可供选择的食物,而这正是运输、加工和销售上创新的结果。但是随之而来的销售者与消费者之间信任关系的销蚀,却使得他们对于食物方面的恐慌特别敏感。媒体现在已经成为他们的食品安全信息的主要来源。既然这种信息多数都有着合乎科学的起源,因而也就主要是由中产阶级的媒体——"有品质的"报纸和杂志,后来又加入了电台和电视新闻以及公共事务节目——来扮演传播者的角色。

美国中产阶级中残存的清教徒主义也使他们易于感受到对食物的恐惧。一种数百年来都在鼓励人们对自我放纵感到内疚的文化,一种认为救赎之路必须由自我克制铺就的文化,使得他们特别容易被为了健康牺牲自我的要求所感召。也使得他们愿意相信营养科学家们关于美味——也就等同于享乐——是饮食最不健康指标的一再警告。到了 20 世纪末,随着自我放纵有利于个人和社会的概念占据优势,这种充满内疚的文化似乎已经减弱。然而,在这种更自我中心一些的人生观之中,仍然存在着旧观念,认为疾病和死亡是由个人自己的行为所造成的,这其中就包括——经常被看成是最主要的一点——爱吃什么。("美国人",一位英国幽默家曾说过:"都以为死亡是有得选的。")

4   其结果是,美国中产阶级在一个又一个、一眼望不到头的与营养有关的恐惧夹击中蹒跚而行。就在我撰写这本书的时候,正流行着一个针对饮食中盐的恐惧。与其他每次的恐慌一样,专家们拿来吓唬全国人的东西,其实只危害到一小部分人(在这里补充一点,我也属于这一小部分人)的身体健康。通常情况下,在家庭以外的地方处理和加工食物这件事承担了大部分的指责。然而现代城市生活的要求似乎使得除了依靠这类加工食品,也没有其他更方便的办法了。这是不是意味着对食物的焦虑仍将作为北美中产阶层生活的特征,一再反复出现呢? 我的研究并没有发现其消失的可能性。不过,我希望通过将这种焦虑放入历史的角度来审视,能够为减少这一焦虑做一点小小的贡献。

第一章
病菌恐惧症

"拍死苍蝇！"

当代美国人比法国人还要害怕食物，这件事相当讽刺，因为现代人对食物的恐惧就起源于法国。正是在那里，19 世纪 80 年代，科学家路易·巴斯德(Louis Pasteur)转变了关于疾病的观念，发现许多严重疾病是由叫做微生物、细菌或者病菌的微小有机体造成的。[1] 这个"疾病的细菌理论"导致了许多种疫苗的发展和医院引入了杀菌的程序，因之拯救了无数的生命。然而这一理论也助长了对于工业化究竟在食物供应中做了些什么手脚的忧虑。

当然，不知道自己的食物曾被动过什么手脚的恐惧，在杂食动物中是自然现象，不过味觉、视觉、气味(以及偶尔的灾难性经验)通常已经足以确定什么能吃，什么不能吃。然而病菌理论却帮助把决定权从感官知觉的领域中夺走，放到了实验室里的科学家手中。

到了 19 世纪末，这些科学家已经能够使用功能强大的新型显微镜描画更加可怕的画面。首先，他们证实病菌太小了，在实验室以外是完全无法检测的。1895 年，纽约时报报道说，如果 25 万个这样的致病细菌一个挨一个排列起来，它们只会占据一英寸的空间。另一个品种，一滴液体就能容纳 80 亿个个体。更可怕的是，它们的繁殖能力简直惊人。据说有一种杆菌，能够在 5 天时间里迅速繁殖到足以填满地球上所有的海洋水体。[2]

报道还指摄入病菌的威胁也成指数倍地增长。到了 1900 年，巴斯德和他的继承者们指出，病菌是狂犬病、白喉、结核病等致命疾病的病因。随后，它们就成了许多种疾病首要嫌疑人，如癌症和天花，但在这两种病上面，它们是冤枉的。1902 年，一位美国政府科学家甚至宣称发现了懒惰也是由病菌引起的。[3] 若干年之后，政府化学物质司（Bureau of Chemistry）司长哈维·威利（Harvey Wiley）用病菌理论来解释为什么他的秃头突然长出了满头卷发。他说他发现秃头是由头皮里的病菌造成的，并且通过开着自己的敞篷轿车绕着华盛顿特区转圈，把头暴露在阳光之中，杀死了病菌。[4]

美国的医生们最初接受病菌理论比较缓慢，但公共卫生当局却相当乐于接受。[5] 在 19 世纪中叶，他们立足于疾病是由腐烂的垃圾和其他有机物质所散发出来的有毒有害废气所传播的这一理论基础，发动了清理全国城市的运动。因此只需要跨越小小一步，就能够接受污物和垃圾是看不见的病菌的理想繁殖温床这一观念。事实上，有一段时期这两种理论愉快地并存着，因为人们最初认为细菌只有在腐朽和腐烂的物质之中才能茂盛地生长——这些东西正是毒气的来源。随之接受恶臭的厕所、排水沟和城市街道两旁大堆的马粪中，真正危险的是细菌而不是毒气的观念就顺理成章了。科学家警告说，它们"实际上几乎无处不在"，并通过灰尘、脏衣服，特别是通过食品和饮料被带进人体中。[6]

污垢引起疾病的观念很容易就被美国中产阶级接受了。自从 19 世纪初以来，他们就养成了对于个人卫生的爱好。口中吟诵着"清净近乎神圣"的流行口号，他们定期洗澡，因而加强了在"不洗澡的大多数"民众面前的道德优越感，并以自己住宅的清洁为傲。这一观念也为学校里教授新式"家政科学"的女教师们所接受，她们利用其巩固自己主张的科学性。她们因而可以开始教授"厨房里的细菌学"，主要的内容就是"表面干净与化学清洁之间的区别"。[7]

美国无处不在的小贩，通过售卖号称能够杀死血液中病菌的药剂，推广了病菌理论。即使是神权也貌似无法抵御这样的入侵。一篇宣传一种这类药水的报纸文章里，有一张插图，描绘了一名刺客企图将长匕首刺入一位正在教堂祈祷的男士后背。文章标题警告道："死亡无所不在，致病细菌比刺客的匕首更致命。没有一个人是安全的，没有一个地方是神圣不可侵犯的。"[8]

食品和饮料被认为特别危险，因为他们是病菌进入人体的主要载体。早在 1893 年，家政科学家就警告说，食品杂货商货架上的新鲜水果和蔬菜会"很快沾染街道上的尘土，而据我们所知，灰尘中充满了致病的细菌"[9]。一份关于食品安全的美国政府公告警告说，灰尘是"疾病的温床"，会感染家里和街上的食物。[10] 1902 年，纽约市的卫生官员计算得出，拥挤、穷困的下东区街道上的空气中，杆菌的数量比富裕的东六十八街的空气里多出 2000 倍，这些杆菌几乎必然污染街边数百辆手推车里的食品。[11] 在城市铺装路面上被车辆碾碎的马粪尤其令人厌烦，它们会被吹到人脸上、吹到人家里，覆盖在食品商人露天陈列的食物上。1908 年，一位卫生专家估计，每年有 20000 名纽约人死于"在尘土中漂浮的疾病，主要由马粪所造成"[12]。

脏手可能传播病菌的观念，在医院的手术室中拯救生命时至关重要，自然也被应用到了食物上。1907 年，整个国家的视线都被"伤寒玛丽"的故事所吸引，这是一位携带伤寒病菌的厨师，吃过她做的饭的人里面，有 53 人染上伤寒，其中有 3 人死亡。她坚决否认自己是致病菌携带者，但是最终还是被送进收容所。[13] 1912 年，巴斯德的继任者，时任巴斯德研究所（Pasteur Institute）所长的埃黎耶·梅契尼可夫（Elie Metchnikoff）宣布发现了肠胃炎是由一种存在于水果、蔬菜、黄油以及奶酪中的微生物导致的，如果母亲们在照料或哺育婴儿之前不用肥皂洗手，就会把这种微生物传染给孩子，这种病当时每年在法国害死大约 10000 名儿童，在美国可能更多。在那个时候，任何一种污垢都被看作是疾病的同义词。"哪里有污物，哪里就有疾病。"纽约一位杰出的病理学家如是声称。[14]

更容易拍到细菌的新型显微镜发现了更多沾染病菌的食物。一首名为《有只小虫子会来抓你》的小曲走红起来。第一节歌词是：

> 在消化不良的日子里，要关心什么，不在意什么
> 常常是个问题。
> 每个微生物和杆菌都用自己的招数来对付我们
> 早晚要占领我们的身体
> 在菜场里，在每一页菜单上，你找得到的每一样食物里，

DEATH IS EVERYWHERE.

DISEASE GERMS ARE EVEN MORE DEADLY THAN THE ASSASSIN'S DAGGER.

NO ONE IS SAFE. NO PLACE IS SACRED.

Disease claims the just and the unjust. It is no respecter of persons or places. It is just as likely to overtake the devout man at the altar as the ruffian in the disgraceful dive. The germs are everywhere—in the air we breathe—in the food we eat—in the water we drink. There is no way of escaping them except by keeping perfectly strong and well. A germ can find no lodging in a healthy body. Pure blood is an impenetrable armor against disease. A perfectly pure, healthy body has no place in which a germ may lodge. Such a body may come in contact with thousands of germs and never be harmed by them. Germs and surgeon of the Invalids' Hotel and Surgical Institute of Buffalo, N. Y., perhaps the most important institution of its kind in the world. For more than a quarter of a century this wonderful medicine has been doing its work of healing all over the world and thousands upon thousands of grateful people who have been made well by it have written the most glowing and grateful letters to its discoverer. It is a secret preparation, in the sense that its discoverer has not publicly divulged its ingredients. This has naturally made it unpopular with physicians whose patients it has cured after they had failed.

There has been a good reason for preserving this secrecy. If the ingredients were known, many people would believe that they could make a preparation just as good by using the same component parts. This is not true, for the care in preparation, and in procuring exactly the proper quantity of drugs, has perhaps as much to do with the efficiency of the medicine as the character of its ingredients. As it is, the wonderful success of the "Golden Medical Discovery" has caused it to be imitated, and has caused the preparation of many articles said to be similar. There is nothing that in any way approaches it in certainty and efficiency. The druggist who offers you something else, which he says is "just as good" is not an honest man. He is not a safe man to deal with. If he tries to give you something else in place of what you want, how do you know that he will fill your doctor's prescription properly? If he will en-

"死亡无所不在"，1897 年一篇杀菌剂广告如是说。广告中是一位男士站在教堂的祭坛上，标题是："死亡无所不在。致病细菌比刺客的匕首更致命。没有一个人是安全的，没有一个地方是神圣不可侵犯的。"（《布鲁克林每日鹰报》Brooklyn Daily Eagle，1897 年）

都有一种病菌

喝水就像在喝"杀人的"威士忌

呼吸空气都像在玩命。[15]

　　甚至连家养宠物也难逃罗网。1912 年，芝加哥人对猫的胡须和皮毛进行测试，发现了数量惊人的细菌，于是市卫生局（Board of Health）发出警告，宣称猫"对人类极度危险"。当地一位医生发明了一种捉猫的陷阱，可以安置在后院里，用以抓住和毒杀野性难驯的猫。堪萨斯州托皮卡市（Topeka, Kansas）卫生局发布命令，所有的猫必须剪毛或者杀掉。[16]联邦政府不愿意做得那么极端，但确实警告家庭主妇，宠物会把病菌带到食物上，他们把处置宠物的决定权交到家人手里。但是有些人却感到恐慌不已。1916 年纽约市一场严重的小儿麻痹症（脊髓灰质炎）疫情导致数千人把自己的猫和狗送到美国爱护动物协会（Society for Prevention of Cruelty to Animals）去（用煤气）处死，尽管城市卫生专员抗议说它们并没有携带致病的病原体。从 7 月 1 日至 6 日，超过 8 万只宠物被送来处死，其中百分之十是狗。[17]

　　但在抵御病菌的战争中，最可怕的敌人并不是可爱的宠物，而是令人讨厌的家蝇。1898 年，沃尔特·里德博士（Dr. Walter Reed）在美西战争中入侵古巴的美军部队中所作的著名的疾病调查，最终导致他发现了蚊子能够携带并传播引起黄热病的病菌。而黄热病在美国几乎不存在。不过他随后的发现更为重要，即家蝇能够把伤寒病菌传播到食物上，因为这种病每年大约杀死 5 万名美国人。[18]尽管里德的研究表明这需要苍蝇实际上全身沉浸在人类——而不是动物——的粪便里，但他的观察结果很快便形成了这样一种信念，即战争期间携带伤寒病菌的苍蝇杀死的美军士兵比西班牙人杀死的还要多。[19]这一观点得到了一种原始的流行病学调查的支持，专家们指出，伤寒发病率在秋季达到最高峰，而苍蝇数量也在这时达到顶峰。[20]

　　于是归咎于苍蝇携带病菌污染食物所导致的疾病数量，增长的速度都快要赶上这种生物自身繁殖的速度了。1905 年，《美国医学》（*American Medicine*）杂志警告说，苍蝇能携带结核病杆菌，并建议整个食品供应链都应该用纱罩保护起来。[21]当年 12 月，一位公共卫生活动家指责苍蝇传播结核病、伤寒以及其他许多种疾病。"假如一只苍蝇爬过某些水果或露天出售的熟肉并将其污染，"他说，"如果食物没有煮熟，杀死病菌的话；吃了的人肯定得伤寒。"纽约州的昆虫学家指出，在温暖的月份里，"苍蝇大爆发"恰好与伤寒和婴儿胃病死亡人数的急剧上升同时发生。"苍蝇种群在许多公共场所如此泛滥，原因无非是罪恶的冷漠和不可饶恕的愚昧无知。"一位《纽约时报》的编辑也深有同感，他写道："允许苍蝇携带着疾病与死亡到处传播，简直是虐待儿童。"这份报纸称，苍蝇"带给家庭与人们的食物、饮水以及牛奶中的，不仅有伤寒和霍乱病菌，还有结核病、炭疽、白喉、眼病、天花、葡萄球菌感染、猪瘟、热带溃疡（tropical sore）和寄生虫卵"。一位费城的医生认为，苍蝇还可能携带导致癌症的病菌来感染食物。[22]

1905 年 12 月《纽约时报》上这篇文章的结尾说，毫无疑问，"卫生专家正在发起一场消灭苍蝇的战争。"[23] 的确，这场战争的头一炮已经在当年早些时候，在堪萨斯州首府托皮卡，由该州的公共卫生主管塞缪尔·科伦拜恩（Samuel Crumbine）博士打响了。科伦拜恩五短身材，他的事业开始于挎着显眼的六发左轮手枪在道奇城巡逻（Dodge City），即传奇的牛仔之城充满暴力的街道上。如今，他开始四处张贴"苍蝇海报"和分发"苍蝇公报"，警告大家小心这种虫子造成的威胁。他的努力一开始收效甚微，直到有一天，在托皮卡棒球队 1905 年赛季的开幕赛上，灵感从天而降。当听到球迷叫击球手"长打（swat 在这里是击球，也有拍打飞虫的意思——译注）"，要打一个"牺牲飞球（fly 在这里是飞球，也有苍蝇的意思——译注）"的时候，他跳起来大喊："我知道了！"他不是说看出了一个犯规球，而是说想出了一句口号"拍死苍蝇（Swat the Fly，也有打出飞球的意思——译注）"，这句口号成了他发起的这场运动的一个闪光点。当地一位教师又给他送来一件神奇的新式武器，是一把直尺，顶端绑了一个线网，他管它叫做"苍蝇棒"。科伦拜恩立即为其改名"苍蝇拍"，随后的事情，他们说你都能从历史书里找到了。

科伦拜恩于是把堪萨斯的学童都征召为他的战争雇佣兵：他们把成堆的死苍蝇带到学校，就能换取现金或者电影票形式的报酬。10 个星期里，他们就交给老师总共 30 蒲式耳，估计有 717.2 万只苍蝇。科伦拜恩的运动和他的苍蝇拍都吸引了全国的关注，此后多年里，许多次席卷全美的消灭苍蝇运动都采用了"拍死苍蝇"这个口号。[24]

反苍蝇战争持续了十多年，许多条战线都在打苍蝇，有在商店和住宅里面到处撒毒药、挂粘蝇纸的，有用纱网（这也是一项新发明）罩住窗、门，甚至食物本身的。使用"尘土养肥苍蝇，害死宝宝"的口号，纽约市政当局警告说："墙上小小的苍蝇"落到食物上，就会传播伤寒、结核病和其他疾病的病菌。他们说苍蝇"比老虎和眼镜蛇还要危险，可以轻松坐上世界最危险动物的宝座"。马萨诸塞州卫生局警告人民千万不要让这种"肮脏的昆虫"靠近食物，波士顿市拨出 10 万美元来根除它们——当时这可是一笔巨款。纽约州罗切斯特市（Rochester，New York）的妇女则敦促当地政府也做出相同的决策。护士协会、大学的科学家、童子军和商人纷纷加入进来。1911 年，纽约市商会反苍蝇委员会的一位成员爱德华·哈奇（Edward Hatch）委派一位摄影师前往英国，去那里通过一种新型显微镜拍摄反映"苍蝇及其危险行为"的照片。在他返回以后，所拍摄的照片被组合成一部电影在全国放映。《纽约时报》曾称赞这部影片让"数百万人意识到苍蝇的危害有多大"。缅因州肯纳邦克波特（Kennebunkport，Maine）的社会名流们整个夏天分发了数百张珠宝剧院的免费门票，那里有整整一周都只放映这部"苍蝇电影"。[25]

到 1912 年夏季，成百上千的社区都加入了所谓的"有史以来最大的反苍蝇圣战"。联邦政府出版物给它带上了"伤寒苍蝇"的帽子。医生现在指责其传播了结核病、婴儿假性霍乱（cholera infantum）、肠胃炎、脊膜炎（spinal meningitis）和小儿麻痹的致病菌。家政经济学家敦促家庭主妇们，要让这些"带翅膀的病菌"远离他们的食物。州卫生局、县委员会、市政府、私营公司和妇女协会都提供了详细说明，教大家毒杀、诱捕、拍打以及其他各种迅速结束苍蝇生命的方法。一本小册子告诉俄亥俄州的学童，苍蝇是"人类最致命的敌人。它们害死的人比狮子、老虎、毒蛇，甚至战争杀死的人加起来还要多"。北达科他州把他们的灭苍蝇指南命名为"（消灭）苍蝇的教理问答"。印第安纳等州为不识字的人张贴了彩色漫画的海报。[26]

许多社区都向堪萨斯州学去一招，悬赏给上交最多死苍蝇的人现

11

12

金奖励。一位富有创业精神的 12 岁少年震惊了马萨诸塞州伍斯特市（Worcester，Massachusetts）报纸的编辑们，他拿出了惊人的九十五夸脱的苍蝇，从报社领走了 100 美元奖金。后来才被发现，他自己用成堆的鱼内脏在养苍蝇。然而狂热的运动参与者拒绝被这次欺诈阻止自己的脚步。毕竟，《纽约时报》说："那些运动领导人意识到，儿童……会比父母更有时间找到和消灭更多的苍蝇。"所以，全国各地的学生将继续为上缴死苍蝇而得到现金奖励，不过有个新的限制条件：增加了时间限制，短于苍蝇孕育和繁殖所需要的时间。[27]

这位富有创业精神的伍斯特市男孩当然不是唯一一个试图从这项运动中获利的人。粘蝇纸曾被宣传为一种救生装置。有许多种可疑的消毒剂销量暴涨，如 Electrozone：用电流打过的海水，可以用来擦在皮肤上和食物上。[28] 不过从病菌恐惧症的浪潮中获利最丰的还是大型食品处理厂。他们现在把自己的机械化生产系统标榜为防止沾满病菌的人手接触食物的绝佳手段。金奖牌（Gold Medal）面粉的广告说："磨面工人的手在整个生产过程中的任何阶段都不会接触食物。"硬纸板包装现在被叫成"卫生盒。"[29] 用蜡纸包裹，用纸板箱包装的尤尼达（Uneeda）饼干，迅速结束了苍蝇萦绕的旧式饼干桶在美国百货商店中的支柱地位。其制造商国家饼干公司（National Biscuit Company），曾公开宣传说"尤尼达饼干只被人手触摸过一次——就是当漂亮女孩把它们放入包装盒的时候"。[30] 家乐氏（Kellogg's）谷物得到了 48 个公共卫生机构的证明，其"Waxtite"包装能够抵御病菌的污染。[31] H. J. 亨氏（H. J. Heinz）公司自称，其产品可以作为"纯净的范例"，在"模范厨房"中由"制服整洁的工人"制备。为了证实这一点，公司开放了其流水线给参观者，并允许他们去看身穿白色服装的妇女将泡菜装瓶的过程。连啤酒消费者也得到一再保证。施利茨啤酒公司（Schlitz Brewing Company）声称他们的啤酒是"在绝对洁净的环境中酿造，在过滤后的空气中冷却"，然后又"在酒瓶密封后再消毒一遍！"还说由于他们的啤酒如此洁净，"如果医生给你开出啤酒的处方，那一定是施利茨啤酒。"[32]

15　　　当然，这些宣传中也蕴含着相当大的讽刺意味，因为就是这些大肆吹嘘的人，同时也在远离消费者的眼光所及之处，偷偷地在食物中

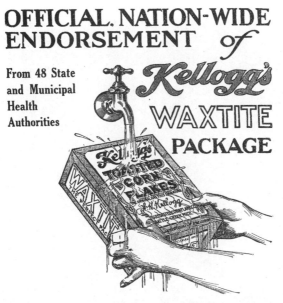

　　1914 年,随着一场所谓"反苍蝇战争"如火如荼地展开,家乐氏引用公众卫生官员的证词,声称其包装能够防御危险的病菌载体。

　　在 20 世纪初,罐头食品往往遭到怀疑的眼光,而这种怀疑倒也不无道理。其中许多就在如图中这些窄小且不卫生的场所中,由儿童生产出来。(路易斯·海因 Lewis Hine,美国国会图书馆)

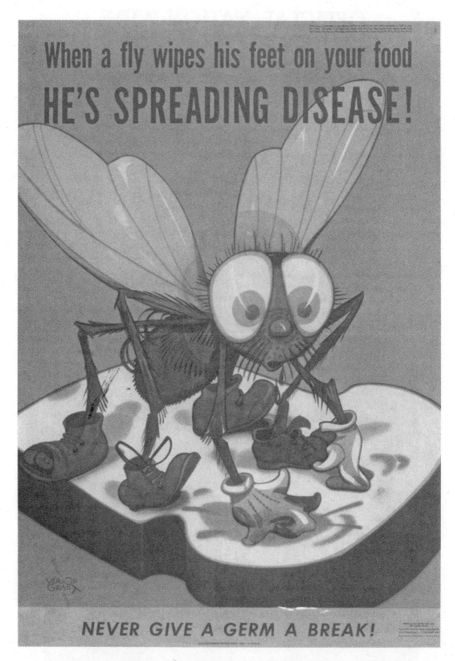

　　"反苍蝇战争"的长期影响反映在名为"永远不要给病菌可趁之机！"的二战政府海报上。

做手脚，而这正是食物供应链深处所隐藏的不安的源头。但是在食品工业中，一家公司必须消除消费者对病菌的恐惧，这已被证实是把自身品牌打造为宝贵资产的重要一步。从那时起，食品行业并购的主要标的就不再是生产设施，而是那些受人信任的品牌名称。

反苍蝇战争一直持续到 1917 年，甚至到了那年四月，当时美国卷入了一场真正杀人的战争，也没有停歇。事实上，那年夏天，《纽约时报》在为年度"拍死苍蝇"运动号召民众时就警告说，把布尔战争和美西战争的伤亡人数加起来计算，苍蝇"杀死的人比子弹杀死的还要多"[33]。不过到了这时，苍蝇数量的增速却开始走下坡路了，这不能归功于手拿苍蝇拍子的学童，只能归因于内燃机这种造成新污染的新发明。城市街道上日益增长的汽车终于使得苍蝇赖以繁衍的马粪彻底干透了。[34]到了 1917 年，汽车已经在相当程度上取代了马匹，路边成堆的为苍蝇提供食宿的马粪已经消失。它们很快就被看作是事实上消灭城市街道上苍蝇的功臣。[35]

不过，那时也有越来越多的人意识到，苍蝇所携带的细菌并不都像从前所认为的那样危险。"事实真相是，"1920 年一篇对当时流行医学观点的总结说，"你无法杜绝细菌。它们到处都有……而这就是革命性的观点——其中大部分是无害的。"[36]

然而苍蝇携带危险病菌的观念已经永久地根植在国民的意识中。20 世纪 20 年代，美国农业部（Department of Agriculture）花费相当大的努力教授农村人使用穷凶极恶的方式彻底消灭苍蝇。[37] 20 世纪 40 年代后期，一场全国范围的脊髓灰质炎爆发被错误地归咎于苍蝇，整个城镇和社区被喷洒了 DDT，以图根除它们。即使到了今天，我们中大多数人仍继续将苍蝇与有害病菌关联。我们当中有多少人愿意吃下曾看到被苍蝇覆盖的食物？我们当中有多少人曾在"发展中世界"旅行时，不曾惊叹当地的商贩和购物者在这方面的漫不经心，其实他们的祖先从未经历病菌恐惧症，对苍蝇萦绕的场景从来都是见怪不怪。

第二章
牛奶:"最宝贵也最危险的食物"

对苍蝇最确凿的指控之一是它们污染牛奶。[1] 不过这也只是病菌理论为牛奶笼罩上的诸种恐惧之一。其实在此之前早就有些怀疑笼罩在这种白色液体上面了。事实上,牛奶直到相当晚近才获得健康食品的名声。19 世纪的大部分时间里,城市居民喝到的大部分是令人倒胃口的"泔水奶",来自体弱多病的奶牛,给它们喂的是酿酒厂气味刺鼻的废弃物。其结果是,没有几个成年人愿意喝新鲜的牛奶,尤其是到了夏天,它几个小时内就会变酸。然而,在 19 世纪八九十年代,铁路冷藏车厢开始从农村奶牛场运来冷却的新鲜牛奶,极大地提高了城市中销售的牛奶质量,并帮助驱散了许多传统的恐惧。

来自农村的新鲜牛奶,深受母亲们的欢迎。受雇佣的工薪阶层母亲发现,按照推荐的两到三个小时间隔给婴儿喂母乳是不可能的,她们就会在出门的时候准备好牛奶喂给自己的孩子。由于牛奶脂肪太多,婴儿无法消化,她们会用水稀释,再加点糖使得孩子爱喝。不能或不愿意母乳喂养的中产阶级和上层妇女也转而利用新出现的新鲜牛奶来哺育孩子,以替代传统的乳母。营养科学家设计出了营养粉,供她们添加到新鲜牛奶或炼乳中,再加上水,就可以复制出母乳的脂肪、蛋白质和碳水化合物含量。随后,以最富裕的母亲为主要客户的儿科医生,发明出了"百分比喂养"。这意味着他们开出一个"配方公式"的处方,号称是针对每一个宝宝的特殊需要的。然后母亲们就用这样写着牛奶、水和糖的特定比例的处方,到特殊的牛奶实验室去配制。[2]

但是随着来自农场的新鲜牛奶越来越普及,也越来越为人们接受,它的安全性开始受到质疑。首先出现的是对伤寒的恐惧。在 19 世纪八九十年代,伤寒疫情通常归咎于公共供水系统中的伤寒病菌。[3]

有时也会追溯到牛奶，但罪魁祸首不是牛奶本身，而是贪心的农场主和商贩用脏水来稀释牛奶。1889年一位科学家警告说，每天早上送到每家每户的牛奶携带有"数百万的活体虫子"，叫作"微生物，或是细菌"，就是因为牛奶用遭"病房排污"污染的水来稀释。[4]

然而，在19世纪90年代，尽管大多数城市的供水都已经洁净化，婴儿腹泻的致命性爆发却更加凶猛，尤其是在夏天。因而，牛奶本身成为了最主要的嫌疑犯。[5]到了1900年，新的显微镜证实了这一点，表明牛奶对于伤寒病菌而言，是比水更好的生长环境。科学家们那时开始重新评估伤寒疫情，总结说其中许多次可以"毫无疑问地追溯到牛奶供应"[6]。1903年，《纽约时报》报道，一夸脱"普通质量"的牛奶在刚刚挤出来的时候，含有超过1200万个杆菌，但是在24小时内它们将激增到接近6亿。[7]一位科学家当时曾警告"所有含有牛奶的食品都有可能被污物感染"，特别是结核和伤寒杆菌。[8]

后来又发现，能导致结核病，即致命的"白色瘟疫"的杆菌，不仅感染牛奶，连很多奶牛自身都感染了。《纽约时报》说，现在很明显，除了每年"造成数千婴儿死亡"之外，牛奶也应为"那些每年达到数万人的'巨大的白色瘟疫'的受害者在经历多年折磨后最终死去负责"[9]。

罪名继续增加。针对华盛顿特区一场伤寒暴发，对牛奶供应的调查所得出的结论是，牛奶不仅是伤寒的天然载体；它还携带一些引起其他疾病的微生物。当造成可怕的白喉、猩红热的病菌被加入到名单中时，《纽约时报》说牛奶应当被恰当地称为"最有价值和最危险的食物"。[10]公共卫生专家米尔顿·罗西瑙（Milton Rosenau）没有在价值方面浪费口舌。他警告说牛奶"容易危害健康"。[11]

表面上看起来，解决的方案似乎很简单：巴氏灭菌。在19世纪70年代，路易·巴斯德发现，如果把液体的温度慢慢提高到华氏165度，保持20分钟，然后迅速冷却，就可以杀死牛奶中的微生物而不会影响其口感。1893年，慈善家内森·斯特劳斯（Nathan Straus）设立了一处巴氏灭菌设施，为纽约下东区的穷人提供巴氏灭菌奶。到1902年，有十三处设施，每年夏季要分发接近100万瓶免费牛奶。[12]可是推动强制性巴氏灭菌的人却发现自己受到公共卫生官员的阻挠，如美国化学物质司长哈维·W.威利，他（错误地）认为巴氏灭菌消耗了牛奶的营养价值。还有人反对说巴氏灭菌会使牛奶对穷人来说太贵了。[13]数千位定时驾着马车驶过城市街道，从大桶里舀牛奶卖的送奶人也加入了反对的一派。他们说强制性的巴氏灭菌会使他们失业，因为他们负担不起昂贵的机器和瓶子。[14]

19 不过巴氏灭菌的主要反对者都倡导的另一套制度，即牛奶认证，反而更加昂贵。这套制度试图通过从农夫的挤奶桶到消费者的奶瓶的整个过程中检测细菌水平，以此来认证牛奶的安全性。这特别受到儿科医生的欢迎，正是其"百分比喂养"系统提出了这样的要求。然而，尽管认证在上层阶级那里运行良好，那是因为他们负担得起儿科医生和昂贵的婴儿食品，但是绝大多数人远远消费不起，全国的牛奶供应只有1％得到了认证。[15]（还有一个选项从来没有得到过实施：哈维·威利曾建议将不当婴儿喂养定义为犯罪，并对给自己孩子喂不洁净牛奶的母亲罚款。）[16]

在20世纪初期，不卫生的牛奶被指为当时高得可怕的婴儿和儿童死亡率水平的罪魁祸首。城市里设置了"牛奶站"，为穷人家的婴儿提供洁净的牛奶。阿道夫·斯特劳斯（Adolph Strauss）夫人——她的金融家丈夫资助了其中很多座——与一些官员以及他们帮助的婴儿一起合影。（国会图书馆）

20 两种系统互相竞争，却不约而同地用恐怖的故事来惊吓公众：说城市的牛奶供应充满了致命的病菌,各地政府却无所作为。一项研究发现,从纽约市餐馆取样的牛奶中,17％带有结核病菌。然而在1907年,整个纽约州估计约有30万头携带结核病病菌的奶牛,却只有14位负责淘汰它们的检查员。纽约市的反苍蝇运动参与者说造成每年4.9万名婴儿死于肠胃炎的病菌"有可能都是苍蝇传播到牛奶中的"。可是纽约市只有16位检查员监视着1.2万个牛奶售卖点的卫生条件。[17]

　　全美国的医生对于该如何应对的意见似乎是一半对一半。其中大约一半将居高不下的儿童和婴儿死亡率归咎于未处理的牛奶或是认证牛奶,另一半则责怪巴氏灭菌奶。请求塔夫脱(Taft)总统任命一个委员会以决定谁正确的提议未获批准,可能是总统意识到,无论结果是什么,都会激怒全国一半的医生,因而否决了建议。[18]然而这些指控继续增加。1909年,纽约市1.6万名一岁以下死亡的婴儿中,有4000名被记录为死于"用坏掉的牛奶喂养"。[19]

　　如此说来,美国的牛奶消费量在1909年到1916年之间下降了将近20％就不足为奇了。由于有一半至四分之三的牛奶产量在农村地区被制成黄油、奶酪以及奶油,这就意味着城市牛奶消费量暴跌了40％到60％——不可谓不惊人。此后,随着新技术使大规模巴氏灭菌成为可能,以及使其强制实施的主张占了上风,消费量再次回升了。到1920年,大多数城市的牛奶供应都是巴氏灭菌的了,消费量也回到了战前水平。[20]

"完美的食物"

　　虽然巴氏灭菌法是驱散公众牛奶恐惧的主要功臣,不过它转变牛奶产业的方式也至关重要。[21]小商贩曾因为害怕自己无力购买昂贵的设备和大量的瓶子而被迫失业,从而反对巴氏灭菌法,事实证明他们是对的。在一座又一座城市里,若干家资金充裕的公司迅速地夺取牛奶分销的主宰地位。随后,在20世纪20年代中期,整合规模再次上升,两个崛起的巨人,波顿(Borden's)和国家乳制品(National Dairy Products Sealtest)开展了大规模的并购战,使他们最终主导了全国零售市场。(在一个月内,波顿一家就收购了 39 家公司)与此同时,牛奶的实际生产则被位于关键乳业州里的一小批富有影响力的生产合作社所掌握。这两股力量,分别来自私营机构和合作组织,都获得了政府的支持,汇聚成一股强大的力量,帮助牛奶完成了从"最危险的食物"向"完美食品"的转变。

这一进程开始于 1919 年,当时美国农业部和行业性的美国乳品业协会(National Dairy Council)共同在学校里举办为时一周的"为健康喝牛奶"活动,以期推广牛奶消费。这次活动建立了政府与行业的推广模式,即用关于牛奶如何能够预防疾病内容的海报、印刷品、戏剧以及歌曲来淹没学校。[22] 1921 年,纽约州乳品商联合会(New York State Dairymen's League)开始为每位学童提供一杯牛奶,附上一封信,让他们带回家交给母亲,公共卫生当局在信中告诉母亲们说,"所有的医生"都建议孩子每天喝一品脱半的牛奶。学校旅游被安排到附近的奶牛场,在那里他们可以看到牛奶生产的卫生条件。[23]在新英格兰,地区乳品业协会让教师向学生们介绍"健康仙女",后者则告诉孩子们,每天喝四杯牛奶,就能够摄入保持身体健康所需的全部营养。[24]

奶制品协会所出资的广告牌和杂志广告登载着外表健康的孩子高兴地喝着牛奶的照片。在高中里,家政经济学家称赞牛奶是身体健康的要素,并向学生展示行业协会所提供的用菜油喂养的骨瘦如柴的老鼠的照片,和用黄油喂养的身材圆润、外表健康的老鼠的照片。可可和其他甜味剂的生产商也加入进来,游说医生们把他们的产品"加入处方"来帮助孩子们喝牛奶。[25]

22　　　不过真正的突破则是来自将牛奶宣传为成人健康的必须成分。1921 年纽约州乳品商联合会说服纽约市长举办"牛奶周",在此期间他和城市卫生专员用每天午饭时喝一夸脱牛奶来显示他们对其益于健康的信仰。利格特(Liggett's),一家大型连锁药店,设立了专门的"牛奶吧",繁忙的商人可以在这里仿效他们的榜样,作为快速午餐的一部分,开怀畅饮一夸脱健康饮料。[26]

营养学家在这场巨大转变中也助了一臂之力。首先,他们把儿童每日建议饮用牛奶量从一品脱半(约 710 毫升——译注)提高到一夸脱(约946毫升——译注)。然后他们开始呼吁成年人也应当喝相同的量。维生素研究者埃尔默·麦科勒姆(Elmer McCollum),美国最著名的营养科学家宣布说,西方饮食明显优越于"东方饮食"的原因是,"东方人"断奶后就很少喝牛奶,这导致他们身材较矮,也不够强健。不过,他警告说,自从工业革命开始以来,西方的牛奶和奶制品消费一直在下降。他说其结果是出现了"体质恶化的明显倾向"。这与现代阿拉伯人为代表的"积极、进取的……游牧民族"的健康水平形成了强烈的对比。因为他们能够喝到"不限量的牛奶",他们"神奇地没有任何形式的身体缺陷……全世界最强壮和最高尚的种族之一",并且"经常达到人类寿命的极限,且仍然保持健康"[27]。

到20世纪20年代中期,牛奶行业在麦科勒姆等营养学家的帮助下,成功地说服了许多成年美国人,特别是中产阶级,在用餐时喝牛奶,他们以前从来没有这样喝过。1926年,平均的美国"职业"家庭的食品预算中,有20％用到牛奶上,几乎双倍于肉类的花费,接近面包和其他谷物食品的四倍。到了1930年,城市美国人饮用牛奶的量几乎达到1916年的两倍。消费量即使在20世纪30年代的大萧条时期也仍然上升,在二次大战期间增加得更快。如果说一次大战时,咖啡是军队中的首选饮料,那么到了二次大战时则是牛奶。1945年人均牛奶消费量已是1916年时的三倍。[28]正如我们即将看到的,这也绝不会是唯一一次,大型食品生产商运用他们的财政资源和现代营销技术来驱散对他们产品健康性的担忧。

再上战场

当然,现代广告营销所创造的财富,它也同样能够夺走,20世纪接近尾声时,病菌恐惧症再度来袭。20世纪80年代艾滋病的蔓延再一次引起公众对传染病传播的恐慌。一大批关于生物恐怖主义的电影、电视节目以及报纸杂志文章更是火上浇油。商业利益嗅到了这里面的机会,开始在宣传他们的肥皂、洗涤剂,甚至处方药时炒作病菌恐惧症。1992年,一本营销杂志描述在过去的四年中,这种"细菌战"式的

　　到了二战期间，巴氏灭菌立法与乳品业明智的促销努力组合起来，把牛奶从一种让人害怕的东西转变为对成年人和儿童健康的必需品。（国家档案馆）

营销推广是如何为家庭卫生产品带来"惊人的"销售增长的。[29]然后到1997年，辉瑞(Pfizer)发布了其为医疗职业人士所开发的洗手液普瑞来(Purell)的消费版，随之发起了危言耸听的广告宣传活动来推广。它的成功促使其他公司也欲分一杯羹，并使用病菌恐惧症来促销许多种消毒剂竞争产品。辉瑞于是以普瑞来便携装(Purell 2 Go)作为回应，这是可以安装在背包上、午餐盒上以及钥匙链上的小瓶子，以便人们可以在外面路上消毒。

2004年的SARS恐慌再次把病菌恐惧症推到一个新高度。尽管SARS由病毒传播，而非细菌，但是大多数美国人不知道其中区别。他们开始抢购全套的杀菌产品，如能够往门把手上喷洒消毒剂的新发明，便携式地铁拉手皮带(对那些没有配备"都市手套"牌抗微生物手套的人特别有用)，以及，能够对付飞机上的病菌的空气供应牌个人用离子空气净化器。还有一本叫作《病菌不分享》(*Germs Are Not for Sharing*)的书，指导孩子们如何在不互相接触的前提下玩耍。那些担心水果和蔬菜上的病菌的人，可以购买莲花牌消毒系统，用电荷注入自来水以产生臭氧，杀死水中的细菌——这个过程与100年前的把海水变成消毒剂的Electrozone处理法并无什么不同。[30]

当然，到了那个时候，供水质量也再度遭到怀疑，导致了瓶装水需求量激增。然而无论什么都不能撼动美国人对于早餐谷物、乳制品以及其他颜色鲜艳的包装中紧紧包裹着的食物不会含有有害细菌的信心。这都要归功于持续不断的广告宣传效果，就像家乐氏和纳贝斯科在20世纪初所做的那样。这象征了另一种讽刺意味：许多源于食品供应工业化的担忧，最终被工业化的包装和营销所驱散。

25

第三章
自体中毒及其争议

"微生物,我们的敌人和朋友":酸奶拯救生命

打击病菌是一场两线作战的战役:不但要在食物被食用之前进攻细菌;把它们吃下肚子之后,还要在体内进攻才行。第二条战线是在19世纪结束的时候开辟的,由于当时发现了细菌在人类大肠中增殖的速度惊人。[1] 指挥这场冲锋的是出生在俄罗斯的细菌学家埃黎耶・梅契尼可夫,他警告说致命的细菌在大肠中引起"自体中毒"——这是一种人体自我毒害的过程。

1881 年,梅契尼可夫已经是一位小有名气的科学家,这时由于沙皇政府对犹太人和自由主义者的迫害(而他两者兼具),他被迫放弃了在敖德萨的大学教席。[2] 他搬到了西西里海边,在那里,通过研究海星,他发现了当有害的细菌进入血液中,就会遭到血液中白细胞的攻击和消灭,他将这种细胞称为吞噬细胞,意思就是"吞噬细菌的细胞"。这揭示了一系列与疾病做斗争的新道路,最终为他在 1908 年赢得了诺贝尔奖。这项发现还使他在 1888 年获得了巴黎巴斯德研究院的一个职位,也使他在巴斯德于 1895 年去世时成为了巴斯德的继任者。

作为著名研究机构的领导人,梅契尼可夫的言论经常被刊登在全世界的出版物上,附上他坐在忠实的显微镜前的照片,长长的灰色胡子一直垂到胸前,怎么看都俨然是一位伟大的科学家。随之而来的溢美之词可能致使他敢于沉迷在一件广受赞誉的科学家通常不会做的事情上——赔上自己的声誉,做出一些同样严谨的科学家不敢赞同的宣言。特别是他从 1900 年开始宣称自己已经"发现了几乎无限期地

延长寿命的方法"[3]。在接下来的七年里，他自信地宣布，不仅发现了导致"衰老病"的细菌；还发现了"有益和有用的"细菌，能够将其治愈。他说，有一种鲜为人知的饮料，富含这种延年益寿的细菌，这就是酸奶。[4]

梅契尼可夫说，关键就在人体肠道里。进化演变给人体留下了巨大的"不和谐"。例如我们的性功能就"组织混乱"，而月经的过程折磨女性，使其衰弱，却不带来任何好处。盲肠和智齿都是在人类早期可能有用的器官，如今却纯属多余。不过他证明适应不良确实存在的最终证据则是大肠，这个巨大的管状器官，常常达到 18 英尺长，其下端是结肠。他说这是史前时代的遗迹，当人类需要追逐或逃避野生动物时，"需要停下来排空肠道会是一个严重的不利因素"。这种延迟排便能力的负面影响，则是由于食物废料堆积在肠道，并在那里腐化，造成了腐败的残渣，成为"有害微生物的庇护所"。文明的发展已经使得这种取舍不再必要，因为烹饪已经代替了大肠原有的，使食品原料易于消化的功能。但是我们仍然被这个过长的器官拖累着。他说，这里是"许多对身体有害的毒物之源"，造成了"由内而外的毒性"——有一位先前的法国科学家称之为"自体中毒"。[5]要不是因为"肠道腐败"造成的疾病，梅契尼可夫说人类或许可以比正常寿命活得更长，他估计能活到 120 至 140 岁。"一个七八十岁就去世的人，"他说，"应该算是遭遇不幸，英年早逝。"[6]

想要解决这个问题，显而易见的办法就是简单地切除惹麻烦的器官，梅契尼可夫一开始也倾向于这么做。他还认为胃也可以不需要，1901 年，他写道："在不远的将来，切除胃、几乎整个大肠，以及大部分小肠都将在外科医学实践中实现。"[7]他的一位助手甚至提出"每个孩子在两三岁时都应该切除大肠和盲肠"[8]。

一些专家确实已经走上了这条路，不过仅仅是切除大肠的最后一段，即结肠。威廉·阿布斯诺特-雷恩（William Arbuthnot-Lane）爵士，英国最著名的外科医生之一，曾热心地为许多尊贵的患者切除了结肠，先是为了缓解严重便秘，进而则是为了治疗"自体中毒"。1905年，梅契尼可夫检查了三位阿布斯诺特-雷恩的患者，对于他们的健康"每个方面都十分完美"感到印象深刻。在治愈了极其严重的便秘之后，他说，他们都觉得"仿佛起死回生了"。阿布斯诺特-雷恩先前做过手术的 50 人中，有 9 人不幸丧生，这个事实确实使一些人侧目，不过阿布斯诺特-雷恩声称自那以后，他已经做了改进。[9]

29　　然而，尽管梅契尼可夫继续把结肠切除术看作治疗自体中毒的有效途径，他推荐的还是侵入性较小的治疗方法，即食疗。[10]这是因为他发现了一种看似巧妙的方式来消灭结肠中的有害细菌。他的理由是危险的细菌在结肠的碱性环境中生长旺盛，而引入能够产生酸的细菌，可以中和其酸碱度，使其不利于有害细菌。那么引入哪种产酸的细菌呢？在快速调查了有关长寿人群的报告之后，他的目光集中到酸奶上，这是一种深受保加利亚牧民喜爱的酸牛奶，据说他们中有许多百岁老人。他很快就分离出了使他们的牛奶变酸的细菌，并将其命名为保加利亚乳杆菌(Bacillus bulgaricus)，并证实了其产生乳酸的能力确实惊人——也就是那种能够中和结肠中的碱性环境，并防止有害细菌在那里增殖的物质。[11]

当梅契尼可夫的著作《人类的本质》(*The Nature of Man*)的英译本在 1903 年出版时，毫无悬念地在美国引起一阵轰动。特别令人信服的是他预测说，当人们能够活到他们自然寿命的极限时，他们会乐于知晓自己的大限已至，并坦然面对死亡。他的信徒中有影响力巨大的《哈泼斯杂志》(*Harper's Magazine*)编辑威廉・D. 豪威尔斯(William D. Howells)。他描写了梅契尼可夫的理论给他留下多么深刻的印象，该理论认为通过适当的饮食，人能够活到 140 岁，然后可以观察到他"活着的本能"减少，取而代之的是"死亡本能"，这使他欢迎自己的自然极限到来。[12]

只需要喝酸奶就能活到如此长寿的暗示，无疑是个好卖点。在《华盛顿时报》(*Washington Times*)刊载的一整页梅契尼可夫特稿中，讲述了人类如何"智胜死亡"，活到 120 岁，只需要饮用"他的灵丹妙药，含有保加利亚乳杆菌的酸牛奶"。1905 年 9 月的《麦克卢尔杂志》(*McClure's Magazine*)预测说："我们马上就能在美国得到充足的〔酸奶〕供应……梅契尼可夫教授自己就每天饮用——他在实验室里总是放着一大碗——整个欧洲有许多坚定而又冷静的细菌学家和医生都追随他。"《纽约时报》上一篇文章讲述了一位苏打水售货员为顾客端上一杯"科学发酵酸奶"，说："如果你喝这个，就能活到两百岁。"[13]

　　诺贝尔化学奖得主埃黎耶·梅契尼可夫说，有害细菌在结肠中迅速繁殖引起　　*30*
"自体中毒"，这大大缩短人类的寿命。他建议吃酸奶可以杀死这些病菌，并让人们
活到 140 岁。这一说法的流行程度在 1916 年他 71 岁时去世后就迅速降低。

　　摄食梅契尼可夫发现的微生物，很快就成为了精英阶层的日常习
惯。1907 年，《纽约时报》上的一篇讽刺文章就讲述了一位时髦的医
生，他说他的办公室被一群"咆哮的暴徒"所包围，"他的妻子和整个世
界都在为了乳酸杆菌而吵吵闹闹"。他描述说有一位富有的女病人，
有一次在她位于伯克希尔（Berkshires）的富丽堂皇的避暑别墅内的晚
宴上，用悬浮在胶状饮料中的微生物来招待宾客。这是她最近从巴黎
获得的，来自"亲爱的梅契尼可夫老教授，巴斯德的继任者，伟大的细
菌学家，他已经……几乎实现了无限制地推迟衰老"。梅契尼可夫研
究了农场的奶牛，后者当时已经"被公众看作是结核病的主要传播
者"，他得出结论说尽管"普通牛奶含有有害的杆菌，必须煮沸，但是酸
牛奶中的微小生物全部，或者说接近全部都是有益的"。这位医生说

对于这种杆菌的需求之大，以至于第五大道上的所有药店都卖完了存货，而且"显然新世界消化不良患者中有很大一部分都在给这位伟大的科学家打电报，求购他新培育的这种救苦救难的生物"[14]。

31   1907 年末，梅契尼可夫的著作《寿命延长》（*The Prolongation of Life*）进一步炒热了他的理论，即衰老是"一种自体中毒现象"，可以用乳酸予以治愈。在该书中，他使用了更多关于保加利亚牧民和其他酸奶饮用者格外长寿的报告来支持自己的理论。他说，"我所收集的关于主要食用酸牛奶的民族，以及他们之中长寿的普遍性的事实"证明了，酸奶通过阻止"肠内腐败"所产生的微生物毒害人体组织，造成"我们晚年的早衰和生活不愉快"，来延长生命。

     巴尔干农民长寿这一"事实"很快就成了传统科学智慧的一部分。科学家们引用人口普查数字显示，每 10 万美国人里面只有一位百岁老人，而每 2000 名保加利亚人、罗马尼亚人或是塞尔维亚人里面就有一位百岁老人。1910 年美国顶尖的营养科学家，农业部营养部门负责人查尔斯·F. 兰沃西（Charles F. Langworthy）说："把酸奶作为日常食品，在整个巴尔干半岛都是常见的做法，地球上可能没有比这些农村里的白种人更加健康的了。"负责该部乳品部门的科学家说："食用保加利亚乳杆菌的价值无可置疑……巴尔干半岛人民精挑细选的酸奶的营养价值，已经由这个吃苦耐劳的民族自身完美的健康和长寿体现出来了。"[16]《长命杆菌》（*The Bacillus of Long Life*），一本由赞同梅契尼可夫理论的科学家所写的书中说，那些喝酸奶的保加利亚"农民"活到 110 岁或 120 岁的太多了，完全"无法激起他们的同胞对这一奇迹的兴趣"[17]。

     酸奶还被赋予了战胜疾病的特殊能力。《纽约时报》一篇关于喝酸奶的"山区牧民和牧羊人"的长寿现象的文章说："结核病他们闻所未闻，也不会患上伤寒和由食肉过度引发的疾病。"另一篇文章将酸奶称为"对抗多种疾病病菌的有力武器，如肾炎、风湿病、伤寒等威胁人类的疾病"。一家得到梅契尼可夫认证的伦敦酸奶生产商宣传说自己的产品能够防止癌症，因为能够杀死在患有便秘或阑尾炎的结肠中繁盛的致癌杆菌。《长命杆菌》还声称酸奶能带来精神上的好处，说热爱痛饮酸奶的保加利亚农民不具有像"西方人"那样到了七八十岁时"智力衰退的倾向，这样显著而又令人伤心的特性"。[18] 几个月后，《纽约时报》报道，两位纽约市的医生发现保加利亚乳杆菌阻止了很多例糖尿病患者的病情发展，甚至治愈了其中数例。[19]

人们或许以为梅契尼可夫会在这些过高的期望面前退缩，可是他自己却将其抬得更高。1912 年，在一篇题为《何不永生？》的文章中，他报告说他最近的实验表明，食用酸奶和某些其他食物（如火腿和鸡蛋）有可能"将整个肠道菌群从有害改变为无害"，从而永久消除导致死亡的微生物。于是他继续扮演庞塞·德莱昂（Ponce de León 西班牙探险家，传说发现过青春不老泉——译注），宣布说衰老的外观标志——头发花白——也是可以预防的。他已经在自体中毒患者的血液中发现了一种病菌，会吞吃为头发染色的细胞。幸好与其他有害细菌一样，它们在华氏 140 度以上的高温中就被杀死了，因此他建议妇女们用烫发来保持头发的颜色，据那些遵照他的建议实施的人说这是有用的。[20]

当然，企业家们没花多长时间，就找到了利用梅契尼可夫的名声获利的方法。达菲麦芽威士忌（Duffy's Malt Whiskey）引用梅契尼可夫的发现，"衰老是一种可以克服的疾病"来支持他们所宣称的"持续饮用"其产品能够帮助人们活过 100 岁。然而还是要数售卖号称含有梅契尼可夫的杆菌产品的人数最为众多。尽管酸奶本身不能从巴尔干地区进口，导入乳杆菌却不太难，其实只进口一种相近的复制品，或者仅仅假装自己的产品含有这些杆菌就更容易了。在英国，一家巧克力制造商把杆菌加入糖果，他们说每粒都"包含将近 1000 万个与保加利亚酸奶中相同的有益杆菌"。在美国，Intesti-Firmin 宣布"梅契尼可夫的伟大发现"现在已经可以装进药片里，其中"含有保加利亚酸奶中最佳的菌株，当地人食用这种酸奶，通常都能活到 125 岁的年纪"。华盛顿特区的一家乳业公司销售 Sanavita，一种"科学发酵的牛奶"，是"巴斯德研究所梅契尼可夫的发现的实际应用"。纽约的汽水售卖机销售 Zoolak，"梅契尼可夫教授认证其为长生不老的灵丹妙药"。[21]

不过，销售这种闻名遐迩的杆菌，最简单的方式还是一种可以添加到牛奶中的"酸奶药丸"。梅契尼可夫自己也曾监督生产过一种药片，他号称说能够让杆菌在其中存活超过三个月。为防止欺诈，他与

32

巴黎的制造商达成协议，只允许他的酸奶使用"梅契尼可夫教授的独家供应商"的标识。然而，无授权的仿冒者很快就开始利用梅契尼可夫的名号来赚钱。不久之后就有至少三十家美国公司在推销号称含有保加利亚乳杆菌的药丸。《华盛顿邮报》的医疗咨询专栏作家青睐这种疗法。他警告说，普通牛奶到达肠道时会"开始腐烂，导致自体中毒"，而加入酸奶药片，变酸了的牛奶则含有"有益细菌，能够对自体中毒起到解毒作用"。[22]

33　　　这种表述暗示任何一种酸奶药片都有效用，这激怒了梅契尼可夫。他只给一家叫做"美国梅契尼可夫实验室"的美国公司发放了生产药片的授权，于是他起诉了一批竞争对手，控告他们（未经许可）使用他的名字。不过，lntesti-Fermin 药片的制造商很容易规避这类诉讼，因为他们的广告只是说自己的产品含有"真正的保加利亚乳杆菌菌种，由巴黎巴斯德研究院的科学家发现，来自保加利亚人的发酵酸奶——他们中许多人活到 125 岁。"他们另一份广告刊登了一张照片，说是"巴斯德研究院，在这里梅契尼可夫教授发现了 lntesti-Fermin 的成分"。同时还附有一张看上去很强壮的"典型保加利亚农民"的画像，以及宣称其成分"代表了梅契尼可夫教授终生工作的一部分成果"的文字。Lactobacilline 公司的广告则免费提供一份"梅契尼可夫教授的……《寿命延长》"中一个章节的拷贝。[23]

　　　然而，这些公司最终没有能够使酸奶成为美国人饮食的重要组成部分，也没有发大财。为什么呢？原因之一就是我称之为"食疗保健风尚的黄金时代"很快就过气去了。数量庞大的商贩用可疑的健康宣传来推销无数种灵丹妙药——药丸、药水、药膏和药粉，以及利用磁、电、水和重力的机械装置——这时遭到了正统医学从业人员日益严厉的愤怒谴责，其对欺骗性专利药品的打击促使 1906 年《纯净食品和药品法》的通过。尽管梅契尼可夫声望卓著，但是对酸奶功效的吹嘘已经与时尚潮流走得太近，令医学从业者难以忍受。1906 年，当美国医学会成立宣传部打击替代疗法，其首批行动之一就是谴责"肠梗阻产生的自体中毒"是疾病的主要诱因这一观念。[24] 1910 年，一位医生由于治疗一位显赫的英国贵族而上了头条，他将患者所染重病归咎于她从酸奶中摄入的微生物。两个月后，久负声望的英国皇家医学会（Royal

Society of Medicine)召开了一次特别会议,参会者指责酸奶潮流是"一场危险的热潮"。美国的医生们这时开始公开质疑自体中毒是否真的威胁健康。常被引用的巴尔干地区百岁老人的统计数字开始受到挑战。1916 年一本流行的书则嘲笑梅契尼可夫是"寻找青春不老泉的现代庞塞·德莱昂,结果在乳清中找到了"。(原文为 the Milky Whey,为银河 the Milky Way 的谐音——译注)[25]

　　然而最后主要是梅契尼可夫破坏了他自己的理论。这主要是因为他无法抵御用自己作为证明理论的头号实例的诱惑。1914 年,当他 69 岁时,一位采访者指出,虽然伟大的科学家来自"短命的家庭",他"众所周知地多年以来都保持精力充沛",与同龄的其他科学家相比,毫无减弱的迹象。梅契尼可夫将这样的健康和活力归功于他的饮食习惯。"十七年来,"他说,"我只吃煮熟的食物:完全不吃生食,无论是水果还是其他的。〔他认为生的食物比煮熟的食物带进肠道的危险微生物多得多〕我吃的甜食都含有保加利亚乳杆菌;乳酸都来自闻名遐迩的酸奶制品。"[26]然而一年之内,他的心脏衰竭了,到了 1916 年 7 月他去世了,寿命只是稍稍超过了他的饮食所宣称的预期寿命的一半。

　　梅契尼可夫自己并不认为英年早逝是对自己理论的反驳。当心脏衰弱时,他意识到大限已近,他推测自己的死亡是由于过于丰富活跃的生活。自己真正的生命经验,他说,远远多于 71 年。他还怀疑自己的大肠可能还存在没有解决的问题。他请求一位医生朋友为自己施行尸体解剖,说:"请仔细检查肠道,我猜想那里有什么问题。"[27]其他人则没有兴趣探究了,梅契尼可夫的酸奶食谱没有用,这似乎已经很明显了。这些疑惑最终得到了证实,因为研究发现酸奶杆菌在大肠内并不比其他细菌生存时间更长。而且保加利亚牧民寿命被严重高估这一点也清晰起来,因为父亲、儿子和祖父经常有相同的名字,造成人口普查员把生者和死者搞混了。到了 1917 年,已经很少有人会相信,酸奶在美国还会有任何发展前景。

"都是梅契尼可夫的错?"

　　虽然对酸奶治疗能力的信仰遭到梅契尼可夫之死的打击,对于自体中毒的恐惧却并没有默默隐入黑暗之中去。原因之一是其基础合乎常识。正如詹姆斯·沃顿(James Whorton)在其精彩的编年史中所描述的，中产阶层美国人，尤其是男性，不断与便秘作斗争，常常使用稀奇古怪的疗法。[28]其中大部分原因在于饮食上。在一次大战前，肉和油煎土豆是中产阶级男性饮食的支柱。男人和女人都食用他们能买到的最白的面包，把全谷物食品轻蔑地看作穷人的饭菜。如果要吃蔬菜，通常会把它们煮到酥烂，而少量又精致的沙拉则被看作是女士们的食物。大部分的水果都季节性太强，难堪重任。上层阶级的饮食更加多样化，但是这通常意味着吃更多更昂贵的肉和海鲜，随后又是精心制作的甜点。加之以新工业/官僚时代所创造的久坐不动的生活方式，这样得到的就是消化不良的绝佳配方。[29]

因而当时持续流行这两种病痛——消化不良和便秘就不足为奇了。消化不良(dyspepsia)是消化系统疼痛与不适的笼统称呼。就像其在女性中的对应物神经衰弱(neurasthenia)一样，都相当受到社会的认可，而后者通常被认为是新时代的富贵妇操心过多所造成的。同样地，那些最容易患上消化不良的人被看作是成功人士，他们物质上的成功来之不易，付出的代价就是肠胃受损。例如，1874 年 10 月的《纽约时报》就平静地报道说："查尔斯·H. 德比(Charles H. Derby)，马萨诸塞州米尔福德(Milford, Mass.)一位显赫的居民，昨日悬梁自尽。消化不良迫使他走上了绝路。"[30]

便秘的治疗方法可能要比消化不良多得多，但是由于其涉及排便这样一个不雅的主题，因此就不那么令人肃然起敬了，并且在公开讨论时都要用委婉语提及。(例如，《纽约时报》就说阿布斯诺特-雷恩为康诺特公爵夫人(Duchess of Connaught)所施行的结肠切除术，是为了缓解"慢性肠梗阻")然而，尽管有着引起不雅内容的潜在可能性，1900 年代早期自体中毒理论的兴起，可以说强行把粪便缓慢经过结肠这个问题推到了舞台中央。看来很明显，引起疾病的病菌在结肠中繁殖的时间越久，它们对人体造成的破坏就越严重。不久之后，据说是便秘引起的疾病数量就可以与归咎于家蝇的疾病数量相匹敌了。例如，阿布斯诺特-雷恩的追随者就宣称切除结肠可以治疗癌症、风湿，以及各种精神紊乱。[31]1907 年，波士顿一家医学院的一位教授在给律师会议的建议中说"某些形式的自体中毒会造成精神错乱"；还有"那些订立遗嘱把财富留给护士的男士们，可能就是由此导致行为古怪"[32]。

在美国，约翰·哈维·凯洛格(John Harvey Kellogg)医生，密歇根州巴特尔克里克著名的"疗养院"的领导人，就曾利用自体中毒理论使自己成为全国最受尊崇的医学权威之一。这家"疗养院"起初是基督复临安息日会(Seventh-day Adventist)的健康度假村，一开始，凯洛格也宣扬该教派创始人怀艾伦(Ellen White)的主张。这些理论来源于19世纪早期的素食牧师威廉·西尔维斯特·葛培理(William Sylvester Graham)，他说由食肉、饮酒和吃辛辣食物刺激引起的遗精会削弱体质，使人容易得病。当病菌理论开始挖这一理论的墙脚时，凯洛格就转而将梅契尼可夫的自体中毒理论当作一件新式的科学武器来攻击肉食。他现在认为既然肉类不如水果和蔬菜那样容易消化，那么它必然是结肠中静态的、腐烂的残渣的主要成分，会产生大量微生物，用"最可怕和最令人作呕的毒物来淹没"人体。[33]他也运用酸奶来与疾病做斗争，虽然不完全是以梅契尼可夫所设想的方式。患者被带到一个特殊的房间，发给一品脱酸奶，但只有一半是口服的，另一半则通过所谓"灌肠机"直接输送到他们的结肠里。这后一种方式，凯洛格说，是为了"把有益细菌接种到最需要的地方去，产生最好的效力"。[34]

另一个对自体中毒拉响警报的斗士是霍勒斯·弗莱彻(Horace Fletcher,)，一位富有的退休商人，他倡导长时间咀嚼食物，这为他赢得了"大咀嚼者"的绰号。他宣称"彻底咀嚼"可以对抗自体中毒，因为这样人体就能在食物抵达大肠之前将其完全吸收，剩不下什么东西可以在大肠里腐烂。凯洛格发现这挺有说服力，就在疗养院的大餐厅里挂起一块巨大的牌子，写着"弗莱彻式咀嚼法"。他甚至还编了一首"咀嚼之歌"，让病人们吃饭以前唱，作为提醒。[35]

需要注意的是，当时绝对没有人把这两位看作江湖郎中。凯洛格是从纽约的贝尔维尤医院(Bellevue Hospital)获得医学博士学位的，他定期与世界知名的科学家交流，其中包括俄罗斯的伊万·巴甫洛夫(Ivan Pavlov)，他很快就要因为流口水的狗的实验而闻名于世。他也是新兴的科学家政学家们的亲密伙伴，这是一群接受过大学教育的女性，正在利用她们所掌握的营养科学的最新发现结果来巩固她们在美国学校和大学中，有关食品和健康方面教学的优势。弗莱彻则受到有着"美国生理学院院长"美誉的哈佛医学院（Harvard Medical School）的亨利·鲍迪奇（Henry Bowditch）教授的支持，也被耶鲁大学杰出的化学家罗素·奇滕登（Russell Chittenden）和拉斐特·孟德尔（Lafayette Mendel）视为合作者，他们可都是最前沿的营养学研究者。他们说服了美国陆军参谋长，派出一队士兵到耶鲁大学，以便弗莱彻在他们身上实践自己的理论。哈佛大学才华横溢的哲学家威廉·詹姆斯（William James）和他的小说家兄弟亨利（Henry James）一起成了"咀嚼者"。[36]

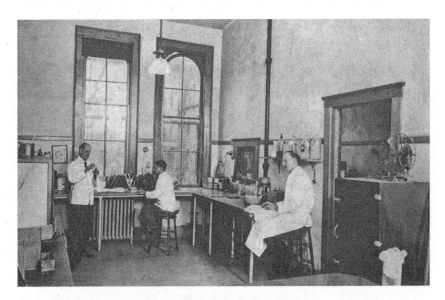

对抗自体中毒的重要堡垒：粪便分析实验室（Laboratory for Fecal Analysis），位于约翰·哈维·凯洛格医生著名的密歇根州巴特尔克里克疗养院。

37　　　　凯洛格和弗莱彻也不是没有分歧，包括排毒这件大事。凯洛格说每天都有必要排三到四次，而弗莱彻认为既然正确的咀嚼会让最后可以下咽的残渣减到最少，那么四到五天一次是最佳频率。最终产生的是干燥、无臭的小球，他曾向科学家们邮寄这种样品。不过凯洛格还是愿意宽容对待弗莱彻的理论，因为这位大咀嚼者在实践中支持大幅度地降低蛋白质需要量,这也就意味着很少吃肉。[37]

另一方面,梅契尼可夫则固守肉食主义。此外,他还警告说,凯洛格所赞颂的生水果和蔬菜,沾满了微生物,只适合兔子的消化系统。凯洛格曾因此而疏远了这位俄罗斯人,还在"疗养院"里取消了酸奶的疗法。[38] 1916 年,当梅契尼可夫去世的时候,凯洛格表现得幸灾乐祸,指责其早逝要归咎于食肉。随后他在自己的书《自体中毒,即肠内血毒症》(*Autointoxication, or Intestinal Toxemia*)中专门写了一章,名为"梅契尼可夫的错",严词批评这位去世的科学家,说他的死因是酸奶也无法抵御食肉所导致的自体中毒。他得意地回顾道,梅契尼可夫的助手曾告诉他:"梅契尼可夫吃下一磅肉,再喝一品脱酸奶来杀毒。我可没这么傻。我不吃肉。"[39] 同年,食肉的霍勒斯·弗莱彻也去世了,享年 68 岁。

自体中毒论东山再起

凯洛格反而一直活到 1943 年,直到 91 岁才死去。然而自体中毒的理论却早在 20 世纪 20 年代早期,就与"疗养院"的财富一起消逝了。其原因之一是,一旦梅契尼可夫的去世熄灭了酸奶的狂热,那么销售其他抵抗自体中毒的产品也赚不到钱了。约翰·哈维·凯洛格曾拒绝与他的兄弟威廉一起做玉米片生意,这也是他们共同为了代替以肉和蛋为主的传统早餐而开发的素食替代品。于是威廉独自前行,他致力于宣传谷物食品的方便和美味,而不是将其作为一种治疗自体中毒的方法。[40]

不过自体中毒理论遭遇的最大问题是,它后来被正统的医疗机构视为一种威胁,后者如今正在竭力巩固其在医学领域的主导地位,打击顺势疗法师、脊椎治疗师和一大批如今被称为替代疗法(alternative medicine)的从业者。创建一种职业的本质是建立对专业知识的垄断,而通过调整食谱来对抗疾病的呼吁在医生们的竞争中显得无足轻重。为数甚少的几位曾使用结肠切除术来治疗自体中毒的外科医生在同行中地位并不高。("要想找他们的病人,你只能去问牧师。"有一位持怀疑态度的医生说)[41] 他们中也没有多少从事结肠灌肠,因为这需要在办公室里设置造价昂贵的防水房间，而且维护起来也有困难。当美国医疗协会（AMA）宣传部在 1906 年否定便秘引起的自体中毒是疾病的主要原因时，他们特别指责了结肠灌肠是无用和危险的。[42]最终在20 世纪 20 年代早期，科学研究显示结肠内的细菌对人体无害，这动摇了自体中毒理论的整个基础，如 AMA 所希望的那样，将其贬低到了江湖医术的层次。[43]

39   可是最终事实证明，肠道中的坏细菌引起疾病的理念看上去太符合直觉了，不会完全消失。英国的阿布斯诺特-雷恩爵士保持高调，尽管不再做结肠切除手术，但是他仍然在推广自体中毒的概念。作为"新健康协会（New Health Society）"的领导人，他继续宣布诸如深色头发的人比金发的人更容易遭受自体中毒之类的发现。1937 年，他资助了著名的美国健康大师盖罗德·豪瑟（Gayelord Hauser）的英格兰巡回演讲，其人当时正在美国复兴对自体中毒的恐惧。[44]在随后的年月中，阿布斯诺特-雷恩的贵族顾客们的后代让自体中毒理论的香火延续不断，直到在 20 世纪后期出现在英国戴安娜王妃身边，她经常去做灌肠，来治疗某种不适。而且这种理论在欧洲大陆也没有死掉，在 20 世纪八九十年代，赫尔穆特·科尔（Helmut Kohl）总理和其他德国精英人士都会跑到昂贵的水疗场所去进行为期一周的禁食和灌肠，以排除他们身体中的"毒素"。

在这个时候，随着结肠清洗排除体内毒素的理念成为新兴的替代医学场景的重要组成部分，对自体中毒的恐惧也在美国重现了。这时归咎于自体中毒的疾病数量已经超出了梅契尼可夫时代最大胆的宣言，因为新的病种——如银屑病、过敏性肠综合征、克隆氏症和慢性疲劳综合征——被加入到列表里。这种"结肠疗法"通常使用抗菌药物，不过有时也有酸奶和咖啡灌肠剂。如果约翰·哈维·凯洛格能够长寿到目睹这些，想必也能心满意足了，即使他认为咖啡是有毒的。[45]

梅契尼可夫身后的胜利？

酸奶的卷土重来显然要壮观得多。在 20 世纪二三十年代，食用酸奶的巴尔干农民格外长寿的说法从来也没有真正消失过。在 1926

年一本名为《智取中年》（*Outwitting Middle Age*）的书中，一位美国医生再次把巴尔干农民拉出来说事，说"7 百万人里面只有不超过3700 人活过了 100 岁，而且保持身体硬朗。这是为什么呢？因为他们喝酸奶"。可是，由于在美国买不到新鲜的酸奶，他只能推荐药店里的酸奶药片。[46] 而当 20 世纪 30 年代走红的食疗大师威廉·海伊（William Hay）推荐用酸奶来对抗消化系统中危险的细菌时，他使用的也是一种药片。[47] 他的竞争对手盖罗德·豪瑟也建议吃新鲜酸奶，不过只能提供一份耗时费力的家中自制配方。

　　随后到了 1942 年，一位来自法国的难民丹尼尔·卡拉索（Daniel Carasso）在纽约布鲁克林（Brooklyn, New York）设立了达能公司（Danone）的一家分公司——这是属于他们家族的新鲜酸奶企业——并聘请了一位出生在瑞士的西班牙犹太移民乔·梅茨格（Joe Metzger）作为合伙人。卡拉索的父亲伊萨克是一位祖籍西班牙的塞法迪犹太人（Sephardic Jew），在 1919 年从希腊搬到了西班牙，开始在巴塞罗那生产酸奶，使用的是从梅契尼可夫在巴黎巴斯德研究院的老实验室获得的菌种。他随后开发出一种大规模生产的方法，1929 年他的儿子丹尼尔——公司名称用的就是他的名字——把他这种方法带回到巴黎，在那里开办了一家酸奶制造厂。公司经营得很出色，可是1941 年，纳粹占领了法国，迫使丹尼尔逃到美国。

　　卡拉索与梅茨格的这家合资公司很难说是一鸣惊人。美国人并不喜欢酸奶，当时要为一种需要冷冻的鲜制品建立一套销售网络也很困难。他们尝试着改一个美国式的名字 Dannon，但是直到 1947 年，他们的市场仍局限于纽约市区的几个直销点，光顾这里的客户主要都是移民，以及少数一些被梅茨格的儿子胡安（Juan）叫做"健康食物狂热分子"的人。于是胡安·梅茨格想出了个绝妙的点子来吸引爱吃甜食的美国人，他在酸奶底下加了一层草莓糊，并把公司的宣传口号从"医生的推荐"改成了"神奇的小吃……美味的甜食"。[48]

　　这一招使得销量大增，不过要重新建立酸奶健康食品的名声，还要靠健康大师盖罗德·豪瑟。豪瑟高大英俊，发型漂亮，衣着考究，魅力和仪表对于某一年龄段的妇女来说是难以抵御的。他的传奇故事说他在 18 岁从德国移民到美国之后不久几乎死于"髋关节结核病"。[49]

40

他返回欧洲寻求治疗，结果找到了一位老神医（一个版本的故事说这是一位德累斯顿的自然疗法师，另一个版本说是一位瑞士的老修道士，第三个版本说是一位奥地利的免疫学家）用大量的柠檬汁和蔬菜汁拯救了他。他很快就回到芝加哥，开始推销草药，其中最成功的就是泻药 Swiss Kriss。1927 年他搬到好莱坞，在那里他很快运用自己的魅力影响了包括葛丽泰·嘉宝（Greta Garbo）在内的许多女明星的生活，通过制定特殊饮食来对抗皮肤下垂和衰老。[50]他所推荐的食材之一就是酸奶，他说这"长期以来都是保加利亚人的主食，他们以活力和长寿而著称"。

41　　然而一直到战后，达能才打开了酸奶的销售范围，这时的豪瑟已经是"豪瑟博士"了，他把达能酸奶作为自己所推荐的食谱的核心。[51]在他 1950 年的畅销书《重返青春，延年益寿》（*Look Younger, Live Longer*）中，他把酸奶列入五大"神奇食物"之列，还持续地在大量书籍、报纸专栏、每日广播节目和每周电视节目中大肆宣扬酸奶的功效。[52]随着生产商宣传酸奶的治疗效果，其销量节节攀升。终于，1962 年美国食品和药物管理局（Food and Drug Administration，简称 FDA）介入了，并禁止他们宣扬其健康效用。[53]

在此之前三年，比阿特丽斯（Beatrice）食品集团收购了达能，开始在全国各地生产和分销新鲜酸奶。FDA 的禁令几乎难不住他们，因为他们的营销人员相信把酸奶当作一种甜食小吃来卖，比当作健康食品来推销，利润要丰厚得多。1963 年，一位公司发言人说："我们不想让人们把酸奶看作一种对他们身体有好处的产品。我们希望他们把它看作用来享受的美味。"[54]在脂肪恐惧泛滥的 20 世纪 80 年代，他们研制出了完美迎合潮流的低脂产品，其销量的暴涨令人难忘。从 1993 年至 2004 年，美国人的新鲜酸奶消费量几乎翻了一番，其中 85% 是加糖的。事实上，1992 年，再度回到法国人手里的达能发布了一种儿童酸奶，其中充斥着加糖的水果、糖分以及糖果碎片，营养学家谴责这完全是垃圾食品。[55]

然而尽管很甜，酸奶仍然保持着有益健康的声誉。[56]2004 年，有机酸奶生产商石田农场（Stonyfield Farm）列出了很多酸奶带来的好处。该公司承认这些都是"民间传说"，也就是说这些只是"广泛接受的信念,而非得到证实的事实",不过其中有一些(他们也没有说是哪一些)"被认为是相当准确并得到承认的"。随后罗列的是一长串功效,从治疗腹泻到治疗结肠炎、克隆氏症以及阴道感染,还有降低胆固醇水平。[57]

起初,这场显然是梅契尼可夫身后的胜利看起来规模有限。尽管人人都言之凿凿说酸奶能消灭肠道内的细菌,但是没人敢断言其能够"延年益寿"。事实上,即使在 20 世纪 90 年代晚期政府开始允许加工食品的健康功效宣传,大多数大型生产商仍继续将其作为减肥食品,而不是作为健康食品进行推广。不过,到了 21 世纪初,食品生产商发现了"益生菌"。这些品种的乳酸菌,虽然不同于梅契尼可夫的保加利亚乳杆菌,但据说效果本质上是相同的:都是促进结肠内能够杀死坏细菌的"好细菌"的增殖。[58]优诺(Yoplait)酸奶现在宣称"Yoptimal immun+"酸奶能够"用两种活性益生菌种群与抗氧化剂(多酚)的独特组合,增强您的免疫系统。"[59]达能则开发出两种益生菌饮料,其中所含的乳酸杆菌据说具有相反的效用:碧悠(Activia)能够治疗便秘,而DanActive 则治疗腹泻,"为保持肠道菌群平衡起到积极影响。"[60]

2009 年 9 月,益生菌理论真的遭到了一次挫折,达能被迫就一项集体诉讼达成和解,因为其对于益生菌的效果欺骗了消费者。公司同意补偿消费者 3500 万美元并修改宣传语,不过他们仍然宣称自己是有科学依据的。但是几乎没有科学家发现这些宣称能够令人信服。唯一一项得到证实的效果,是由一个部分成员与产业界联系密切的科学家小组的研究得出的,他们证实益生菌在抵御由抗生素引起的腹泻时是有效的。最接近于梅契尼可夫的主张——即益生菌能加强免疫系统——仍然没有被证实。此外,虽然药丸看似是把益生菌送到肠道的有效方法,但是却没有证据表明新鲜酸奶也能做到。2009 年 9 月,加利福尼亚州立大学公共卫生学院(University of California School Of Public Health)一篇关于酸奶的健康益处的评估中说:"不要为了健康因素去吃酸奶。"[61]一个月之后,欧洲食品安全局(European Food Safety Board)断定说,他们所研究的数百种所谓"益生菌"的菌株之中,没有一种能够增进肠道健康或免疫力,并且命令达能和其他酸奶公司停止再宣称其具有这一功效。[62]达能重申,他们相信进一步的研究

42

将证明其有效性，但是目前而言，至少梅契尼可夫仍在等待平反。与此同时，就在几个月之前的 2009 年 5 月，丹尼尔·卡拉索在巴黎去世，享年 103 岁。但是对于公司而言不幸的是，与梅契尼可夫不同，他从未在公共场合将自己的长寿归因于酸奶。

第四章
细菌与牛肉

细菌到处都是,这令人恐惧;牛奶都能让人生病,这叫人沮丧;不过细菌会致吃牛肉的人于死地的指责,可能是最令人苦恼的一件事。尽管 19 世纪的美国人实际上吃得最多的是猪肉,但他们最喜爱的还是牛肉,这主要归因于英国式饮食的残留影响。就像一份 19 世纪中叶的报纸曾自豪地宣称的那样:"我们基本上是一个*饥饿的吃牛肉的民族*。"[1] 马克·吐温在 1867 年环游欧洲期间,最想念的美国食物就是"一块巨大的上等牛排,有一英寸半厚,在煎锅中烫得滋滋作响。"[2] 20年后,新出版的食谱总是抱怨中产阶层的烹饪陷入了千篇一律的烤牛肉、上等牛排以及土豆。[3] 正是这个标志性的地位,将有助于保护牛肉逃过下一个世纪几场最重大的食物恐慌。

从"屠场"(the Jungle)中毫发无伤地脱颖而出

1879 年之后,铁路冷藏车厢的引入是允许美国人沉溺于对牛肉的激情的主要因素。在这之前,骨瘦如柴的牛都是被徒步赶进城市附近的屠宰场的,在那里它们经常被喂食难吃的饲料,那是酿啤酒的副产品,造成它们的肉里有令人不快的味道。[4] 这时来自西部巨大牧场的牛被火车运到堪萨斯城(Kansas City)和芝加哥这样的中西部城市的大型牲畜围场,在那里,大加工商用玉米来给它们"最后加工",然后在巨大的"拆卸"流水线上进行屠宰(流水线通常具有装配功能,作者在这里幽默地用拆卸来与之对比——译注)。牛肉随后被装上铁路冷藏车厢,运送给全国各地的批发商和肉店。[5]

因此,鲜牛肉价格下降,质量上升,而美国人之中,能够享受得起新鲜牛肉的人数,尤其是中产阶级的人数呈指数式增长。[6] 与此同时,罐装技术的显著改进允许加工商可以把罐装牛肉的价格降到穷人也能承受的水平。到 1900 年,美国人吃的牛肉数量已经超过了猪肉。[7]

但正当牛肉达到这个巅峰时,一片乌云逼近了。1898 年 12 月,全国大部分人还沉浸在最近在古巴战胜西班牙的喜悦之中,美国陆军在该国的总司令纳尔逊·迈尔斯(Nelson Miles)将军却提出了一项惊人的指控。他告诉一个调查战争支援情况的委员会,大多数提供给他的部队的牛肉掺入了化学物质。新鲜的牛肉被用"秘密的"化学药品处理,来掩盖其已经腐烂的事实。罐装的烤牛肉也好不到哪里去:一打开就能闻到一股好像"做过防腐处理"的气味。[8] 另一位陆军军官则作证说在他的士兵吃了新鲜牛肉生病之后,他品尝了一下,发现里面含有防腐剂水杨酸。[9] 随后,这场战争的大英雄,新任纽约州长西奥多·罗斯福(Theodore Roosevelt)也发表了看法。他告诉另一组陆军调查组,那些主要加工商所供应的牛肉罐头,他也称之为"做了防腐处理",他的士兵如果能克服牛肉令人恶心的气味而吃了下去,常常就会生病。他自己呢,他说,宁愿吃自己的帽子。[10]

指控已经很清楚了:"牛肉托拉斯"——五家控制了全美国大多数的牛肉供应,并且获得陆军牛肉供应合同的大加工商——使用了化学药剂来掩盖变质肉品中的致命细菌。一名士兵愤怒的母亲写信给麦金利(McKinley)总统说:"这些盗贼公司把最糟糕的食物给了孩子们。"[11]然而,政府的首席化学家,哈维·威利却没有从这些公司的牛肉里找到任何化学添加剂,而两个陆军委员会则拒绝将除了一些闹肚子案例以外的问题与此联系起来,他们将其归咎于在热带条件下牛肉处置不当。[12]

然而大部分的民众不肯相信他们。当战争部长在波士顿露面的时候,他受到人群的质疑,人们喊着:"喂喂喂! 牛肉! 牛肉!"在 1900年的全国大选中,民主党抓住机会大做文章,指控共和党政府故意给士兵食用加有防腐剂的牛肉。[13]没过多久,人们就普遍相信变质牛肉杀死的美军士兵超过了西班牙人。

对牛肉的信心在两年后被进一步削弱,当时德国政府禁止进口大多数美国肉类。他们所给出的理由和当年迈尔斯的指控一模一样:硼

哥伦比亚（美国的女性拟人化形象——译注）问山姆大叔："罪魁祸首究竟是谁？"他们正站在 1898 年美西战争结束后，载有中毒士兵从古巴返回的船上。通常认为真正的罪犯是所谓的"牛肉托拉斯"，即肉类加工商，据说他们的"防腐剂牛肉"杀死的士兵比西班牙人杀死的还要多。（《哈珀周刊》*Harper's weekly*，1898 年）

砂和其他化学物质被用来保存和掩盖被细菌损坏的肉类。[14] 然后在1906年，厄普顿·辛克莱的轰动性小说《屠场》(*The Jungle*)出版了，书中描述了芝加哥屠宰场骇人听闻的恶劣条件，那里处理了全美国大多数的牛肉。这本书如何导致牛肉产业的法律管制的故事已经众所周知了，但是这本书所暴露的惊人内情几乎没有动摇美国人民对牛肉的深情这件奇异的事实，却从来没有人真正认识到。

46　　　辛克莱是一位社会主义者，这本书基于对屠宰场工人的采访，写作的目的是揭露他们可怕的工作条件。[15] 但是大众印象最深刻的却是他对于生产过程本身的揭露描写。他说，许多待宰的牛到达屠宰场的时候浑身都是疖子，或者是得了结核病、甲状腺肿大，甚至已经死亡。最糟糕的就是那些长满了疖子的牛都做成了牛肉罐头。"就是这样的东西，"辛克莱写道，"做成了所谓的'防腐剂牛肉'，害死的美国士兵是西班牙人的子弹所杀死的几倍之多。"还有很多腐烂的肉做成了香肠。欧洲人退货回来的旧香肠，发霉变白的，"会被加入硼砂和甘油，倒入料斗，又转回到消费者的家里。"料斗里还会装入"掉在地板上的肉，在尘土和锯末里滚过，工人在那里踩过，吐过数十亿肺结核病菌的地方"。在阴暗的仓库里，大堆的肉被老鼠屎覆盖着。加工商会用下了毒的面包来扑杀老鼠，但是工人们却懒得扔掉肉堆中的死老鼠，于是"老鼠、面包和肉一起被送进了料斗"。新鲜牛肉也很少是安全的。当它们腐烂的时候，就用硼砂来掩饰，就像在古巴发生的事情一样。[16]

后来辛克莱有句名言："我瞄准的是公众的心，但是一不小心打到了胃。"[17] 不过这样的免责声明并非出自真心，显然他希望这样令人毛骨悚然的揭露性描写能够让大家反胃，促使他们起来反对大型肉类加工商。在出书之后，他又用大量杂志文章来放大这些令人倒胃口的故事。这也促使迈尔斯将军出来支持他，说这些指责对自己来说已不是新闻。他声称，如果这一现象早七年引起大家重视的话，成千上万人的生命就会得救。他说："我相信，有3000名美国士兵由于掺假、不洁、有毒的肉而丧命。"[18]

47　　　所有指控中，最令人感到恶心的是关于碎肉制品的。当公众了解到现在已经当上总统的西奥多·罗斯福也被辛克莱的书所震惊，幽默作家彼得·芬利·邓恩(Peter Finley Dunne)在他的流行报纸专栏中，让主角"杜利（Mr. Dooley）先生"，一位爱尔兰移民，想象总统一边吃早饭一边读这本书，突然大喊"我中毒了（南方口音）"，他把香肠扔出窗外，其中一条爆炸了，炸断了一位特勤局（Secret Service）特工的一条腿，还"破坏了一排老橡树。（南方口音）"[19]

无论罗斯福的真实反应如何，他都无法忽略要求政府采取行动的大声疾呼。他邀请辛克莱到白宫来举行了一场大肆公开宣传（不过香肠比较少）的午餐。在倾听了作家的陈述之后，他在一份被国会长期拖延的肉类检查法案上施加了影响，帮助其尽快通过。

邓恩的文章结尾写道："从此以后，总统和我们大家一样，都成了素食者。（南方口音）"然而，并没有证据表明辛克莱的揭露书籍造成牛肉或其他肉类消费量的明显下降。[20]这可能有几个原因。一个是当时正值进步时代（Progressive Era）的高潮，这时中产阶级对于政府干预能够解决新兴工业体系带来的诸多问题相当有信心。此前对不洁的水质引起的流行性传染病的恐慌，所导致的公共卫生法规和卫生改进显然产生了积极的成果。所以完全有理由相信，1906年的《联邦肉类检查法》(Meat Inspection Act)将清理整治全国的牛肉供应。

在一开始的时候，这种信心似乎合乎情理。正如这类改革经常发生的那样，这一涵盖了在各州之间运输肉类的各大加工商的法案，确实在国会获得了应有的快速通过，连将受到监管的那些人都支持。最初，"五大"肉类加工商公司对于该法案是抵制的，尤其反对要求政府在屠宰场常驻观察员的条款。然而，面对辛克莱的揭露所带来的公众对其产品丧失信心的可能，他们很快认识到政府的检查能够向消费者保证他们产品的安全性。他们转而支持该法案，这使得连辛克莱都指责国会为了他们的利益而定制法案。[21]他说对了，现在出厂的肉类上面都盖上了美国农业部官员的公章，保障其健康安全。加工商们现在都可以宣称——就像 Armour 公司（Armour and Company）立即就开始宣传的那样——"美国检验(U. S. Inspection)标签，Armour 公司的每一磅、每一包产品上都有，保证 Armour 出品的食品的洁净、有益健康，以及标记的真实性。"更棒的是，这根本不需要他们出一个子儿，因为许许多多对他们俯首听命的国会议员都要保证整个检验制度都是由纳税人承担的。[22]

48　　　　肉类加工商们随后又在表面上改正自己的行为，至少在公众能够
看到的部分。就在两位联邦检查员在参观了 Armour 的工厂之后就
感到身体不适的事件发生后仅仅两个月，该公司就把这间工厂开放给
公众，欢迎旅行团仔细参观生产过程中挑选出来的一些部分。其他屠
宰厂紧随其后，为现代旅游业增添了一个新的项目。[23]另一个这次恐慌
对肉类消费量冲击甚小的原因与阶级有关。一般情况下，受过教育的
中产和上层阶级受到现代食品恐慌的影响最大。然而大多数关于牛
肉的恐怖故事只涉及罐装肉品和香肠，这些是城市工人阶级的主食，

　　　　在对芝加哥大型肉类加工商的屠宰场令人反胃的报道导致 1906 年肉类检
查法案的出台之后，这些公司规范了自己的行为，并向公众开放了部分设施。
参观者看到的是一幅令人放心的场景。图中的妇女正在向 Armour 公司的产
品上贴"Veribest"商标和美国政府的批准标签。（国会图书馆）

其中一大部分是出生在外国的移民，或是受教育程度低的美国农村移民——绝非《麦克卢尔杂志》或《屠场》的读者。[24] 讽刺作家邓恩的总统吃香肠故事也许是有趣的，但这样的饭菜会不会出现在罗斯福面前是很令人怀疑的，因为他在美国可算是上层阶级中的上层阶级。他们即使是早餐也要吃肉的，像他这样阶层的人早餐会吃一小块牛排或是烟熏火腿，而不是香肠。牛排以及其他部位的牛肉会是购买自肉铺，有一位历史学家形容那里存在着客户与肉贩之间的多少还算令人放心的"紧张与信任"并存的关系。[25]

对于下层阶级来说，对碎肉制品的怀疑几乎与城市生活本身一样古老，可是这很少能够阻止人们去吃这些食品。[26] 此外，他们之中许多移民也会放心地信任自己民族的生产者。而且就算他们不想吃香肠和罐装牛肉、猪肉，他们又能用什么来代替呢？如果要每天吃新鲜牛肉、鸡肉以及猪肉，一般来说都太贵了。

工人阶级对《屠场》带来的恐惧相对比较有抵抗力，最好的反应或许就是汉堡包受到的影响是多么的小，这在 20 世纪早期曾被看作是典型的工人阶级食物。经常有人指控肉贩用亚硫酸盐使汉堡肉饼看起来很新鲜，而卫生专家警告说，吃汉堡包比从垃圾桶里找东西吃强不了多少。然而它们在工人阶级的集市和嘉年华会上的流行程度丝毫不受影响。汉堡包也是聚集在工厂大门外的食品售卖车上的标准菜品。[27]

在那个世纪头二十年成为工人阶级爱好的法兰克福式香肠（frankfurters），又名热狗肠，其成分更加令人生疑。在中产阶级报刊上总有报道说它们是用令人作呕的混合物制成，包括碎肉屑、脂肪、软骨和玉米淀粉，用硝石和红色食用色素将最终产生的灰色烂泥染成粉红色。[28]《纽约时报》一篇报道指责说，运往康尼岛（Coney Island）的法兰克福香肠是用酒店扔掉的动物内脏和废料制成的，而且是"其中腐烂最严重的"。但这完全没有影响到游乐园中那么多热狗售卖亭的销量。[29] 当一篇特别可怕的报道真的损害了内森·汉德沃克（Nathan Handwerker）的售卖亭的销量时，他马上雇佣了一些大学生，穿上医生的白大褂，戴着听诊器聚集在亭子周围，散播谣言说当地医院的医生都吃了这里的热狗，从而恢复了销路。[30]

50 　　《屠场》出版后紧接着几年的情况，提供了又一个例证，说明美国人是多么地推崇牛肉，难以舍弃。1910年，有成千上万的美国人站了出来，不是为了牛肉不健康，而是因为不能吃到足够多的牛肉。辛克莱的书出版的短短四年之后，他希望声援的那些人——工人和思想开放的女性——走上了街头，不是为了抗议牛肉变质，而是为了抗议其价格飞涨。全国各地妇女协会的数千名会员承诺，在价格下跌之前不买牛肉。华盛顿特区的政府印刷局有五百名雇员签名抵制，而纽约市有4千名女性服装工人散发传单，号召全市的工人支持这一运动。在匹兹堡(Pittsburgh)，有12.5万人，号称代表60万家人签署了抵制的誓言书。[31]可是事实证明不吃牛肉说来容易做来难。太多的人看来都同意哈维·威利，他反对继续抵制，警告说"肉类是人体必需的，不吃肉在绝大多数情况下会导致活力下降"。他说美国男性需要吃足够的牛肉，否则就会变成"柔弱的民族"。抵制运动很快就逐渐平息了，对牛肉消费量没有留下丝毫影响。[32]

　　这一切似乎印证了德国社会学家维尔纳·桑巴特(Werner Sombart)1906年的著名观察，即美国的社会主义者促使工人阶级反对资本主义的希望"粉碎在烤牛肉和苹果馅饼构成的礁石上"。[33]具有讽刺意味的是，在美国1917年加入世界大战之后，本国最重要的资本家之一也在相同的礁石上搁浅了。当政府的食品节约计划领导人赫伯特·胡佛(Herbert Hoover)尝试用"无肉日"来让美国人削减牛肉消费时，他的建议遭到来自美国工人的巨大阻力。牛肉消费量不但没有下降，事实上反而上涨了17％。其原因，这位垂头丧气的未来总统总结道，就是工人们把他们最近变得丰厚起来的薪资"都花在上等牛排上面了"[34]。

51 ## 关紧潘多拉魔盒

　　美国中产阶级继续对碎牛肉保持警惕，尤其对于外面买来的，直到时间进入20世纪20年代。这时，白色城堡(White Castle)汉堡连锁餐厅的共同创始人之一埃德加·英格拉姆(Edgar Ingram)决心让汉堡摆脱工人阶级的定位。他着手吸引中产阶层的顾客，用他的话来说就是"打破根深蒂固的对碎牛肉的偏见"。他们的连锁店外面覆盖着瓷砖,颜色是"象征洁净的白色"。里面的一切都是成套的,而且一尘不染,包括桌面、凳子、咖啡杯和餐具。身穿整洁白色制服的雇员,在顾客一览无余的注视下绞碎新鲜牛肉,炸制汉堡肉饼。英格拉姆平息对他的汉堡卫生健康情况的担忧的方法,是请明尼苏达大学(University of Minnesota)的科学家用一位医科大学生做实验,让他在 13 个星期里面,除了白色城堡的汉堡包和水以外什么也不吃,最后几周每天要吃 20 个以上的汉堡。在这位学生被认定为身体健全之后,英格拉姆说事实证明,人"可以只吃我们的汉堡和水,完全能够保持身心健康"。(他从未透露的是,这名学生从此以后再也不吃汉堡包了)[35]

到 20 世纪 30 年代早期,汉堡包的声誉经受住了再度兴起的消费者运动对牛肉安全的打击,这很大程度上要归功于白色城堡和大量的效仿者,如白塔。[36]一本 1933 年出版的书,名叫《一亿只豚鼠》(100, 000, 000 Guinea Pigs),作者是阿瑟·凯莱特(Arthur Kallet)和弗雷德里克·施林克(Frederick Schlink),两位消费者联盟(Consumers Union)的创始人,关注碎牛肉的风险。书中特别谴责非法使用亚硫酸盐来掩饰变质的碎牛肉。"对汉堡的爱好,"他们说,"其安全性相当于在花园里喷洒砷喷雾剂的时候进去散步,也相当于从一个在烈日暴晒下的垃圾桶里找肉吃。"实际上,他们说,垃圾桶正是大多数屠夫切出来的肉应去的地方。此外,他们还指控政府肉类检查员允许患有结核病的牛被屠宰并卖给公众,造成每年超过 5000 人死于结核病。[37]

这本书占领畅销书排行榜很多年,而且我们将会看到,书中对化学添加剂的批评还促使 1938 年《食品、药品和化妆品法案》(Food, Drug, and Cosmetic Act)增加了一些监督内容。然而,公众对于牛肉,包括碎牛肉的胃口却丝毫没有受影响。汉堡包甚至成为了纽约一家名人最热衷光顾的,号称该城"最傲慢餐馆"的,名为"21"饭店的招牌菜。[38]在二次世界大战期间,政府的宣传强调家庭主妇们添到他们丈夫盘子里的红肉是如何使他们强壮而又威猛的,从而进一步抬高了牛肉的地位。然而虽然牛肉的供应比较充足,政府却仍然把大部分牛排拨给军人。结果造成的牛排短缺并不为平民所接受,他们因为战争而上涨的薪水使得牛排的价格高企不下，并且成了黑市上最抢手的食物。[39]

52　　牛肉在美国文化中的独特地位在 1946 年再一次显露无遗，当牛肉的战时价格控制取消时，价格狂涨了 70％。希望获得民众支持的杜鲁门总统重新实行了价格管制。牧场主们以停止向市场供应牲畜，人为制造短缺来回应。共和党控制的媒体于是用一系列"肉类大饥荒"的吓人标题，掀起了巨大的舆论抗议。《纽约时报》就讲述了一位纽约餐馆老板，因为无法获得足够的牛肉，就跳下布鲁克林大桥（Brooklyn Bridge）自杀了。杜鲁门很快就屈服并解除了管制，但他的民主党付出了沉重的代价。在 1946 年 11 月那场所谓"牛排大选"中，该党遭受了灭顶之灾，看来牛肉短缺的阴影在当年几乎萦绕在每一个选民的心头。[40]

在"牛排大选"之后的二十余年里，大块烤肋排和厚牛排成了美国人"全球吃得最好的民族"的自我形象不可分割的一部分。20 世纪 50 年代末的一项研究表明，牛肉是到那时为止最受欢迎的正餐主菜，并总结说"家庭主妇……显然认为牛肉高于其他肉类"[41]。兴盛的郊区，带有后院的洋房，院子里的烧烤炉上，戴着厨师帽的丈夫们烤着牛排和汉堡肉饼，已然成了美国梦的象征符号。没有人想到质疑牛肉的安全，因为现在都是从郊区新建的外观明亮卫生的超市里买来的。而在郊区的其他地方，麦当劳正在把白塔连锁餐厅开创的卫生保障形象提升到一个全新的层次。无怪乎从 1946 年到 1966 年，人均牛肉消费上升了超过 70％。[42]

不过到了 20 世纪 60 年代末，反对越南战争的民权运动，开始揭露出美国本土存在的惊人的饥饿情况，并激起对环境的担忧，这引起了大量批评性的目光落在美国社会上，包括美国人的主要食物上。这一切的领导人是拉尔夫·纳德（Ralph Nader），一位精瘦的禁欲主义者，他拒绝吃任何磨碎的、填馅的或是加工过的食物。他开始谴责肉类产业生产出了鲜肉含量微乎其微的"耻辱堡（shamburgers）"和"脂肪肠（fatfurters）"。（他说其中后者"属于美国最致命的导弹之一"）[43]随后他转向了加工在本州内销售的肉类工厂的条件，这种工厂没有包含在 1906 年《肉类检查法案》的管理范围内。他有意识地模仿了厄普顿·辛克莱的指控,设法呼吁支持一项法案,将所有肉类加工厂置于联邦监管之下。与当年"防腐剂牛肉"的指责相呼应,他说和辛克莱的时代一样,危险的新型化学品被用来掩饰变质的牛肉。他最令人不安的指控也和辛克莱一样是关于绞碎和加工过的肉类。在全国电视网播放的电视纪录片探讨了这些指控,并证实了加工商正在使用所谓"4D"动物——即死的(dead)、濒死的(dying)、患病的(diseased)和残疾的(disabled)——来制成加工肉制品。

不幸的是,纳德得到的结果与辛克莱一模一样:加工商们很快就意识到联邦政府的监管会帮助他们,有益无害。他们放弃反对该法案,使之以创纪录的速度获得国会通过。失望的纳德说,加工商们已设法把潘多拉魔盒的盖子盖了回去,避免进一步的行动涉及到许多他曾希望清理的领域,如肉类的化学掺假、微生物污染、滥用激素和抗生素及农药残留。[44]

纳德的悲观情绪还是有点放错了地方。最终,这些问题确实酿成了重大事故,但是却是在其他食物中。而牛肉对这些恐惧却仍然是近乎完全免疫的。20 世纪 70 年代晚期到 80 年代,牛肉消费量倒是下降了,但不是出于对安全性的担忧,而是由于对胆固醇的恐惧。[45]

汉堡包天堂中的大肠杆菌(E. coli)

然而,对美国人依恋牛肉之情的最严重考验,从 20 世纪 90 年代开始了,在多份有关令人恐惧的死亡和疾病的报道中,当代牛肉产业好像突然把广受欢迎的汉堡包变成了一名滥杀无辜的杀手。罪魁祸首最早出现于 1982 年,是一种危险的新细菌——O157：H7 大肠杆菌。

这场危机是牛肉生产工业化的直接后果。用玉米饲料来给肉牛做"精加工",而不喂适应它们消化系统的青草,这造成它们的胃里产生了新的酸液。因而进化出了一种能够抵抗这些新酸液的大肠杆菌,并进入牛粪中。由于牛的生命最后几个月是在巨大的饲养场中度过的,常常在齐膝深的粪便中打滚,这种大肠杆菌得以从粪便中迁移到牛的皮肤上和胃里。与此同时,肉类加工厂工人工会已经在 20 世

80 年代所谓的"里根革命"期间被击溃,造成富有经验的本土工人被几乎没有任何经验的低收入移民所代替。他们在屠宰场中马虎的做法,造成大肠杆菌有机会从牛的皮肤和胃中传播到牛尸体的其他部位。它们在那里生存和繁衍,通过食物链上的各种环节,最终到达人类的胃。

54　　　不幸的是,这种大肠杆菌菌株不只对牛的胃酸特别耐受;也能够耐受我们的胃酸,而且如果进入我们的血液,就能够致命。它特别善于攻击肾脏,对年幼和年老者特别危险。[46] 而更糟的是,生产碎牛肉的新技术特别适合尽可能广泛地传播这种细菌。牛肉在一个巨大的设施中集中磨碎,其中有几百头牛的肉混合在一起,使得一两头牛所携带的细菌呈指数式蔓延到所有肉中。

这一切在 1993 年 1 月登上了头条报道,当时有超过 500 人,主要在太平洋沿岸西北部,被这种新细菌严重感染。其中四人死亡,全部是儿童。大多数患者在一家西海岸的快餐连锁店 Jack in the Box 吃过饭,或是发生过某种类型的接触。这次疫情最可怕的一点是——或者说是当时应该引起人们警觉的一点——突出显示了这种新型大肠杆菌的传染性多么强:有一位死去的孩子甚至并没有吃过汉堡。他是被同一游戏小组里另一个吃过汉堡的孩子传染的。[47]

去世男孩之一的父母,由于希望孩子的不幸能够换来一些进步,加入了要求政府开始在肉类供应中检测大肠杆菌的呼吁队伍,然而尽管获准与克林顿总统和国会议员见面,但他们最终什么进展也没有见到。[48] 这在很大程度上是因为牛肉行业和政府设法转移了避免消费者接触大肠杆菌的责任。给 Jack in the Box 供应受污染牛肉的肉类加工商在其提起的诉讼中成功地为自己辩护,指责连锁餐厅自己没有遵守华盛顿州(Washington State)要求汉堡肉饼要加热到足够高的温度以杀死细菌的法令。联邦政府不愿设立各种检测 O157:H7 大肠杆菌所需要的复杂系统,因此支持肉类加工商,并警告美国人把他们的汉堡肉饼做到全熟。[49] 当更多碎牛肉中出现大肠杆菌的案例报告出来时,美国农业部以最低调的方式回应,宣布它将开始每年从工厂和零售商店中检测仅仅 5000 份肉类样品。[50]

55　　　但是更加糟糕的消息接踵而至。到了下一年,疾病控制和预防

中心（Centers for Disease Control and Prevention）录得 16 次重大疫情，有 22 人死亡，主要是年幼者和老年人。[51] 1994 年十月，东北三个州的人由于吃汉堡包而感染了大肠杆菌，美国农业部终于开始随机抽查牛肉了。这导致了从沃尔玛、Safeway 和其他连锁店大规模召回牛肉的事件。然而召回看来对于解决问题似乎是杯水车薪。后来的报告显示，大肠杆菌可能仍然导致每年多达 500 人死亡和 2 万人患病。[52]

　　1996 年美国农业部实行了一套新的检验制度——要求公司自行检查其肉品的安全性。尽管现在的制度要求强制性检验，但却只包括沙门氏菌（salmonella）和一种良性的大肠杆菌，却不涉及致命的 O157：H7 大肠杆菌，因为后者检查费用更加昂贵。毫不奇怪，这样做并不会减少因为吃碎牛肉而造成的患病和死亡的人数。[53]

　　召回很快成为了牛肉行业的一种日常生活方式。1997 年 8 月，在后院烧烤汉堡的旺季，美国农业部被迫向美国人发出警告，在全国各地销售的约 500 万片汉堡碎肉饼沾染了致命的细菌。然后它不得不为此下令召回内布拉斯加州（Nebraska）两间工厂生产的超过 2500 万磅受到怀疑的碎牛肉。[54] 1998 年夏天，《时代》杂志曾以《杀人病菌》为题做了一篇封面报道，告诉我们这种细菌已经变得如何地无处不在和危险。报道中展示了一位在某次疫情中去世的亚特兰大可爱男孩的肖像，紧挨着亚特兰大勇士队（Atlanta Braves）的明星游击手，沃尔特·韦斯（Walt Weiss）的三岁儿子的照片，这位男孩也在同一场疫情中患病。（韦斯的儿子在他父亲参加全明星赛时，曾公开露面，一边吃热狗一边看比赛）[55]

　　然而再一次地，这次恐慌对于牛肉消费量还是没有明显影响。1994 年，即 Jack in the Box 悲剧发生之后的次年，美国餐厅中汉堡的消费量超过任何一种其他菜品。总数是 52 亿只，也就是全美国的每一位男人、妇女和儿童平均可以分到 20.8 只汉堡包。在 1997 年的劳动节，即汉堡大规模召回事件发生的一周后，前往熊山州立公园（Bear Mountain state park）内野餐场地采访的《纽约时报》记者发现汉堡包在无数的便携式烤架上滋滋作响。当被问及恐慌事件的时候，大多数人说他们知道，但没有人说愿意因为这件事就不做汉堡包。"我喜欢肉"，一位为教堂唱诗班准备食物的女士说。一位自称曾在意大利餐厅当过厨师的男士表示："无论做什么，你都会死的。"一项对该地区食品杂货商店的抽查显示牛肉销量没有下降，而长岛（Long Island）的一家超市甚至碎牛肉都卖断货了。[56]

56　　在这一事件中所显示的漫不经心的程度，与1996年在英国发生的另一场 BSE（bovine spongiform encephalopathy，牛海绵状脑病），又名"疯牛病"的疫情相比，有过之而无不及。这也是肉牛"精加工"方式的变化所造成的。一种新的利用骨头和屠宰场剩余物来制造牛饲料的方法，无法在磨碎原料时消灭某些患病动物所携带的危险微生物。与 O157∶H7 大肠杆菌一样，这种疾病从牛传染到人，这种病会造成一种可怕的令人痛苦的大脑损伤，称为变种克雅二氏病（variant Creutzfeldt-Jakob disease，vCJD）。与大肠杆菌相同的是，它也最容易在碎牛肉中传播。当英国政府最终在1996年3月承认正在发生的状况时，全世界的消费者都恐慌了。英国、德国以及意大利的牛肉消费量马上下跌40％。在希腊下跌得更多。即使在法国，虽然那里多数的牛肉都贴上标签，保证不是来自患病的牲畜，消费量仍然下跌了20％。在全世界范围内——包括最遥远的中国、日本以及韩国等国，那里既没有牛患病，也没有人患病——人们也不敢吃牛肉了。[57]不过在1995年和1996年里，在恐慌的中心英国，绝大多数患有 BSE 的牛来自那里，死亡人数为十三人，大约是美国每年死于大肠杆菌人数的三十分之一。[58]然而，看来唯一没有受到这场恐慌影响的人群就是美国人了，他们即使是在对政府的不信任最高涨的时期，也依然相信政府关于美国没有患 BSE 的牛肉的保证。

　　1997年底，当食品药品监督管理局批准了辐照处理作为一种不影响肉品口感，而能杀死细菌的完美安全方法时，我们手头似乎拥有了大肠杆菌问题的完美解决办法。[59]然而不理性的公众害怕对食品进行辐照处理会使其带上无法消除的放射性，该项目被悄悄搁置了。又一套检查工厂的制度从1998年到2000年开始逐步引入了，但是几乎没有造成任何改观。疫情与召回的公告，以及随之而来的政府关于系统正在起作用的半心半意的保证，以一种惊人的规律性重复着。[60]

57　　厄普顿·辛克莱的继承者们再次站到前台的时机似乎已经成熟，

而他们也尝试了。2001 年,埃里克·施洛瑟(Eric Schlosser)的书《快餐国家》(*Fast Food Nation*)从农场到餐盘追踪了快餐行业所使用的食物——又被称为"美国餐食的阴暗面"。与辛克莱一样,施洛瑟也描写了低收入移民在屠宰场里糟糕透顶的工作条件,是如何助长 O157：H7 大肠杆菌及其他食源性疾病的传播的。Jack in the Box 的疫情事件使得施洛瑟能够比辛克莱更加深入,将特定的死亡案例与这些做法联系起来,对于最容易遭到这种细菌侵袭的儿童之死,提供了令人心碎的详细描述。[61]

施洛瑟也像辛克莱一样呼吁政府干预,以纠正这一情况,但现在的政治地图已经与当年大相径庭。一方面,肉类加工商现在比 1906 年时掌握甚至更多的政治权力。那时五大公司仅仅主导了跨州的牛肉市场。而现在,四家公司屠宰了整个国家 85％以上的肉牛。[62] 1906 年,寻求对产业更严厉管制的进步运动者在白宫和国会是强大的声音,而如今主导了华盛顿的保守派则寻求放松政府对商业的管制,而非加强它。此外,大肠杆菌问题最简单的解决方式,即 FDA 推荐的辐照处理,对于被施洛瑟的揭露感到不安的中产阶级人士来说是邪恶的。[63]他们希望自己的食物经过更少的加工,而非更多,而且认为"核攻击"的思路太吓人。而同时也没有其他现成的法规提案能像辛克莱时代的《肉类检查法案》那样有希望解决问题。

也许没有任何简单直接的政府解决方案这一点,能够解释为什么迈克尔·波伦(Michael Pollan),2006 年畅销书《杂食者的两难》(*The Omnivore's Dilemma*)的作者倾向于由个人,而不是政府来解决这个问题。他的书活灵活现地描述了充满粪便的饲养场和混乱的屠宰操作,正是大肠杆菌能够从牛传染给人类的切实保证。不过在本书及其后续书籍《保卫食物》(*In Defense of Food*)中,波伦的主要建议,是要求美国人吃少得多的牛肉,而且要吃就吃用草喂养的牛肉,这样就能大大降低含有大肠杆菌的危险菌株的可能。[64]

在 2006 年 9 月底,当源自一个大型养牛组织的粪便中的大肠杆菌造成 26 个州 3 人死亡、数百人患病的事件发生后,对于牛肉生产的恶心描述,难以影响牛肉的流行程度这一点彰显无遗。不过这一次,排泄物渗入了邻近的大企业农场,污染了那里的嫩菠菜。与牛肉上所发生的情况一样，新的生产方式实际上保证了大肠杆菌能够散播到从前无法想象的规模：该公司将这个农场出产的绿叶蔬菜与其他农场的混合在一起，每周制造出 2600 万份绿叶菜和沙拉，其中还有一些贴上了"有机"的标签。数日之内，食品药品监督管理局就发出警告，禁止食用该公司出品的包装嫩菠菜和沙拉，并指令召回其所有产品。药监局随后就向消费者保证污染的源头已经找到，问题已经得到纠正，所有可疑的菠菜也已全部召回。尽管如此，新鲜菠菜的消费量暴跌了60％以上，随后的恢复速度也非常非常缓慢。[65] 的确，该公司的蔬菜种植者们咽下了当初反对任何形式的监管，反对国家实施强制性的、由国家监督员强制执行的食品安全指导所导致的销售受损的恶果。政府监管，相关的贸易协会主席说，是"恢复公众信心之必须"。[66]

58　　　而与此同时，牛肉却能够轻松逃过同样可怕的新闻的打击。在2006 年末，被污染的碎牛肉中所含有的大肠杆菌在东北地区的塔可钟(Taco Bell)餐厅造成近一百名顾客患病，然而这只造成销售下跌 5％，该公司很快就恢复了。[67] 对政府监督的信仰在这里几乎没有起到什么作用。在 2007 年末，在一家新泽西州(New Jersey)的公司所出产的冷冻汉堡肉饼造成东部和中西部的顾客患病和肾衰竭之后，农业部下令召回了该公司 2170 万磅的产品。随之而来的则是农业部官员惯常的保证："美国的肉类供应是全世界最安全的……这样的召回表明我们的工作是卓有成效的，我们在检验、在调查，每当发现问题的时候，我们都能够及时响应，确保供应的安全。"[68] 然而数日之后，事实证明该部门的工作绝非"卓有成效"——他们曾经在疫情出现后的 18 天里无所作为，任由人们购买和食用了成千上万个可能受到污染的汉堡。一位官员随后承认："确实有改进的空间。"[69]

改进空间当然存在。2007 年，大肠杆菌污染导致 21 次牛肉召回，相比之下，2006 年是 8 次，2005 年是 5 次。然而仍有许多逃过了检验。2007 年，据说有超过 2500 万磅的受污染牛肉流通进入美国市场。不过这些在 2008 年 2 月所发生的事件面前都相形见绌了，当时农业部——不仅收到他们自己的检查员的警告，还得到了动物保护协会的警告——被迫从一家加利福尼亚的饲养场召回了 1.43 亿磅牛肉，这些牛肉从 2006 年 2 月起就流入市场供应了。饲养场运营者被偷拍到处理了一种叫做"卧地病畜"的，也就是病重到无法行走的牛。这些牲畜携带大肠杆菌的风险极高，因为它们生命的最后日子是倒卧在地上度过的，陷入粪便之中，皮肤的大部分都暴露给细菌。该公司已有3700万吨的碎牛肉制造成为学校午餐计划中的汉堡、炸玉米饼和辣酱汤。几乎每一个大型食品企业集团都使用了它：通用磨坊（General Mills）、雀巢、康尼格拉（ConAgra），以及亨氏，后者被迫召回了4万份波士顿市场肉酱千层面（Boston Market Lasagna with Meat Sauce）。[70]

与此同时，政府含蓄地承认了批评者对于巨型饲养场和屠宰场的体制造成大肠杆菌过于普遍存在，而且很难从牛肉供应中完全消除的指责。农业部与食药监局现在把自己在与大肠杆菌斗争中的职责定位为一旦发生消费者生病或死亡，就召回受大肠杆菌污染的牛肉。农业部继续提醒消费者要确保他们的汉堡包完全烤熟，但是由于每四块汉堡肉饼中就有一块中间还是褐色的，温度没有高到足以杀死有害细菌，看来小心谨慎的食客要保证自己汉堡安全的唯一方法就是拿着肉类温度计跑到餐厅厨房里，当肉饼刚刚从烤盘上下来的时候就测量温度。[71]另一个解决汉堡问题的方法又与牛肉防腐剂的争议相呼应。2002年，一位名叫埃尔登·罗斯（Eldon Roth）的发明家获得了政府批准，允许他用原来用于生产宠物食品和榨油的屠宰场废弃的脂肪碎屑制造碎牛肉。他的牛肉制品（Beef Products）公司使用离心分离机来从脂肪中分离蛋白质残留。由此产生的碎牛肉状的物质（一位微生物学家将其描述为"粉红肉渣"）然后用氨气处理，以杀死O157:H7大肠杆菌和沙门氏菌等任何的病原体。[72]然后被冻成60磅重的块状，被卖给学校午餐计划、监狱、嘉吉（Cargill）公司、麦当劳、汉堡王，以及其他许多正在寻找方法来降低其牛肉成本的零售商。问题是，与西奥多·罗斯福的时代一样，有些用户因为氨气刺鼻的气味而退缩。后来就有人宣称说，为了响应这些抱怨，该公司有时会把氨气的浓度降低到能够杀死病原体的水平以下。2010年在一些批次的肉中发现了两种病原体，导致负责学校午餐的官员暂停了采购，为这一工艺蒙上了阴影。虽然这次没有人说"我宁愿吃自己的帽子"，但很多人都有类似的想法。[73]

59

60 　　关于为什么大多数美国人在对待牛肉恐慌时，总是漫不经心，这里隐藏着一个关键的原因：因为这些恐慌很少涉及形成人类饮食习惯最强大的力量——恶心，在"防腐剂牛肉"丑闻中的使用氨气就是一例。相反地，那些警告却总是依赖于 20 世纪营养科学的中心思想，即美味与食物的健康性总是背道而驰的。对于大多数美国人而言，牛肉太好吃了，难以顾及其他。

　　辐照技术实在是个烫手山芋，对牛肉进行"防腐处理"又再次声名狼藉，要求政府更加加强对屠宰行业监管的呼声再一次回荡在华盛顿特区。但是一个像 1906 年《肉类检查法案》这样的简单解决方案已经不可能了，因为大肠杆菌问题看来与整个巨型饲养场和屠宰场系统根深蒂固地纠缠在一起。有人建议废除这套系统，退回主要用青草喂养的牛肉供应。但即使这在政治上有可能实现——当然这完全没有可能——也会使高质量的新鲜牛肉回到其在 19 世纪中叶的身份：富人专享的昂贵食品。有些批评人士承认这一点，因而提倡个性化的方案——人们买昂贵的食草牛肉来吃，但消费量少得多。[74] 然而，从美国人严重依恋牛肉的历史来看，这成为一场普遍性运动的机会非常渺茫。

　　另一方面，2010 年，在菠菜、花生酱和鸡蛋均涉及了危险的食物中毒个案之后，消费者权益保护者和业界代表设法为一项国会法案获取了罕见的两党共同支持，该法案在 2011 年 1 月通过，赋予食药监局新的权力，可以下令召回，并监督食品生产。而引人注目的是，唯一逃脱了这种严密监控的产业就是牛肉和其他肉类工业，它们仍然置身于农业部慈祥的呵护之中。[75]

第五章
厨房里的卢克雷齐亚·波吉亚?

在食物的字典里,恐怕再也找不到比"毒药"更可怕的词汇了。正如我已经指出过的,我们的杂食性狩猎——采集者祖先曾经需要不断地警惕有毒食品。农业革命使人类可以种植他们确切知道是安全的食品,但随之而来的市场经济带来了新的忧虑:无良的中间商可以把危险物质掺到食品中,以增加他们的利润。19 世纪兴起的生产、保存以及运输食物的新方法,加大了食物的生产者与消费者之间的差距,加剧了这种恐惧。而 19 世纪末 20 世纪初壮观的城市增长将这一差距变成了一道鸿沟。

大多数情况下,诈骗行为所使用的伎俩尚不致命,比如用白垩来给牛奶和面包增白。然而,19 世纪晚期开发出的新式化学防腐剂所引起的恐惧,则不仅是因为它们可以掩盖变质因而可能有毒的食物,而且还因为它们自己有毒。到 1895 年,27 个州和多个城市已经颁布法律,禁止使用它们来给食物"掺假"。[1]

各州和各个城市禁止掺假的法律形成了一堆混乱的法规,由专业水平参差不齐的官员执行。这些法律的效率低下暴露无遗,导致人们要求联邦政府出面,来加强和规范新的添加剂。这样的呼吁与对于危险的专利药品的恐惧联合起来,帮助联邦的《纯净食品和药品法》获得通过,并在 1906 年 6 月 30 日正式成为法律,与《肉类检验法》同一天。[2]这场成功的运动通常被认为恢复了美国人民对于自己的食物健康性的信心。然而,可以说实际情况恰恰相反:在随后的年月里,一大堆关于有毒添加剂的吓人故事定期地横扫全国,实际上种下了恐惧加工食品的种子。

62 **哈维·威利和他的"试毒队(Poison Squads)"**

对于《食品和药品法》获通过功劳最大的人是其主要作者,哈维·W.威利。他是福音派新教徒的儿子,他们家位于印第安纳州(Indiana)的农庄,合乎西尔维斯特·葛培理(Sylvester Graham)牧师谴责加工食品的理念,威利从小就生活在这样一种思想之下,即所谓"纯净食品"一旦走出农场大门,就被某些不道德的行为夺去了本性。在努力从大学毕业之后,他成为新成立的普渡大学(Purdue University)的化学教授。两年后,1878年他去德国进行了一次朝圣之旅,因为那里是化学研究的麦加圣城,在那里他掌握了分析食品成分的新技术。回国后,他很快因为揭露印第安纳州食物销售中的欺诈现象而成名。1883年,竞争大学校长失败的他迁居华盛顿特区,担任美国农业部化学物质司(Bureau of Chemistry)司长。[4]

威利一来到华盛顿就成立了一个实验室,开始发表报告谴责美国人吃的几乎每种食物都被加入了掺杂物。他在胡椒中发现了木炭,发现咖啡粉中掺有菊苣、橡子和其他种子。他尤其愤慨的是一种所谓的"草莓酱"里面除了葡萄糖、人造色素、"酯盐"以及用来模仿草莓籽的草籽以外什么都没有。[5]他说上帝赐予了美国如此伟大的自然宝库,这样的骗局是对上帝的公开侮辱。[6]

然而,虽然威利无情地追踪掺假,但是他不太愿意质疑食物加工商开始使用的新型化学防腐剂的安全性,也许因为它们中很多种也是被他自己所师从的德国化学家研制出来的。当对于硼酸、苯甲酸、水杨酸和福尔马林,以及来自煤焦油的新型人造食品色素的健康风险问题被提出时,他只是建议在产品标签上列明成分,以便消费者可以自行决定要不要吃。此外,正如我们所看到的,在"防腐剂牛肉"争议中,他也拒绝加入反防腐剂的行列。[7]

63   然而,这件丑闻最后却成为了一个转折点。《纽约时报》说:"自从'防腐剂牛肉'丑闻以来……每个人都开始用怀疑的眼光看待所有已知含防腐剂的食物。"[8]"扒粪(Muckraking)"记者们开始揭露无良食品生产商是如何使用据说很危险的化学品来保存食物,以及使用化学除

臭剂来掩盖发臭的鸡蛋这样的花招。[9] 进步主义改革者对贪婪商人在食品中下毒的想法特别感兴趣，他们指责大公司正在毒化美国的政治。1902 年，要求联邦政府采取行动的呼声越来越高，强大的全国妇女联合会（General Federation of Women's Clubs）和全国消费者联合会（National Consumers League）都加入其中，威利灵巧地调了一个头。[10] 他说服国会为他拨款 5000 美元，聘请一组 12 名年轻男性志愿者，测试可疑化学物质对他们健康的影响。在第一次测试中，勇敢的年轻研究员——高兴地享用免费的一日三餐的低收入政府职员——一天三次集合在化学物质司专用餐厅里，吃含有"防腐剂牛肉"中最主要的嫌疑犯——硼砂和硼酸的食物。吃完饭后，他们会收集自己的尿液和粪便样本，交给威利，供实验室分析使用。[11]

哈维·W. 威利，联邦化学物质司司长，在本局的实验室中，搜寻食品中的有毒添加剂。他高调的调查工作旨在安抚公众，显示政府正在保护他们，不过这些调查工作也有助于澄清一些关于食品加工商究竟对食物做了什么事情的疑问。（国会图书馆）

　　要不是一位《华盛顿邮报》记者把这些大胆的年轻人称为"试毒队"，可能没有什么人会知道他们的存在。威利起初大吃了一惊，并且

64

拒绝使用"有毒"一词。但这种说法却在公众中引起了特殊的感情共鸣，因为寻找疾病原因的科学家最近一直在把自己当成小白鼠，有时甚至发生为人称道的牺牲事件。《纽约时报》报道了威利是如何"制作掺有化学品的食物，并观察他的有毒物质稽查队是如何为了科学而缓慢地走向死亡的，坚持检测每天的进展"。报道声称尽管威利不肯透露他们吃的是什么，"已知的是每位科学的殉道士要吃下几盎司的毒物——大致与在古巴打击西班牙人的战士们所吃的数量相同。"[12]

威利对"试毒队"一词的抵触情绪在接踵而至的宣传浪潮面前很快消褪了。媒体给他起了一个有趣却又含义模糊的绰号"老硼砂"。歌唱试毒队的歌曲在马戏团里传唱。其中之一唱道："他们每顿饭都要吃一批毒药。早餐是加了氰化物的肝脏，切成棺材形状。"另一首歌总结道："下个星期他给他们吃樟脑丸，加纽堡酱或者原味；噢，他们或许能撑得过去，但是永远不能恢复原状了。"一首关于他们的打油诗说："我们搜寻杀人的毒物，志在必得。"华盛顿记者团的年度晚宴上，这一年取笑西奥多·罗斯福总统和其他权威人士的笑话，围绕着一支假的"试毒队"展开。[13]三个月的测试之后，《纽约时报》报道说："很少有哪项科学实验能够像试毒队的化学实验室这样吸引公众的关注。"[14]

威利的"试毒队"中的一队——被招募来测试食物添加剂危害性的年轻政府职员——在他们的专用餐厅中。虽然他们都不曾真的遭到毒害，这个令人震惊的名称使得全国人注意到威利为一部"纯净食品"法案所做的努力。

当时的人们把试毒队艰苦战斗的故事看作与《屠场》一样，都是为了被国会拖延的立法争取公众支持的重要手段——在这里是为了争取一部全国性的纯净食物与药物法案。该法案的拥护者之一后来写道："华盛顿的一小队'试毒队'每天咽下硼砂的画面，先是抓住了媒体的想象力，随后又感动了大众。在几个月里，一场轰动性的冒险促成了过去连续 23 年的辛勤劳作都没有能达到的目标。"[15]

然而，就像肉类检查法案一样，被管制者——在这里是食品加工商——的支持也是十分关键的。[16]在 1903 年末，威利得到其中一个商业协会的支持，该协会辩称，由一位像他这样的（假设是同情加工商的）专家来监管的话，这一法案将把他们从常常自相矛盾的州法律和城市法律组成的迷宫里解放出来。[17]他的办公室随后就发表报告揭示小型加工商是如何通过使用化学品来掩饰低劣或腐烂的产品，来与大公司打价格战的。[18]这促使罐头业巨头亨利·J. 亨氏（Henry J. Heinz）也加入进来。他安排了威利与其他大型罐头商会面，向他们解释新法案会如何保护他们免于陷入这种恶性竞争。他们的商业协会于是转而支持该法案，表示威利的化学物质司能够利用从"毒物之家"里的实验中所收集的数据来帮助他们。[19]

威利后来说如果没有亨氏的帮助，他"可能会输掉这场为了纯净食物的战斗"，而他的感激之情反映在他所起草的该法案的最终稿之中。[20]其中只有一项，即番茄酱，将豁免受到化学防腐剂的限制。威利说他之所以对其"网开一面"，是因为要是没有苯甲酸钠，番茄酱只要一启封就会坏掉，而且无论如何，人们只会吃很少的一点。不过这也正好是亨氏的摇钱树。[21]

法案通过后的头些年里，大加工商的支持看来获得了回报。该局 66 运用法案要求食品中任何的添加剂都要在标签上列出这一条，揭露了众多的掺假事件。法案通过两年后，威利夸耀说他已经起诉了 176 桩标签错误和歪曲陈述的罪行。大多数是乌烟瘴气的专利制药业中的造假案件，不过也有相当数量的案件涉及食品标签不当。不过这些不法分子中没有一个是大企业。这些案件主要是类似于佛蒙特州（Vermont）的枫糖制造商在自己的产品中掺杂了蔗糖，以及一名新奥尔良市（New Orleans）的糖业经销商把玉米糖浆制成的糖当作蔗糖卖等等。[22] 1911 年 6 月，威利声称在过去三年里发起了 804 项食品案件的诉讼。然而绝大部分是小人物所干的掺假和虚假陈述罪行。（其中超过一百个案子是有人被抓住往牛奶里掺水）H. J. 亨氏一定特别高兴，因为威利的部门没收和销毁了大量较小生产商出产的番茄酱，并宣布这些产品"肮脏、腐败、由腐烂的蔬菜制成，含有化学防腐剂，充满细菌，完全不适用于任何一种食用的用途。"[23]

有关化学物质司对食物掺假发起诉讼的报道接踵而来，维持着公众对于仍然有人在大面积地在他们食物中掺杂的怀疑，但是至少提供了一些政府在保护他们的安全感。而有毒的添加剂则是另一回事了。法案禁止出售含有"任何添加了有毒或有害成分，可致商品对健康有害"的食品。[24] 对于威利而言，其意图是清晰的：《纯净食品法》中的"纯净"，他说，意味着食物中不含有"毒物"——即那些自身就是有毒的化学添加剂，或是那些能够掩盖变质食物，使其变得"有毒"的化学添加剂。[25]（他淡化了另一种威胁——病菌——说细菌的危险性被科学家"夸大了"，其实病菌的危险性只有人们以为的一半大）[26] 然而他发现不可能把这些化学品斩尽杀绝。结果就是公众一再受到关于食物中含有有毒成分的警告，但从来没有得到问题彻底解决的保证。

威利的问题是尽管"试毒队"一词引出了死亡，或至少是严重疾病的幻想，但是五年来连续给试毒队喂食一定量的化学添加剂并没有在他们身上产生任何通常能够理解为"中毒"的症状。于是他试图表现其可能的最糟糕的情形。他 1904 年关于硼砂和硼酸的长篇报告得出结论说，如果长时间服用小剂量或在短时间内服用大剂量，它们"会影响食欲、消化、以及健康"。大剂量也可能导致"思维运行的轻度混乱"以及恶心。[27] 他于 1906 年发表的第二批报告指责硫磺酸、苯甲酸和甲醛，不过与第一份报告一样，没有证据能够表明这些化学品造成严重疾病，更不用说在食品恐慌中常常被祭出的绝招——死亡了。实际上，当试毒队的一名前任成员死于结核病，他的母亲把这位年轻人称为"科学的殉道士"时，威利把将他的死与他所吃下的硼砂联系起来的想法斥为"荒谬"。[28] 至于水杨酸，威利不得不承认，虽然大剂量的该物质一开始能够刺激受测试者的胃口，随后却又抑制了他们的食欲，不过它的危害性完全不像"大家曾经想象的那样"大。[29]

威利的问题，部分在于他以为如果一种化学物质能够阻止或减缓 **67**
食物变质，那么它必然会损害消化系统。实际上完全不是这么回事。[30]
此外，他的实验存在严重缺点，带有许多关于人类营养的后续研究中
一再出现的典型缺陷：研究对象数量太少；没有办法保证他们晚上回
家不吃其他东西（一位年轻职员最后承认在聚会上大吃大喝）；没有一
组不吃添加剂的对照组；他们个人的健康史差异过大（例如，有一位年
轻人曾罹患过疟疾、肾炎和其他严重失调）；也没有后续的对长期影响
的研究。威利做了大量记录，关于食用苯甲酸钠的人如何患上感冒、
发烧、头痛、恶心，以及咽喉疼痛，但是却没有提当时华盛顿遭遇了流
行性感冒，其症状基本上与他归咎于防腐剂的症状一致。[31] 到最后，他
只能辩称虽然像在食品中的使用量这样小剂量的化学品，看似没有什
么害处，但是没有证据能够保证这样小剂量在多年摄入之后完全没有
危害。[32]

这一切都无法阻止威利一再警告公众，小心化学添加剂的危害。
1907 年 6 月他的化学物质司作出其关于防腐剂的第一次裁决。认可
传统方法——如腌制、熏制、糖渍以及酸泡——但表示将禁止在"防腐
剂牛肉"争议期间得到恶名的添加剂：硼砂、硼酸和水杨酸。[33] 二氧化硫
和苯甲酸纳获得了临时的暂缓执行，但威利说得很清楚，他很快就会
设法完全禁止它们和其他所有的化学防腐剂。1908 年 1 月，在众议院
农业委员会面前出席听证时，他说既然硼砂、苯甲酸、苯甲酸钠、硫酸
铜、二氧化硫、甲醛以及水杨酸这些"药品"是由肾脏排出体外的，它们
被用作食物防腐剂当然是肾脏疾病"在美国人之中如此流行"的原
因。[34] 在一次杂志采访中，他更进一步说：防腐剂造成了"普遍的消化不
良和……肾脏疾病的大量增加。所有的防腐剂都有累积效应，而且都
危害肾脏——所有的都是，除了硫酸铜，后者通常在到达肾脏之前就
已经置人于死地了。"[35]

威利希望大型食物加工商能够认识到，禁用这些添加剂能够消除 **68**
广泛流传的对加工食品的疑虑，有些人确实理解了他的苦心。[36] 塞巴斯
蒂安·穆勒（Sebastian Mueller），一位著名化学家，曾当过一些大型加
工商的顾问，他说这样的禁令将打击"对所有美国食物的令人遗憾的
偏见"，那些偏见由于"最近的芝加哥肉类恐慌"而"在人们的脑海里煽

风点火"，而禁令还将"恢复对所有加工食品的信心。"[37]

　　然而，很多加工商都过于依赖化学防腐剂，难以接受如此长远的考虑。有一些直接针对禁令，争辩说如果威利的年轻受试者吃的不是化学品，而是大量食用威利批准的醋、盐、烟，以及其他传统的防腐剂，他们才会"真的生病"。[38]其他的则寻求政客来干预，为他们争取豁免。亨利·卡伯特·洛奇（Henry Cabot Lodge），马萨诸塞州（Massachusetts）富有影响力的参议员，就曾使在腌鳕鱼中使用的硼砂得到豁免。糖蜜制造商得到了南方州的卫生官员的支持，拒绝停止使用硫磺，因为一百多年来都是用硫磺来澄清糖蜜和防止分离。加利福尼亚州干果加工商说服了政府，对他们继续使用硫磺做防腐剂的行为视而不见。[39]

　　虽然这些游说团体在华盛顿削弱了他的权力，威利一再关于食品中毒药的警告巩固了他保护公众不受欺诈的声誉。然而他却亲手葬送了自己的政治和职业生涯，因为在最危险的毒物赌注中，他押错了宝——押在化学防腐剂苯甲酸钠上了。1904 年试毒队的一项实验已经使威利相信它是危险的，但是，如我们所见，可能因为 H. J. 亨氏需要在他的番茄酱里使用它，他就允许加工商使用，只要在标签上列明即可。然而，1906 年底，亨氏的公司发现了一个秘密的工艺，可以制造一种不需要苯甲酸钠的"番茄酱"，于是在 1907 初，威利提出了完全禁止的命令，第二年生效。没有了这种添加剂，亨氏竞争对手的番茄酱会在打开数天后坏掉。[40]

69　　1908 年 1 月，罗斯福总统把威利叫到白宫，与他和一批共和党的食物加工商会面，他们抱怨他拟议禁止苯甲酸钠和糖精，会损害他们的利益。据威利说，总统问农业部长，食物中添加苯甲酸钠是否有害健康，部长回答说，他认为是有害的。于是总统用同样的问题问威利，他回答说："我不是凭空想出来的；我确切地知道。我曾在健康的年轻人身上做实验，他们都被弄病了。"罗斯福于是转向商人们，响亮地敲打着桌子，宣布道："先生们，如果这种药物是有害的，你们就不该加到食品中去。"据威利说，要不是有一位商人提出糖精的问题的话，这件事本来就这样过去了。他说，威利所拟议的禁令，将使他的罐头公司多花费数千美元来购买用在甜玉米罐头里的糖。威利打断他说这是欺骗消费者，而且"此外这种药物也威胁健康"。这时总统突然被激怒

了,他转向威利,"面带怒容"地说:"说糖精有害的人都是白痴。瑞克希(Rixey)医生每天都给我吃。"[41]

两天后罗斯福任命了一个科学专家委员会,由曾任约翰·霍普金斯大学(Johns Hopkins University)校长的著名化学家艾拉·雷姆森(Ira Remsen)领导,来判定防腐剂的风险。根据总统的愿望,他们从苯甲酸钠和糖精开始着手。其成员之一,耶鲁大学教授罗素·H.奇滕登,给他六位研究生组成的"试毒队"喂食苯甲酸钠的时间比威利长得多。另外两位委员会成员也给自己的学生服用大剂量的这种化学品。1909年1月,雷姆森委员会宣布所有的学生都没有受到伤害,即使是服用了大剂量的也没有问题,而苯甲酸钠在政府允许的相对小的剂量下是完全无害的。[42]

威利的一些朋友认定他一定会马上辞职,但他不仅坚守岗位;而且还要反击。他拉来亨氏和其他许多家大型罐头商,利用报刊媒体、商业协会和广告,对雷姆森委员会发起总攻。"扒粪"记者塞缪尔·霍普金斯·亚当斯(Samuel Hopkins Adams)和马克·苏利文(Mark Sullivan)也加入进来,他们对添加剂所做的揭露已经获得公共的支持,使得《纯净食品和药品法案》获得通过。他们谴责雷姆森委员会在总统和农业部长的姑息纵容之下,破坏了该法案,对于食品供应中的毒药视而不见。还有一场来历不明的运动,要提名威利参选诺贝尔化学奖。[43]

1909年8月,威利出席了各州食品和奶制品部长会议,前一年这个会议还谴责了苯甲酸钠。现在他深信他们将和他站在一起,谴责雷姆森委员会并支持对苯甲酸钠的再一次调查。在等待表决时,他警告说:

> "现代家庭主妇是名副其实的卢克雷齐亚·波吉亚(Lucrezia Borgias),她们从冰盒中取出毒药,从烤炉和平底锅中取出毒药,从令人兴奋的桥牌俱乐部气喘吁吁地赶回家时买的晚餐小罐头中取出毒药……日常的冰盒就是停尸房,它不仅保存死亡,而且传播死亡。"[44]

然而令他非常失望的是，会议支持雷姆森委员会的调查结果。一个月后，号称拥有 2.5 万名会员的美国顺势疗法医学会（American Institute of Homeopathy）也转变立场，宣布威利的指责没有令人信服的证据。[45]

大家再度预计威利将辞去公职，但是他再次拒绝。在回应妇女俱乐部和消费者组织恳求他留下的一大批电报时，他说："我将坚守在此，继续战斗，直到他们把我赶走。"他对苯甲酸也寸步不让，即使在这个国家的大学里，几乎每一位化学家现在似乎都不同意他的观点。他反而谴责那些与他争论的科学家们是食品工业报酬的仆从。[46]

在攻击其他添加剂的安全性时，威利试图争取公众的支持。1909年他瞄准了明矾，这是用来把软掉的黄瓜变成硬邦邦的酸黄瓜的。"苯甲酸钠处理烂番茄，硼砂给牛肉防腐，而明矾就用来对付绵软的黄瓜，"他宣称，"公众不了解隐藏在这些表面无辜的酸黄瓜青翠外衣之下的灾难与痛苦。"什么灾难呢？一所费城（Philadelphia）的女子学校有部分学生吃了酸黄瓜以后遭受了胃部不适和恶心。一位支持威利的毒物学专家也承认，一个人必须吃下大量的酸黄瓜，其中的明矾才能导致消化不良。不过他说："我们知道神经衰弱和低色素性贫血（Chlorosis）的女性往往会吃大量的酸黄瓜，而这可能会对她们产生很严重的后果。"[47]

他也指控咖啡因是一种有害的和令人上瘾的化学物质。咖啡因和可卡因，他说，是该国最常见的毒品。这导致了他著名的起诉可口可乐不当标签的企图，他试图要求他们在标签上注明这是一种含有可卡因的会令人上瘾的混合物，当时可卡因还不是被禁用的物质。当无法证实这种说法时（其中极少量的可卡因在几十年前就不再使用了），他转而攻击其含有过高的咖啡因。他说咖啡因类似于马钱子碱和吗啡，因此其成瘾性也接近鸦片和大麻。[48]

在一个几乎以咖啡为国家级饮料的国度里，通过攻击咖啡因来动员公众支持，不是个特别明智的做法。威利的其他一些十字军式的行为，同样令人费解。1908 年他曾试图限制"冰淇淋"一词只能用在仅含有奶油的产品上。他还试图以两岁半以下儿童不能消化淀粉这个（似是而非的）理由，禁止婴儿食品生产商把任何含有淀粉的产品叫作"婴儿食品"。[49]多年以来,他一直高度公开地努力阻止威士忌生产商把不同种类的威士忌调和而成的酒命名为"威士忌"。[50]现在,到了1911年,在工作受到威胁的时候,他又发起了一场运动,防止一些富有权势的玉米加工商把他们的甜味剂叫做玉米糖浆。(他希望它们贴上葡萄糖的标签)[51]

三月之月中日

由于对他的摄取化学防腐剂有危险这一说法不利的证据越来越多,威利改变了论调,改为强调它们如何掩饰"变质"食物,危害消化系统。然而,批评者们很快指出,他批准的传统防腐剂,如醋和盐,在掩盖变质食品时,比苯甲酸钠和其他化学物质更加有效。[52]

威利的确在一条战线上获得过一次胜利:雷姆森委员会于1911年4月就添加剂做出的第二次决定,支持他应该禁止糖精的论点,宣布它如果较长时间食用的话,可能会"危害消化系统"。威利并未就此自我吹嘘,可能是因为这一决定激怒了一些实力雄厚的食品公司,从而破坏了他认为该委员会偏向他们的观点。更何况委员会主席艾拉·雷姆森本人就是发现了如何从煤焦油中提炼糖精的科学家,而他在德国的共同发现者正在从这一技术的商业化中大发其财,这更加增强了委员会的声誉。[53]

然而对威利更重要的是一篇德国政府的报告称,苯甲酸钠不应该用作防腐剂,因为这种防腐剂给"已经开始腐烂的食物带来了新鲜的外观,购买者可能会在质量上受到欺骗"。几个月后,H. J. 亨氏说服全国罐头制造商协会(National Canners Association)站出来反对苯甲酸钠,这很容易做到,因为现在他们已经很少有人还用它了。[54]

尽管如此,威利对苯甲酸和雷姆森委员会的一再攻击,以及他拒绝放过威士忌和玉米糖浆制造商,最后促使他在政府中的对手鼓起勇气来试图摆脱他。1911年夏天,在该局副化学家弗兰克·邓拉普(Frank Dunlap)的帮助下,他们说服司法部长建议解雇威利,理由是他纵容一些官僚胡作非为,以高出授权许可很多的日薪聘请了一位化学家。威利在国会中的支持者于是召集了一场委员会听证会,在听证会上威利严词抨击他在政府中的对手扣压他关于危险添加剂的批评性报告，并将他们局禁止添加剂的权力转交给了雷姆森委员会。为了证明他的立场，他提出了德国政府关于苯甲酸的报告。面对进步主义国会议员表现出的强烈支持，威廉·霍华德·塔夫脱（William Howard Taft）总统放过了他，在化学家薪资问题上也只是温和地惩戒了一下。[55]

亨氏和其他一些大型食品公司的领导人现在要求"重组"农业部，使威利"在食品事务上享有最高权力"。然而，现实却截然相反，威利在政府中的敌人加紧活动以期推翻他。终于，1912年3月，在受到逼迫之后，按他的说法是："在与阴谋消灭我的人每天接触之后"，威利辞职了。他的辞职信继续宣扬有毒添加剂和掺假的双重危险。禁止苯甲酸钠之类的危险添加剂的权力被夺走，他说，交给了雷姆森委员会。他还被迫放弃了禁止售卖"所谓的威士忌"和冒充玉米糖浆的葡萄糖的努力。[56]

73　　到这时为止，威利一直是共和党，他退了党，并开始大力支持1912年总统大选的民主党候选人伍德罗·威尔逊（Woodrow Wilson）。他攻击威尔逊的两个对手、前总统罗斯福和塔夫脱总统允许继续使用危险的食品添加剂。他讲述了罗斯福如何为了糖精大发脾气，以及试图阻止他警示苯甲酸钠和糖精危害性的故事，威利称这些是"危害人类的罪行"。他还说塔夫脱曾下令放弃重大案件的起诉。[57]

威尔逊支持了威利反对苯甲酸钠的运动作为回报。虽然他也曾任约翰·霍普金斯大学教授和普林斯顿（Princeton）大学校长，他宣称对于雷姆森委员会之类的学术专家委员会没有信心，因为他们看问题过于狭隘。该委员会关于苯甲酸钠少量使用时无害的结论是正确的，但他们没有像威利博士这样质疑，如果它是被用于掩盖"坏掉了"的产品，会有什么危害。[58]

然而四天之前，威利的反对苯甲酸钠运动遭到另一个重大的打击。一场全美顶尖营养科学家的会议批准了约翰·H.朗（John H. Long）博士的报告，这位西北大学（Northwestern University）的化学家说他的学生组成的试毒队吃了一百天这种化学品，"毫无不良影响。"威利只能回应以一个晦涩难懂的比喻："人民要求面包，"他说，

"而朗博士和他的助手给了他们一块石头,形状是垂死的苯甲酸盐。"[59]

到了这个时候,有这么多试毒队在以身试毒,这个词汇已经失去了冲击力。威利自己对此也有贡献。他曾组建了一支队伍去测试汽水机里的饮料和"神经补药",来检验它们是否含有鸦片、可卡因或咖啡因。另一队则测试头痛药粉。当他开始审查婴儿食品时,有传言说他要组建一个婴儿试毒队。这绝非牵强附会,因为他真的设立过"小狗试毒队"来测试狗粮。(实验后来被迫提前中止了,因为化学物质司附近的居民抱怨夜里狗的嚎叫声)[60]而且,如我们所见到的,威利的批评者自己也设立试毒队来反驳他。[61]朗博士就用一支队伍测试硫酸铜,这也是威利的目标之一,能够使青豌豆罐头看起来是绿色的。他报告说,它不仅没有任何不良影响;"甚至可以被视为法国豌豆理想的组成部分。"[62]结果到头来,没有一支试毒队的任何成员曾经真的中毒,连一只狗也没有,至少从中毒这个词的传统意义上来说。

不过,在大约十一年的时间里,公众听着受到高度尊重的官方食品安全监督者一再警告说食品加工商在他们的产品中使用毒药。其长期影响,尽管难以衡量,却不可忽略不计。

好景不常

74

不过短期来看,未能找到任何添加剂"现行犯罪的证据",有助于驱散对于它们的恐惧。联邦政府于是也放弃了寻找。接替威利担任化学物质司司长的卡尔·阿尔斯伯格(Carl Alsberg)博士说该局的作用是"帮助诚实的制造商履行他们提供有益健康的产品之职责。化学物质司不仅属于消费者,也属于制造商"。这意味着将其执法精力集中在不当标签和掺假的小生产者身上。[63]

伍德罗·威尔逊并没有改变这一点。一旦他在 1913 年 3 月就任美国总统,就失去了对苯甲酸钠和"纯净食品"的任何兴趣。随后,1914 年,最高法院有效地剥夺了该局的权力。它裁定,《纯净食品和药品法案》禁止使用"任何可能[使食物]有害于健康的有毒成分添加或其他有害的成分添加",意味着政府不能仅仅因为一种化学物质在某些情况下有危险就将其禁止。它必须证明其能够按照某一特定剂量添加到特定的食物中时有害于人体。[64]

一些观察家预测,1914 年最高法院的裁决会使该局重新启用试毒队,但这并没有发生。相反,它甚至更加亲近其负责监管的公司。1920 年,当感染肉毒杆菌的瓶装加利福尼亚州橄榄造成全国多人丧生——布朗克斯区(Bronx)一个意大利裔美国人家庭只有一人幸存——该局食品司司长马上赶往加州,但并不是去起诉违规的加工商,而是去消除公众的疑虑。受怀疑的瓶装橄榄从杂货店的货架上被撤走,而该局在加州设立了一个特别的肉毒杆菌委员会,以确保悲剧不会再次发生。在随后的年月里,化学物质司与业界之间的关系更加亲密,该局的科学家离职后就到行业中工作,这样一种旋转门式的关系正是典型的所谓"军事—工业复合体关系"。[65]

归根结底,正如詹姆士·沃尔顿(James Whorton)在他的杀虫剂研究中所总结的,《纯净食品和药品法案》的主要问题并不在于法案本身的弱点。而在于农业部内部对于雷厉风行的执法的抵制,这是促进食品生产商利益的努力,而生产商视化学物质司的监管为一种威胁。[66]此外,在 20 世纪 20 年代期间,当大企业被誉为引领美国走进"新时代"的永无休止的繁荣之时,被重新命名为食品药品监督管理局的威利旧部,在与大型食品加工商合作以确保他们安全的工作中,看来也没有什么不和谐的现象。[67]

75

威利自己也走上了类似于前东家的轨迹。他成了《好管家》(Good Housekeeping)杂志的食品部主管,给其广告客户的产品颁发"批准章"。鉴于该杂志上大量的食品广告,人们可能以为他一再地写"你可以信赖那些在《好管家》上刊登广告的食品"会有些难以下笔。[68]但这似乎并没有困扰他,也许因为这本杂志的广告客户企业大多正是最初支持他的那一类大公司。在每月的专栏里,他偶尔会谴责掺假,但一如既往地,他所瞄准的是那种小人物犯下的罪行:黄油掺了水,全麦面粉混合了其他谷物,等等。没有记录表明他曾经建议该杂志不把批准印章发放给某一个食物广告主。这个印章曾被授予 Jell-O 果冻和其他营养价值可疑的食品,以及弗莱希曼(Fleischmann's Yeast)酵母,他们曾荒谬地声称其酵母蛋糕能够治愈痤疮、蛀牙、"胃下垂",以及"营养不良的血液病"等疾病。[69]威利偶尔会提出苯甲酸钠问题,但其他老的问题仍然处于休眠状态。他对咖啡因有害影响的担忧，以与杂志上咖啡广告数量激增的相同速度消失了。1928 年，在回应一位读者关于在水果干中使用二氧化硫的问题时，他转而赞美它。这不但能够保持水果的颜色，他说，还能杀死有害的昆虫。人们不禁要怀疑这样的逆转是否与杂志上大量的加州阳光少女（California Sun-Maid）干果广告有联系。[70]

至于饮食，威利的专栏建议"一切都要适度"，看来这在他身上完全适用。他 1911 年 67 岁时第一次结婚，育有两个孩子，直到他 1930 年去世之前不久，一直在《好管家》工作，享年 86 岁。

那时，国家已经节节陷入大萧条，公众的情绪再度转而反对大企业。批评者的眼睛再一次盯上食物供应中做了什么手脚。1933 年 9 月，食品药品监督管理局举办了一次被称为"恐怖屋"的展览，陈列了它无权禁止的，危险的，有时是致命的可怕物质的实例。虽然大部分是化妆品，但也有一些涉及食品，其中包括可疑的黄油产品和用于水果和蔬菜的喷雾剂。现身展览的第一夫人埃莉诺·罗斯福（Eleanor Roosevelt）感到恶心并提醒她的丈夫富兰克林（Franklin），有必要修改法律了。[71]随后阿瑟·凯莱特和弗雷德里克·施林克的畅销书《一亿只豚鼠：日常食品、药物以及化妆品中的危险》中再度提起威利对于食物中化学品的控诉。该书原题为《利润的毒药》，它警告说，二氧化硫和砷酸铅（lead arsenic）之类的"毒药"常常用来喷在水果上，还谴责苯甲酸钠和亚硫酸盐是用来掩盖腐烂食物危险化学品。[72]随之兴起了一波小小的所谓"豚鼠新闻"浪潮，与 20 世纪初叶的"扒粪运动"一样，激起了对加工食品的怀疑。因此，1934 年，罗斯福总统的农业部长，雷克斯福德·特格韦尔（Rexford Tugwell）将一份新的食品和药品法案送交国会，将赋予食药监局防止使用有毒食品添加剂和禁止食品虚假健康陈述的权力。

随之而来的斗争，与威利为了最初那部纯净食品法案的运动形成了鲜明对比。特格韦尔是一位好斗的哥伦比亚大学经济学教授，不像威利那样乐于和能够说服主要食品生产商来支持它。因此，业界代表在国会轻松阻击了该法案。共和党主导的媒体攻击"红色雷克斯"·特格韦尔，说这部法案受到共产党启发。曾经有力地支持过威利的女性杂志，如《妇女家庭》(*Ladies' Home Journal*)，受到食品广告客户的压力，加入了赤化指责的行列。曾在《好管家》杂志上为威利开专栏的强大的赫斯特(Hearst)集团，忽略了威利寡妻的恳求，也加入进来。只有一场特别可怕的中毒丑闻——田纳西州一位药剂师生产的一种专利药，造成 73 人死亡，但是旧法律的最高刑罚却只能按照虚假标签罚款 200 美元——最终促使 1938 年新的《食品、药品和化妆品法案》通过。不过到那时，这部法律的内容已经相当地支离破碎了。

这部法案通过后不久，就通过一个实例暴露出了监管食物供应上的弱点。第一个主要针对食物的虚假陈述的行动——即强迫弗莱希曼公司停止制造关于其酵母的荒谬言论——并非由食品药品监督管理局发起，而是由负责监管广告的联邦贸易委员会。同时，所有目前在使用的化学添加剂——包括威利的心头大患苯甲酸钠——都被食药监局列入被（没有经过真正的测试）"公认安全的"添加剂名单。不过在当时，这很难被人们注意到。对于什么被添加到食品的恐惧现在被对食品加工另一面问题的关注压倒，即它会剥夺食物的健康品质。

第六章
维生素的狂热与缺乏

埃尔默·麦科勒姆的老鼠

我在 1940 年代度过的还算快乐的童年时代,最苦涩的(在这里是字面意义上的)一面总是在冬天临近的时候降临,因为这时会有每天一剂可怕的腥味、油腻的鳕鱼肝油,这是当时主要的维生素 D 来源。此外,在我被认定为太矮太瘦之后,我几乎是被填鸭似的塞下了一把把含有各种维生素的药片。溺爱我的母亲一点也不知道她只是印证了 20 世纪持续最久的担忧之一:对于食品的加工剥夺了食物中的必须营养的恐惧。

我母亲是从什么时候开始担心维生素的? 她只在第一次世界大战之前的波兰犹太村庄学校受过大约三年的教育,加上在多伦多一所小学两三年的学习。不过在我成长的过程中,她每天读报纸,订阅了《时代》杂志,并在白天花很多时间听收音机。这些一定是她的顾虑的主要来源,因为 20 世纪三四十年代的媒体中,充斥着关于这些食物的基本组成成分,一旦缺乏会带来什么可怕后果的警告。

这些恐惧可以追溯到 1910 年代维生素的发现和所谓"营养学新知识"的崛起。在此之前占据统治地位的理念是"新营养学"。后者来自 19 世纪 80 年代。它把人体类比为蒸汽引擎,把食物看作由给人体这个机器提供燃料的碳水化合物和脂肪,以及负责维持肌肉良好运行的蛋白质组成。科学家计算出保持系统运转需要多少燃料,以卡路里计量,以及防止系统损坏需要多少蛋白质,以克计量。然后,他们分析食物,来看看其中含有多少这些元素,并试图将每日食物摄入量与"机器"的需要匹配起来。

80　　　帮助构建这一系统的美国科学家在全国媒体上声名显赫。家政经济学家和社会工作者在学校、妇女俱乐部和政府机构讲授有关的课程。于是到 1910 年，中产阶级民众已习惯了食物所包含的基本物质的存在与否，只可能由科学家在实验室中验证的想法。他们也同意科学，而不是滋味，才是判断食品健康性最好的指标这一理念。因此，他们接受我称之为"更新的营养学"的核心理念就相对容易。这一理念就是食物中还含有叫做维生素的不可见元素，也是只能在实验室中才能检测得到。[1]

　　　实际是谁发现了维生素，这曾是——而且现在仍然是有争议的话题。不过可以确定无疑的是，它们是生命所不可或缺的物质这一想法来自年轻的波兰生物化学家卡西米尔·冯克（Casimir Funk）。到 20世纪初，大批化学家都质疑，良好的健康绝不仅仅取决于新营养学的圣三位一体：蛋白质、脂肪和碳水化合物。[2] 但是直到 1911 年，当时正在英格兰李斯特研究所工作的冯克成功地分离出一种水溶性的"辅助因子"，饮食中缺乏这种因子，会导致东亚地区常见的脚气病（beriberi）。他将其命名为"维生素"，日后被证明是可以载入世界历史的一笔。

　　　1915 年美国化学家埃尔默·麦科勒姆分离出另一种物质，他发现如果老鼠缺乏这种物质会造成眼部疾病和似乎阻碍其生长。起初，他将其称之为"脂溶性 A"，不过在意识到冯克已经起了一个更易于记住的名字后，他就改成了"维生素 A"，这样还巧妙地把冯克四年前的发现压到了屈居第二的位置，叫做"维生素 B"。在随后的七年里，人们又分离出了维生素 C 和 D，并发现它们分别能够防治坏血病和佝偻病。[3] 这些发现引来媒体令人窒息的关注，而且尽管这些缺乏症在美国很少出现，这个国家却很快就被对其食品健康性的忧虑浪潮席卷，这一浪潮后来被称为"维生素狂热"。[4]

　　　早在 1921 年，当时只有少量维生素被发现，人们对其也知之甚少，知名医生本杰明·哈罗（Benjamin Harrow）警告公众，其不足所导致的疾病是"丑陋的、恶心的……数百万人已经死于缺乏维生素"。[5] 为什么公众对这样的警告如此敏感？哈罗自己给出了最关键的答案，他说：“因为这个命名本身有蕴含有暗示的意义。”[6] 如果维生素叫了科学家们最初建议的那另外 23 个名字之一：如“脂溶性 A”、“水溶性 B”、“抗坏血病 C”、“食物辅助因子”，以及“食物激素”等等[7]，我母亲肯定不会急于喂给我这么多。“维生素”这个词的天才之处在于它具有双管齐下的作用，意味着它们对于生命和活力都是不可或缺的。例如麦科勒姆就利用了这一点，将其称为“保持活力与健康”的必需品。[8] 所以我母亲不仅希望维生素能使我保持健康；她还希望它们给我带来练习弹钢琴的动力。

与病菌恐惧症一样，维生素狂热也有科学的坚实后盾在推波助澜，助其从一大批其他引诱美国人的时尚美食和灵丹妙药中脱颖而出。带头人是淳朴的化学家埃尔默·麦科勒姆。他在一座地处偏僻的堪萨斯农场里，由非常支持他的母亲抚养长大，从一家只有一个房间的农村校舍走出来，最终带着无数荣誉从堪萨斯大学（University of Kansas）毕业。他随后被耶鲁大学录取为研究生，在那里师从杰出的营养学研究者托马斯·奥斯本（Thomas Osborne），获得了化学博士学位。不过事后证明耶鲁大学是一段坎坷的道路，因为麦科勒姆感到奥斯本和他的同事拉斐特·孟德尔这些高高在上的营养科学家瞧不起他这个中西部的“乡巴佬”。在 1906 年获得学位之后，麦科勒姆未能在一家著名的常春藤联盟大学获得一个研究员职位，似乎证实了这一点。他不得不回到中西部，到位于威斯康星州麦迪逊市（Madison, Wisconsin），毗邻州立大学的州立农业实验站工作，职务是研究奶牛的营养。[9]

但麦科勒姆的野心并未熄灭，他开始着手证明食品中可能存在“辅助因子”，以期扬名立万。他成为了科学会议上的常客，到处展示照片，比较消瘦、衰弱的牛和健康的牛的差别，它们被喂以虽然含有完全相同数量的蛋白质、碳水化合物和脂肪，但其他成分不同的饲料。他成为了第一位用老鼠做试验的科学家，其生命周期比牛快得多，在它们身上所做的试验表明奶油和蛋黄中某些成分是它们成长和保持健康的必要条件之一。在 1915 年他分离成功，并且正如我们已经看到的那样，巧妙地为之命名“维生素 A”。[10]

1917 年麦科勒姆终于回到东部，担任位于马里兰州巴尔的摩市

(Baltimore，Maryland)的约翰・霍普金斯大学新开办的公共卫生学院中生物化学系的系主任。虽然一家公共卫生学院的职位在科学家中并不算显赫(他不多的几位博士生主要都是学家政经济学的女性)，但是在媒体上自我推销的机会要比在麦迪逊强得多了。他现在开始建立自己霍雷肖・阿尔杰(Horatio Alger,美国励志小说作家)式的形象：一位卑微的堪萨斯农场男孩，成长为全国领先的营养科学家。1918 年他出版了一本简短的书,向外行人解释维生素,称为《最新营养知识》(*The Newer Knowledge*)。在书中,他躲躲闪闪地暗示,是他发现了维生素,在后续版本中他又对此进行了修饰。他最得意的部分就是讲述耶鲁大学的研究者奥斯本和孟德尔曾疯狂地追求同样的目标,但最后却走进死胡同的故事。[11]到了 1922 年他的实验室分离出维生素 D 的时候,美国报刊已经将他描述为"著名的生物化学家"。他还宣布自己发现了"已知的四种维生素中的两种"。到 1925 年他已经不仅毫不掩饰地称自己是维生素的发现者,还不公正地声称奥斯本和孟德尔曾经拒绝相信他的发现。[12]

麦科勒姆的名望,大部分来自他警告说,人类饮食中维生素不足会导致健康方面的严重后果。他会用遭受维生素缺乏的老鼠的吓人照片来说明这些后果——形容枯槁、毛发斑驳、虚弱、失明,几乎无力行动。他会邀请记者采访他能够容纳 3000 只老鼠的实验室,并向他们展示两组老鼠,其中一组是喂食去除维生素的饲料的,明显体弱多病。一篇这样的采访报道通常说,被限制饮食的老鼠会"开始衰弱。生命中充斥着紧张和烦躁不安、身体消瘦,随后就是死亡,而其他老鼠则保持丰满、强壮、眼睛明亮并平静地生存着,直到老年"。文章往往配有健康的和骨瘦如柴、虚弱不堪的啮齿动物照片。在这些报道的影响下,维生素很快就被与战胜死亡的能力相联系起来。《科利尔》(*Collier's*)杂志1922 年有一篇关于维生素的封面报道,标题是:《你想活多久?》,还有一本解释维生素的书,其中有一章叫做《增加你的寿命》。[13]

没过多久,食品生产商就意识到他们现在有一个非常宝贵的营销新工具:他们可以宣称他们的产品含有那些无形、无味、无重量,却又对生命最重要的功能而言是必不可少的物质。更妙的是,虽然科学家能说出哪些食物含有维生素,但是要测量出准确的维生素含量,或者估计每种维生素各需要多少才能防止缺乏症,还要过许多年。其结果是,几乎任何人,甚至巧克力和口香糖生产商都可以做广告说他们的产品里含有维生素。[14]

　　著名的维生素研究者埃尔默·麦科勒姆,与一些他用来证明维生素缺乏的可怕后果的老鼠合影。这些因维生素缺乏而骨瘦如柴、徘徊在死亡边缘的老鼠的惊人照片,在推动"维生素狂热"中起到了重要作用。(约翰·霍普金斯大学)

　　深刻的社会变革也从女性中为食品生产商提供了一批可供利用的听众。对于中产阶层母亲们而言,20 世纪 20 年代是各种焦虑因素接踵而来的时期。"伴侣式"婚姻的兴起增加了妻子们成为丈夫最好的朋友和情人的压力。而同一时期,文化又日益以孩子为中心,还要求她们成为完美的母亲。同时,战前时代家里常有的仆人现在消失了,留下她们完全自主地负起这些比天还高的责任。更麻烦的是,新一代营养学使得传统的喂养小孩建议的来源——她们自己母亲的意见——显得过时了,甚至被认为是极其危险的。这些不安全感在她们的孩子从学校回来,带来关于神秘的维生素的警告时又更加高涨。[15]

84   我童年不幸的根源，鳕鱼肝油生产商，就是吓唬母亲的营销手段的早期使用者。首先，他们利用埃尔默·麦科勒姆鳕鱼肝油补充维生素 A 的建议，他说其缺乏会引起眼部疾病和佝偻病。然后，在 1922 年，他发现佝偻病实际上是由于缺乏维生素 D，巧合的是鳕鱼肝油也含有维生素 D。佝偻病在当时的美国相当罕见，所以他发出一个更宽泛的警告，说维生素 D 是早期骨骼发育所必须的。[16] 这促使鳕鱼肝油供应商更加添油加醋，他们告诉母亲们："科学家[说]患有'阳光'维生素不足的儿童……无法长出健康的骨骼和健全的牙齿。"施贵宝（Squibb）公司警告说："医生说有惊人百分比的婴儿，其 X 光照片显示骨头未能完美长成"，这个问题可以用该公司的鳕鱼肝油来解决。他们还有一份广告，问母亲们："你能让你的孩子远离伤亡人员名单吗？你能帮助他在今年冬天长出强状的骨骼、健全的牙齿和结实的身体吗？"[17]

1936 年的一篇广告，说孩子需要鳕鱼肝油中的维生素，以避免成为冬天的"牺牲品"，在母亲们中间制造恐慌，使她们担忧孩子的正常饮食并不足以让他们保持健康。

科学家们后来发现鱼肝油中的维生素 A 的摄入不足会造成新的危险。有人说它的缺乏是婴幼儿肺炎的主要原因。其他人则将其与普通感冒和麻疹联系起来。还有人把它叫做"抗感染剂",说其缺乏会使儿童易患各种严重感染。帕克·戴维斯制药公司娴熟地利用了随之而来的恐慌心理,告诉母亲们,他们的鳕鱼肝油中能够"增强抵抗力的"维生素 A 能"加强"抵御百日咳、麻疹、水痘、腮腺炎以及猩红热"的战斗力"。[18]

同时,维生素不仅存在于特定的食物——如牛奶和鳕鱼肝油中,但也在不同的程度上存在于大部分食物里的这一认识,最终为食品生产商带来了好处。20 世纪 20 年代,食品工业里发生了一连串的兼并和收购,产生了一大批手握雄厚资金的公司,他们都要推广自己品牌的产品。他们帮助拓展了维生素狂热的传播范围,使其远远超出只关心自己的婴幼儿的焦虑母亲们这个市场。现在,维生素缺乏被说成是威胁着家中每个人的健康。[19]

迈出第一步的是弗莱希曼酵母。在 20 世纪 20 年代早期,随着在家自制面包的数量锐减,酵母的销售量急剧下降,它开始将其生产的酵母饼作为维生素 B"已知最丰富的来源"来推销。还说如果每天吃三块酵母饼,撒在薄脆饼干上或是溶解在饮料中均可,都能产生"对消化系统真正显著的改善"。[20]在随后的 15 年内,该公司为这种难吃的糕饼想出了无数可疑的功效——从治疗痤疮和疖子到治疗"神经衰弱症"和感冒——后来我们都看到了,1938 年联邦贸易委员会指责他们用虚假广告进行宣传。[21]

分离于 1921 年的维生素 C 也得到了长期的关注,尽管许多年来其唯一已知的特性是能够防止坏血病,这在美国是几乎不存在的。使用新奇士(Sunkist)品牌的加州果农交易所(California Fruit Growers Exchange)发动了一场高度成功的全国性运动,吹嘘"每日一橙"能够提供"有益健康的维生素和稀有的盐和酸"。[22]到了 1932 年,他们已经开始援引科学家们的建议,说每天要喝满满两杯(八盎司一杯)的橙汁,每一杯里还要加半个柠檬的汁。[23](结合当时流行的每天喝一夸脱牛奶的呼吁,以及喝咖啡嗜好的流行,这一定给整个民族的膀胱带来了相当大的压力。)

讽刺的是（或者说虚伪的是），尽管自己就是食物加工商，一些公司仍然灌输现代食品加工过程会剥夺食物中许多必需营养的担忧。1920 年弗莱希曼酵母号召大家吃他们的酵母饼，因为"制造或料理的过程"从很多食物中移除了给人类提供必需能量的"赋予生命的维生素"。"原始人"，他们声称，"从生鲜食物和绿叶蔬菜中获得丰富的维生素。但现代的饮食——不断受到精炼和调整——总是严重缺乏至关重要的元素。"其 1922 年的广告之一说："一位伟大的营养专家说我们身处危险之中，因为我们吃了这么多人造食品——在现代化的条件下使用这么多方便的事物，但是它们最有价值的特质却在生产过程中被剥夺了。"有一家鳕鱼肝油生产商把冬季的几个月称为"危险月"，因为这时饮食中缺乏维生素 A 和 D。科学家表示，这是由于罐装水果和蔬菜"这些常见作为珍贵维生素来源的食物，这时通常缺乏那些它们在夏天富含的健康元素"。[24]

同时，麦科勒姆创造出了聪明的词汇"保护性食品"来形容富含维生素的食品。其中最重要的是牛奶和绿叶蔬菜。据他说，牛奶使得"过去和现在的所有游牧民族"，从圣经中的古以色列人（Israelites）到当代的贝都因人（Bedouins），都比所有其他人群"在身体的完美程度上更加出众"。[25]他建议美国人把他们的牛奶消耗量从每人每日半品脱增加到整整一夸脱。[26]至于绿叶蔬菜，它们不仅提供维生素，还"通过促进排泄，有助保养肠道"。[27]他因此建议美国人一天吃两份沙拉。这在加州大型农业公司耳中不啻是悦耳的仙乐，他们很快将向全国各地运送整列车的新近研发出的结球莴苣。到 1930 年麦科勒姆已经被誉为改变了美国人饮食的人。那年的《纽约时报》回顾了缺乏维生素的老鼠照片的影响。文章说，没有了牛奶和绿叶蔬菜提供的维生素，"大鼠发育不良而又焦虑不安；他们衰老而又早夭。而如果有了这些元素，它们就会长得高大、肌肉发达，毛皮有光泽，一直活到成为啮齿动物中的玛土撒拉（Methuselahs，圣经中最长寿的人——译注）。这篇报道说，照片公布之后牛奶销售量飙升，而"生菜，从前是蔬菜中的灰姑娘，在十年内占领了食品杂货商的摊位中央，普及率正好是从前的七倍"。[28]

"有益健康的"白面包

87

1923 年,妇女月刊《麦考尔》(*McCall's*),显然希望通过聘用一位比哈维·威利更加尖端的专栏作家来超越《好当家》,邀请了麦科勒姆来撰写关于饮食和营养的专栏。这是他唯一一次冒险进入商业世界,没有人愿意问他在给出建议时,是否受到财务方面考虑的影响。毕竟,与威利不同,他并不需要为所有在杂志上做广告的产品背书。此外,当时很少有人认为应该有一条黑白分明的线,把向美国人推荐该吃什么食物的专家与生产食品的公司截然分开。这个国家的家政经济学家——也就是控制着学校、大学以及政府中的营养学教育的那些人——依靠食品生产商来补贴他们的期刊、会议和教学材料,以及大量聘请他们。除了人造黄油生产商外,没有一个人抱怨威斯康星大学著名的生物化学系完全受制于乳品业,而且正在努力防止人造黄油生产者使用其所发现的向食物内添加维生素 D 的方法。[29]因而当麦科勒姆与多家大型食品生产商打得火热时,谁也没有在意。

麦科勒姆在这一方面最初的动作类似于威利的套路。两人都批评小型食品生产商利用大家都认为合理的食品恐慌来推销可疑的产品。在麦科勒姆这里,是骗人的生产商出产的"维生素精华液"中含量很少或者干脆没有维生素,这激怒了他。他呼吁人们从食物中获取维生素,而不是从药片和药水。"获取维生素的地方,"他说,"应该是市场,是杂货店,是送奶工和种植园,而不应该是药店。"[30]

不用说,这样的表态使他受到一批大型食品生产商的喜爱。其中首先是大型面粉商。20 世纪 20 年代,面包消费越来越少的趋势使他们在大量存货和价格下跌的重压之下步履蹒跚。又赶上苗条身材在中产阶级男女之中大行其道,因而食量减少的潮流又风行起来。一开始,面粉商们投放大量广告,试图把自己拉出泥潭。可是他们用广告牌来呼吁美国人"多吃小麦"的努力却很难令人信服。于是他们开始做得更加精准。通用磨坊公司(General Mills)创造出了"贝蒂妙厨(Betty Crocker)",一位获得巨大成功的虚构人物,"亲自出马"回答了家庭主妇们有关如何使用该公司面粉的问题。在 20 世纪 20 年代后期,他们开始用名人和科学家的代言来推销白面包。美丽的女性模特和好莱坞明星有偿地歌颂白面包的减肥效力,同时男性的科学家和医生则证明它在健康饮食中是多么地不可或缺。后者的带头人就是埃尔默·麦科勒姆。

88 　　这代表着麦科勒姆自身的一次非同寻常的转折。从西尔维斯特·葛培理牧师的时代起人们就被警告说,白面粉在碾磨过程中损耗了有益健康的元素,特别是麸皮中的那些都失去了。[31]新一代营养学家如麦科勒姆自己,则扩大了控诉的范围,指责一种 19 世纪 80 年代引进的新式辊磨技术也会夺走面粉中的维生素。1920 年,他写道,白面粉中不只是蛋白质不如全麦面粉,维生素含量也"极少"。面粉商青睐它,他说,可能是因为它能比更加健康的全麦面粉存储更久并能长距离运输。家庭主妇们喜欢它,则是因为她们错误地将其白度与纯度等同起来了。"公众对白面粉的需求没有正当的理由,"他说,"是为了商业原因而人为制造的。"[32]两年后他称辊磨处理技术是过去一个世纪内美国人饮食"最阴毒因而也是最重要"的变化。[33]"很显然,"他写道,"作为美国人饮食中最重要能量来源的白面粉,比其他任何一种日常食物都明显缺乏更多的饮食必需元素,除了以纯净状态销售的糖、淀粉和脂肪以外。"[34]

　　尽管如此,全国面包师协会(National Bakers Association)仍然在 1923 年 9 月邀请麦科勒姆参加他们的大会,向他们提供如何应对白面包声誉暴跌的建议。他最初的提议是将脱脂乳粉添加到他们的面包里来弥补其营养缺陷,有些人照做了。但他很快就开始转变调子。虽然承认全麦面粉"在其营养品质上优于"白面粉,但是他说它并不适合现代化、高度集中的面粉工业,因为它很快就会变质。因此人们应该吃白面包,这是"淀粉(即能量来源)与蛋白质的良好来源",并补充牛奶和绿色蔬菜这些"保护性食物"。[35]

　　最大的面粉商通用磨坊随后就雇佣麦科勒姆作为公司发言人,这肯定不是巧合,而他对白面粉的看法就更加正面了。他现在开始警告说只吃全麦面包根本比不上白面包和牛奶或绿叶蔬菜一起食用。[36]

89 　　不久之后,其他医学专家也在麦科勒姆的带领下,污蔑全麦面包比白面包更不易消化,因此也不如白面包营养好。[37]美国医学协会也加入进来,正式地认可白面包为"一种有益健康的营养食物,在正常人的正常饮食中应占有一席之地"。1930 年美国农业部和公共卫生局(Public Health Service)公开支持把白面包和全麦面包称为同等的"任何一种饮食中能量和蛋白质的经济性来源"的运动。[38]

麦科勒姆精心营造的维生素发现者光环,在 1929 年因为诺贝尔医学奖委员会授奖给维生素发现者时完全忽略他而遭到一次挫折。[39]然而美国人仍然坚定地相信他是世界领先的维生素专家,他作为公司代言人的价值也没有丝毫减损。通用磨坊仍然让他继续在广告里称赞白面粉"有益健康"。他用一份名为《生命需要能量——109 种制作面包,我们优秀的能量食物的智慧新方法》(Vitality Demands Energy - 109 Smart New Ways to Serve BREAD, Our Outstanding Energy Food)的"贝蒂妙厨"小册子来赞美白面包。1934 年他与一群好莱坞明星(以及拉斐特·孟德尔,他仍然因为他声称自己发现了维生素而蔑视他)一起,参加了一场由"贝蒂妙厨"主办的特别广播节目。在一支完整的管弦乐队伴奏下,他谈论了"支持吃面包的科学论点"。最重要的是第二年他给国会委员会写了一封公开信,谴责"企图让人对白面包心生惧怕的食物时尚分子别有用心的教唆"。[40]

酸中毒大恐慌

多年以后,在麦科勒姆的自传里,他为自己替白面包所做的辩护解释说,他曾建议在其中添加脱脂乳粉,并且说应该与"保护性食物"一起吃。然而他根本没有提及,更不用说要去辩解的是,他曾经利用自己的科学知名度来帮助其他大型食品生产商,煽动对于一种几乎不存在的疾病——酸中毒的恐惧。[41]让我们简略地看看他在其中所扮演的角色,就能够了解为什么这绝非无心之失。

当然我并不是说没有酸中毒这种疾病——这是一种罕见的血液疾病,会使糖尿病患者严重衰弱。在 20 世纪 20 年代中期之前,一些医生声称在非糖尿病患者身上见到过酸中毒,但主要是在婴儿中,因为食物含有过多脂肪。然而,随着节食减肥的风潮席卷中产阶层,一

90

些医生开始在成人中诊断出酸中毒。他们认为这种极端的减少饮食强迫身体燃烧了过多的脂肪，导致血液中的酸失衡，以及原来只有糖尿病患者才会经历的酸中毒。其他专家则援引普遍存在的胃部酸痛，然后扩大打击面。胃里过剩的胃酸，他们说，造成大批并没有极端饮食习惯的人也患上了酸中毒，对他们的健康产生了可怕的后果。[42]

领导这次新的进攻的正是埃尔默·麦科勒姆，他从 1928 年 2 月起，用《麦考尔》上的一个专栏加入了战斗。到那时为止，据说酸中毒的主要症状是疲劳和困乏。现在，按照麦科勒姆的说法，症状包括：

> 倦怠、全身乏力、恶心、有时会呕吐、头痛、失眠、虚弱和食欲不振。肌肉疼痛、嘴变得酸以及由此造成的对牙釉质的损害……一些杰出的医生现在相信，会导致高血压、肾脏疾病、坏疽和中风的血管疾病，就是吃了过多形成酸的食品，所造成的长期损伤的结果。

作为结尾，他还将似乎主要在商人和家庭主妇中出现的"慢性疲劳"归咎于"过于酸性的饮食"。[43]

其他人则向母亲们的担心事清单里加入了儿童酸中毒。《华盛顿邮报》的医疗顾问说："酸中毒患儿是迷迷糊糊的，昏昏欲睡的，行为不正常。他抱怨头痛，温度计显示他发烧。他的呼吸有味道；这种呼吸气味可以比作是过熟的苹果甜丝丝的气味。尿液是高度酸性的。可以检测出含有丙酮。"《好管家》告诉母亲们，当患有发热、呕吐或腹泻的孩子"变得放松、过于安静、跛脚或昏昏欲睡"时，就有可能是酸中毒。[44]

有人会以为，把胃里胃酸过多指为罪魁祸首，意味着加利福尼亚州和佛罗里达州大型柑橘类水果生产商会遇到大麻烦。不过这回又是麦科勒姆出手相助了。使用营养学家的咒语，他劝大家在哪些食物会造成血液中的酸过量这个问题上要听科学家的，而不是根据自己的味觉来决定。当柑橘类水果到达胃部的时候，他说，会马上变成碱，也就是酸的反面。"味道酸的食物不一定在体内形成酸……即使是味道非常酸的柠檬和葡萄柚，它们实际上在人体内是碱化剂。"他还说实际上柑橘类水果是最有效的抗酸剂。那么到底是什么导致了胃酸过多呢？是那些非酸性的食物，如牛肉、猪肉、面包和鸡蛋，才是真正的酸制造来源。[45]

麦科勒姆的警告刊载在主要的报纸和杂志上，这扩大了恐慌。《纽约时报》（*New York Times Magazine*）上的一篇文章说，酸中毒现在取代了维生素，成为主要的营养问题。"过去我们喋喋不休地谈论卡路里和维生素，"文章说，"现在关心碱性平衡了。"《美国护理》（*American Journal of Nursing*）的营养学专栏作家写道，便秘和酸中毒在美国比任何其他体质状态"导致更多疾病"，这位作者重复麦科勒姆的意见，建议以大量的柑橘类水果和莴苣来对抗酸中毒。[46]

柑橘类水果营销人员当然马上抓住机会宣传麦科勒姆的想法。佛罗里达州葡萄柚生产者的广告说，葡萄柚正是"身体最需要的武器，用以对付大家共同的敌人：酸中毒，因为柑橘类水果在人体内会变成碱性"。在新奇士柠檬的广告里，加州种植者组织重复麦科勒姆的警告，即酸中毒是由"良性的和必需的食物，如谷物、面包、鱼、蛋和肉造成——它们全都属于产酸的类型"。幸运的是，广告称，存在一种"看似是悖论"的现象：即柑橘类水果虽然被称为"酸味水果"，但是却能在人体内引起碱性反应，从而抵消性酸中毒。广告里的动画片情节是一位经理哀叹他的一位下属未能"进步"，因为缺乏"冲劲"。他的问题："医生们称之为酸中毒。橘子和柠檬会使他面目一新——就像给我带来的好处一样。"[47]

麦科勒姆支持着柑橘类水果生产者的宣传活动，为这种实际上是虚构出来的小恙编出越来越严重的警告。在他关于饮食与营养的畅销书的 1933 年版中，专门投入了一个章节来论及这个问题，称其"应对大量的疾病负责"。他现在把蛀牙也添加到症状列表中，并推荐喝足够的橙汁作为一种治疗方法。1934 年的《父母》（*Parents*）杂志说，焦虑的母亲现在把孩子的胃部不适形容成"有一点酸中毒"。"人人都很担心，"杂志说。"他们听说它可能导致致命的后果。"作家肯尼斯·罗伯茨（Kenneth Roberts）开玩笑说翻阅一堆新的饮食书使他感到"害怕"。"如果我得了酸中毒，"他说，"这么多种痛苦和不快的疾病中只要得上任意一种，我肯定一得到通知就跑掉了。"[48]

92　　　但是酸中毒恐慌很快就开始衰落了。有些科学家从一开始就质疑麦科勒姆的饮食造成血液中过多酸的想法。20世纪30年代早期一些简单的实验结果支持他们的质疑。[49] 1934年一份护理杂志上一篇对于麦科勒姆的书的评论说，作者表示遗憾，"因为介绍了一本专供外行读者阅读的书中［关于酸中毒的］有争议的内容。"[50] 其他医疗专家现在称酸中毒的恐慌为一种时尚，说它只是一种罕见的疾病，而且在任何情况下都不受橙汁的影响。[51]

　　已经从酸中毒理论的流行中获得大大超出预想好处的柑橘类水果生产者又抛弃了它，重新回去歌颂维生素C了。[52] 但麦科勒姆关于生产酸和碱的食物在胃里发生不平衡所造成的严重后果的警告却一直流传了下来，特别是那些基于食物相克的旧观念所发生的，关于不同种类食物在胃中混合会发生危险的变体。[53] 例如，罗伯茨翻阅的一本饮食书就警告说，如果烘豆（属于淀粉）和西红柿酱（属于酸）一起吃，"会产生发酵，导致致命的酸中毒。"另一本书则警告说不要吃腌牛肉土豆泥，因为牛肉是蛋白质，而土豆是淀粉。这样的话，罗伯茨说，"在胃里的影响有点类似于点燃一个纸风车。"[54] 这些警告的一个后果就是，汽车大亨亨利·福特（Henry Ford），一位狂热的养生秘方信徒，早餐只吃水果，午餐只吃淀粉，晚餐只吃蛋白质。[55]

　　一大批电台商业广告业者把麦科勒姆的理念变成了开发食疗秘方的金矿。一位电台里的救世神医说："酸中毒和中毒是所有疾病的两个基本原因。"酸中毒，他说，是由于吃了组合错误的食物，尤其是同时吃淀粉和蛋白质。听众花50美元可以参加他的函授课程，学会如何把食品分开吃。[56] 另一位电台健康大师威廉·海伊——在波科诺斯（Poconos）拥有一所疗养院，名为波科诺黑文（Pocono Hay-Ven，取天堂的谐音——译注）——也有类似的表示。他的畅销书，《吃出健康来》（Health via Food），说所有疾病的根源就在于酸中毒，是由把富含蛋白质——以及碳水化合物——的食物一起吃引起的。他还承诺说他的防酸中毒饮食还能减轻体重，因为酸中毒削弱活力，促进脂肪的堆积。后来在该世纪晚期，这将作为受欢迎的贝弗利山饮食法（Beverly Hills Diet）再见天日。[57]

　　当然，所有这一切都发生在大萧条时期，当时政府的营养学家都在努力,要使用新一代营养学的成果来帮助数以百万计负担不起健康饮食的穷人,尽管收效有限。然而中产阶层几乎都没有受到这种食品不安全的影响。相反,他们继续在变幻不定的节食减肥潮流中航行。[58]如果说他们还有其他食物方面的担忧的话,那就是被维生素狂热激发起来的那种絮絮叨叨的怀疑,即现代食品加工技术夺走了他们食物中的维生素。在 20 世纪 30 年代接近尾声的时候,最大的威胁是一场蔓延中的战争在欧洲爆发,由政府全力支持的知名专家们帮助提高了这些关注,警告加工过程所导致的维生素缺乏正在威胁国家的生存。

第七章
"隐性饥饿"在蔓延

罗素·怀尔德(Russell Wilder)与"斗志维生素"

在 1938 年 11 月的杂货制造商协会(Grocery Manufacturers Association, GMA)年会上,在为一位银行家对新政(New Deal)"劫贫济富"的谴责全体鼓掌之后,协会向埃尔默·麦科勒姆颁发了一份特殊的奖励。公开的说法是,这是为了表彰他作为"与错误饮食引起的疾病斗争之中最伟大的领袖之一"。非公开地来说,则是为了表彰他在有人指责这些制造商销售不健康的、缺乏营养的产品时能够挺身而出为他们辩护。他始终坚定地声称大型食品加工商认识到"产品质量是最好的号召力",并赞扬他们赞助重要的科学研究,例如显示了添加到牛奶中的维生素 D 能够预防蛀牙的那项研究(事后证明是错误的)。[1]

麦科勒姆然后欢迎 GMA 承诺每年慷慨赞助 25 万美元给一个新成立的营养学基金会,资助能够显示加工过程没有去除食物中的维生素的科学研究,以及其他的研究。[2] 当这家基金会难以为继的时候,全国 15 家最大的食品加工商都伸出援手,在 5 年时间里共筹集来 100 万美元,以支持一项能够"找到更新更好的加工和保存食物的方法,以期从中获得最大的营养价值"的研究。[3]

食品公司有很好的理由来资助这种研究,因为测量食品中维生素含量的新技术显示加工过程的确损耗了其中的营养成分。尤其糟糕的是,这些发现的主要受益者是生产维生素药丸和药水的厂家。他们不仅承诺能够补充流失的营养成分;而且他们还能拿出维生素含量准确的产品。其结果就是，维生素补充剂的销量猛增，即使是在对于人体到底需要多少维生素，还不存在一个共识的时候。到了 1938 年，美国人在它们上面每年花 1 亿美元，而维生素生产也成为了一个实在非常巨大、实在非常有利可图的行业。[4]

食品生产商放出麦科勒姆和其他营养科学家来反驳，他们告诉美国人要从牛奶和罐装菠菜这类"保护性食物"中获取维生素，而不是药丸。美国医学协会担心人们一不舒服就会去吃维生素药片，而不去找医生，因此全都站到他们这边。药剂师们也是如此，因为他们担心维生素会在每家街头小店出售。他们都对政府施加压力，要求维生素补充剂只能通过开具处方销售。但食品药品监督管理局拒绝了，他们宣称只要维生素没有被认定为能够治疗疾病，或有任何疗效的声明，则就是一种食品，因而就可以在几乎任何地方出售。很快像梅西（Macy's）这样的百货公司和克罗格（Kroger）这样的超市都在销售自己品牌的维生素。[5]

1939 年 9 月，战争在欧洲爆发似乎大幅增加了这一营养争论的重要性。到 1940 年夏末，纳粹统治了欧洲大部分地区，并准备入侵大不列颠。在美国，被拖入战争的可能性现在陡然大增。一个大规模重整军备的计划启动了，征兵也开始了。现在出现的问题是被大萧条重创的劳动大军的精力是否饱满，能否满足工业或军事服务的需求。政府的营养专家郑重警告说，全国四分之三的人口遭到了"隐性饥饿"，意思是维生素缺乏被填饱的肚子和健康的外表掩盖了。[6]

既然"隐性"表示没有明显的症状，那么营养学家们就不需要证明缺乏症如何与严重疾病或死亡相关联。相反，他们用一些类似于派遣缺乏被认为可以防止夜盲症的维生素 A 的士兵去执行夜间巡逻，所隐含的危险性这样的情况来发出警告。[7] 1940 年 10 月，第一次征兵体检的结果激起了这些忧虑。几乎 50% 的人不合格，主要原因是身体残疾，据说与维生素缺乏有关。只有那些读到报道标题下面很远的人才能了解到，最多的人因为蛀牙被拒绝，这正如我们在上文中所看到的，当时被认为与缺乏维生素 D 有关。[8]

征兵委员会的新闻似乎证实了对于现代食品加工过程严重后果的怀疑。医疗和公共卫生官员现在警告说，这个国家患上了"维生素饥荒"，因为这么多的食物在到达美国人的家庭之前，其中含有的维生素都被夺走了。[9] 美国医学协会面向非专业人士的杂志《健康女神》(*Hygeia*)告诫说，"抛弃新鲜或'健康食品'而改用防腐和精制食品的趋势"正在威胁美国人的健康。[10]《纽约时报》说："发现虽然餐桌堆满食物，我们却面临着另一种饥饿，这凸显了我们在把科学技术应用到食物制备中时，实在不太明智。"[11]

1941 年 5 月，富兰克林·罗斯福（Franklin Roosevelt）总统，出于对越来越严重的征兵被拒绝问题的关注，召集了 500 位全国领先的食品和营养专家在华盛顿召开一次会议，以"创建一个国家营养政策框架"。第一次世界大战期间，政府的食品保护项目帮助传播了新营养学的基础知识。新一代的营养科学家现在寻求一个项目，来教育公众了解新一代营养学，其重点是维生素。副总统亨利·华莱士（Henry Wallace）在他的主旨演讲中说，国人应该学会更多地消费"保护性食品"，因为它们含有的养分"能够提供精神力量，驱使我们获得胜利"。国家科学研究委员会食物与营养分会（National Research Council's Committee on Food and Nutrition）主席罗素·怀尔德（Russell Wilder）医生警告说，75％的美国人患有"隐性饥饿，这比空腹的饥饿更危险，因为虽然患者的胃可能已经装满，但他仍然缺乏食物的必须成分，这存在于健康与疾病之间的边缘地带"。其他发言者纷纷回应，告诫美国人必须将额外的维生素添加到他们的饮食中，以战胜"隐性饥饿"。[12]

问题是，对于必须的养分到底有多少的估计仍然是一团乱麻。一个营养学家组成的委员会被要求准备一份包含八种重要营养物质的"标准"列表——这被认为是预防疾病所必须的最小数量。但是他们却制定出了所谓"建议每日供给量"（recommended daily allowances, RDAs）。这是各学科的科学家估计值的平均值，再加上 30％的"安全余量"。这似乎是为了满足那些其较高的估计值被调低的科学家，他们争辩说过量的维生素绝对没有害处。[13]但含义模糊的"供给量"一词很快就被忽略，而 RDAs 几乎立即就被看作是为了保持健康所需的最小值。[14]卫生局局长将其作为一条新的"衡量标准"介绍给公众——"美国人民的一条营养学黄金标准"。[15]

这时,制造"隐性饥饿"的罪魁祸首进入了人们的视线,也就是麦科勒姆在1923年对其作出180度大转折的那一个。现代磨粉技术再次被指控从面粉中去除了必需的维生素。这次攻击的领导人是NRC食品和营养委员会主席罗素·怀尔德,他巧妙地使用新生的RDAs争取全国人民对他最为得意项目的支持。也就是在全民饮食中添加维生素B(硫胺thiamine),即"斗志维生素",以确保全国人们都具备赢得战争所必需的"精神能量"。

作为一位富有长者风范,令人联想到医学智慧的外表英俊的白头发老医生,怀尔德到1941年全国营养会议的时候,已经说服了美国许多的国家领导人,使他们相信美国的生存正受到硫胺缺乏的威胁。他是如何实现这一点的?这一切开始于他和他在明尼苏达州罗切斯特市(Rochester,Minnesota)梅奥诊所(Mayo Clinic)的一些同事,开始相信美国人饮食的营养质量在过去的60年里明显恶化。他们认为主要原因就是19世纪80年代新出现的钢辊磨面工艺,从占大多数美国人热量摄入约30%的白面包中,去除了大多数的维生素B复合群,其中包括90%的硫胺。[16]

为了证明其灾难性后果,他们在附近的州立精神病院给4名年轻女性患者食用硫胺含量很低的饮食。5周后,研究人员观察到一些症状,首先是"厌食、疲劳、体重减轻……便秘,以及小腿肌肉不定时的无力"。[17]随后的实验,从梅奥诊所的清洁人员中增加了6名女病人。在食用同样的饮食6周后,她们患上了"虚弱……疲劳和困乏"。记录中的症状还有"情绪低落、全身无力、头晕、背痛……厌食、恶心、体重减轻"以及呕吐。她们还患有"精神病倾向",以及研究人员说类似于神经衰弱的心理问题,这是对于维多利亚时代流行的"神经衰弱症"的一种武断的说法。在实验中间时,给两名妇女的饮食中恢复了硫胺供应,她们感受到"一种不寻常的健康感觉,与不寻常的精力旺盛与进取精神有关"。所有的女性在回复正常饮食后都恢复了健康。[18]

这对美国国防事业的影响似乎是显而易见的:看来硫胺是全国人民心理健康的基本保证。1940年10月,该项研究论文的公开发表,促使美国医学协会期刊上的一篇社论警告说,在遭到入侵的情况下,硫胺缺乏所造成的"喜怒无常、懒散、冷漠、恐惧，以及精神和身体的疲劳"将决定是抵抗还是失败。各级政府官员都加入进来，说国民必须接受关于这种"强效士气创建者"的重要性的教育。硫胺很快就成了"斗志维生素"。没有人提及这项研究是在一所当时叫作疯人院的地方，基于其中十名患者的心理状态做出的。[19]

99　　　怀尔德的解决方法是把被辊磨过程夺走的硫胺添加回白面粉中去。[20]这对维生素生产商而言确实很好。维生素含量测量的新技术现在使他们得以向大量的加工食品生产商销售维生素浓缩液，甚至包括口香糖。[21]到 1940 年底，通用磨坊——Wheaties 麦片，"冠军的早餐"的制造商——也上了硫胺的船。他们做广告宣传说，他们在产品中添加硫胺，是因为"在将全麦转变为每位早餐麦片粥的必要过程中，维生素，有时还有矿物质，经常受损或被毁坏"。麦片包装盒上画有一个盾牌，上面声称已获得"美国医学协会食品理事会认可"，认证其"Nutr-a-sured"加工工艺能够恢复麦片中"必须的维生素 B"以及其他营养成分。[22]

另一方面，面粉厂却不愿意支付维生素制造商高企的要价。麦科勒姆试图通过做广告建议美国人吃其他食物来弥补白面包所缺乏的营养帮助他们。他还建议不用维生素浓缩液，而用相对便宜的脱脂乳粉与酿酒酵母来加入面包，进行营养强化。美国肉类协会（American Meat Institute）提了一个不同的建议，他们打广告说那一份猪排就足够提供一个人每日所需的硫胺。[23]或许最离奇的替代方案是由安德鲁·维斯卡迪（Andrew Viscardi）提出的那个。他申请了一项用维生素 B_1 浸渍烟草的专利，用来给吸烟者"有益的治疗"。[24]

然而除了向面粉中添加硫胺之外，没有什么方法能让怀尔德满意。在硫胺获得联邦政府的支持之后，面粉商们被迫响应。1941 年 2 月开始，他们中大多数同意开始生产制面包用的"强化（enriched）面粉"。（他们拒绝称其为"加强［reinforced］面粉"，一份报告说，因为这样暗示"老式的面包存在问题，需要弥补"。）新式的面粉不仅含有硫胺，还有铁、核黄素（riboflavin），和能够防治糙皮病的烟酸（nicotinic acid，后来被称为 niacin）。[25]

这一步被誉为"旨在将大约 4500 万美国人从没有出现饥饿的维生素饥荒中拯救出来"。面粉商们指出,这是一种"美国式的"自愿行动。[26]但面粉商们的志愿行为还不够,美国四分之三的面粉——其中很多不是用于做面包——还没有强化。媒体现在呼吁强制性的强化,强调增加"斗志维生素"摄入量的重要性。《华盛顿邮报》写道:"在维护……全国的士气上,维生素有多么重要。"卫生局长说国防的需要,要求使用硫胺素来"打造全国人民的士气、热情,以及对感染的抵抗力"。[27]

怀尔德再次打头阵。他说,纳粹故意剥夺了欧洲被征服地区人民的硫胺供应,使他们衰弱到"一个精神虚弱、抑郁和绝望的状态,这将使他们更加顺从"。这很快就变成了他们系统性地摧毁被占领的国家所有食品中的硫胺的指控。1941 年 4 月他对医师学院(College of Physicians)报告说,在过去的 60 年里(即自从新式辊磨出现以来),美国人的饮食中出现了营养物质"缺乏不断增加"的现象,使得全国三分之二的人口"严重营养不良"。在梅奥诊所对年轻妇女的试验表明,美国人饮食中的硫胺缺乏"可能导致国家意志衰退到不可收拾的程度"。[28]

他还用这项实验结果来警告说,硫胺的缺乏已经危及到了美国工业。6 月他告诉一个科学家会议,被剥夺硫胺的清洁女工发生了"激烈的人格蜕变和工作效率低下"。[29]在一次《纽约时报杂志》的采访中,他形容她们是若干女性志愿者人员,开始是友善的、心满意足的工人,吃着看起来合意的美味饮食。几个星期后她们却变得爱争吵、沮丧而又容易疲劳。她们甚至开始罢工。在硫胺被添加到饮食中 48 小时后,她们又恢复了原状。[30]

当国防工业爆发数次罢工时,他警告说,工人的饮食中缺乏硫胺是劳资纠纷的一个重要组成部分。[31]

怀尔德的运动取得了圆满成功。到 1942 年 6 月,面粉商们已经步调一致,几乎全国所有的面包都是用强化面粉制作的。一年后,面粉商们同样也遵守了政府要求在面粉中添加更多的其他维生素的命令。[32]

101　"魅力"维生素

　　硫胺的推广者最常用的策略是使用隐含活力意味的名称"维生素"来声称它能够通过提供"精力"、"活力"和能量来对抗士气低落。在 1941 年的全国营养会议上，华莱士副总统说："是什么使你眼中迸出火花，使你的步伐涌出泉水，使你的灵魂焕发精力？就是魅力维生素。"[33]一位多伦多医生的一项研究被作为科学依据来引用。他报告说有 10 位食用"富含 B_1"饮食的研究对象，其向外水平伸出双臂的能力远远超过 4 位饮食没有强化的男性。在饮食中添加硫胺一周后，这 4 位弱者能够与其他人伸开双臂一样长，甚至更长。[34]

　　这样的消息激起了职业体育经理人的兴趣，他们一直在寻找一个给自己带来优势的机会。常年成绩不理想的纽约游骑兵冰球队使用了大量的维生素 B 复合群，这为他们在 1941 年春天带来了斯坦利杯冠军。这促使棒球传奇人物布兰奇·瑞基，圣路易斯红雀队的总经理，给他的球员提供所谓的"威猛"或者叫"魅力"的维生素，尽管无甚起色。（布鲁克林道奇队 The Brooklyn Dodgers 阻止了他们赢得当年的锦标）[35]《纽约时报》的食品编辑告诉家庭主妇们，"斗志维生素"会给他们的家人增添为战争服务的耐力。[36]一家园艺肥料生产商将产品命名为"热带 B"，保证其中含有的硫胺会促使植物的花和植株长得很大。因而也就毫不惊奇地，在 1941 年 11 月，当盖洛普民意调查机构（Gallup Poll）请美国人说出他们最近最多次听说过的维生素的时候，他们绝大多数说是维生素 B_1 和 B_2。然而更值得注意的是，受访者中 84％的家庭主妇分不清维生素和卡路里之间的区别，这表示她们可能会把维生素等同于能量。[37]

　　令食品生产商们大为恼火的是，维生素制造商从中获取了大部分的利润。他们说服国防工业的雇主向他们的员工分发维生素，给予他们"活力"和"能量"。经理们和工人们热情洋溢地报道其功效。[38]普拉特和惠特尼（Pratt and Whitney）公司报告，他们在一家飞机厂中给工人分发"加维生素"巧克力小蛋糕之后，其生产力增加了 33％，材料损坏则大幅下降。另一家工厂的工会提出要求并获得承诺，雇主会为工人提供维生素浓缩液。不太艰苦的行业雇员也被认为可以从中受益。哥伦比亚广播公司(Columbia Broadcasting System)的全体员工被要求每天服用维生素药丸,公司承担费用。到了 1942 年 4 月,几乎四分之一的美国人在服用维生素药丸。[39]

同时怀尔德继续前行,从要求恢复在加工过程中丢失的营养成分转而寻求对食物进行"强化",这意味着增加从未在食物中出现过的营养。他提议在白糖里加入乳固形物,在猪油和其他脂肪中加入维生素。他甚至呼吁用维生素强化新鲜水果和蔬菜。[40]然而,人们对这类计划的积极性普遍不高,特别是食品加工商。因为这样除了会提醒人们注意到其产品的营养缺陷外,还意味着相当大的费用增加。医学组织也不支持,例如 AMA 就始终把维生素补充剂看作对他们收入的威胁。[41]

最终,怀尔德未能使硫胺缺乏始终保持在国家战时关注的中心。尽管他还在警告,缺乏症依然存在,但举国上下的士气看上去挺不错。新的研究质疑他从梅奥的实验得出的结论。这些研究表示,给人们增加补充硫胺似乎根本没有影响他们的士气,而且在别的方面也没有什么影响。[42]到了 1943 年中,鼓舞士气几乎没有再作为硫胺的特性被提及。美国公共卫生署敦促国民食用富含 B 族维生素的食物,因为它们能够提供能量,从而防止"不由自主的懒惰"。《华尔街日报》上的一篇文章谈到制药公司如何从为面包供应硫胺中获得巨额利润,提及它只是防止脚气病,而这种病在美国根本不存在。随着对硫胺重要性的怀疑与日俱增,政府的营养咨询委员会最后削减了它的每日推荐供给量。[43]

又一个"返老还童"药片

来自 B 复合群的另一成员对注意力的竞争也有助于将硫胺推出聚光灯。在 1937 年和 1938 年,艾格尼丝·费伊·摩根(Agnes Fay Morgan),一位加利福尼亚大学伯克利分校(University of California at Berkeley)的家政经济学家开始报告,她的大鼠实验表明,B 复合群成员之一的缺乏——她无法确定具体是哪一个——会使它们的毛发

102

103

变灰。1940 年初她把饮食中缺乏这种"防止毛发变灰的维生素"与衰老联系起来。维生素生产商仿佛看到了一座金矿在他们眼前跳舞,马上派遣他们的科学家开始工作。1941 年 9 月,国际维生素公司(International Vitamin Corporation)的斯特凡·安斯巴赫(Stefan Ansbacher)博士识别出一种能够返老还童的物质叫做对氨基苯甲酸(PABA),并提出了他所谓的,它可以使人类灰白的头发颜色还原的第一手证据。全国媒体为了这个故事都跳了起来,报道 PABA 似乎能够"帮助防止衰老",预示着一种"返老还童"药片。[44]安斯巴赫随后发表了研究论文,声称 PABA 在 300 人中都减少了花白头发,包含了所有年龄和性别,同时还产生了"增加性欲"的效果。国际新闻社(International News Service)的科学专栏盛赞其为当年十大最重要的科学发现之一,与青霉素的发现不相上下。[45]两家大型维生素生产商用其在 80 名灰色头发的男性因犯身上做实验。它似乎不仅恢复了三分之二人的头发颜色;还"几乎在所有情况下都明显增加了性欲"。[46]

但是推销 PABA 的企图很快就失败了。首先,这是因为它的易获取程度是有限的——它是 TNT 炸药和麻醉剂奴佛卡因的成分之一。然后当药房终于在 1942 年底开始销售的时候,顾客们却发现他们必须一天服用 4 到 6 次,而且 3 到 4 个月前别想看到任何结果,药效还没有绝对的保证。[47]安斯巴赫博士自己的头发又始终保持灰色,这绝不是个好的产品广告。[48]

安斯巴赫很快就较少地利用所谓的刺激性欲效果来推销 PABA。[49]其他科学家则将其作为抗晒伤软膏或治疗斑疹伤寒症和甲状腺问题的药物来销售。[50]1943 年 2 月,一项实验显示 PABA 能够对砷化合物解毒,被《纽约时报》作为证明其将灰白头发回复自然颜色不容置疑的证据,但这未能提振对其抗衰老效力的信心。[51]其他维生素神奇效力的浪潮不断高涨,科学家说它们能够治愈一切,从失明到癌症,而 PABA 却迅速地沉默了。一种更乐观的说法认为,增加维生素的摄入会带来一个更加道德的社会。这种说法认为,既然"智力与道德"总是形影不离,而低收入儿童中普遍的"迟钝"是由于不良饮食习惯和缺乏维生素,那么增加维生素摄入就能带来更高的智力,由此减少他们撒谎、欺骗和偷窃的倾向。此外,因为烟酸已知能够治愈糙皮病受害者的"精神紊乱"，从而将这些"疯"了的人转变回有用的公民，那么很显然，"充足的维生素[可能]促进智力的敏锐性。"那么，对于作为一个整体的社会就必然得出一个结论："未来的维生素将不仅会让人类在身体和精神上更健康，而且也能提高他们的道德。"[52]

食品制造商绝望地看着这种维生素狂热。他们谈论着发动广告宣传，如一位记者所说的："从药品行业手中夺回利润丰厚的维生素业务。"他们在联邦政府中的盟友则谈到组织一场声势浩大的教育运动，教导产业工人如何通过饮食获取维生素。但这些计划都成了泡影，而美国人吃药的癖好却日益膨胀。到1944年，维生素生产商都在夸耀销售量的增长"突飞猛进"，估计这时每四个美国人中有三个都在吃维生素药丸。[53]

104

永远的维生素狂热？

对于维生素丸能够提供能量，保证良好健康的信念一直坚持到战后的岁月，也就是我母亲给我塞满药丸的时代，即使对此从来没有任何可信的证据。1946年，一项长期研究的结果发表了，南加州飞机厂约250名工人服用大剂量的维生素补充剂，与人数相近，服用安慰剂的对照组的情况进行比较。令研究者明显失望的是，在工作习惯和健康结果方面的差异都是微不足道的。[54]

但这样的研究并不能动摇维生素意味着活力这种根深蒂固的想法。它进入了战后保健食品布道者的经文之中，如盖罗德·豪瑟，一位受欢迎的大师，靠谴责现代食品加工造成食物营养损耗发了财。他利用怀尔德在精神病患者身上做的实验来支持他的说法，即小麦胚芽中的维生素B会带来活力，并阻断疾病。[55]1969年FDA的一项调查披露，75％的美国人仍然认为，多吃一些维生素给他们带来更多的"活力"和能量。[56]

他们还认为，或至少以为自己曾经思考过，维生素能够治愈或预防各种各样的疾病。确实，在1973年，当FDA试图限制维生素销售商宣传他们的药丸疗效时，国会议员报告说他们接收到的愤怒邮件比同时发生的迫使尼克松总统辞职的水门事件丑闻时收到的更多。这

105

种对 FDA 的反对，根植于当时高涨的个人主义，以及美国人对于什么对健康有益还是无益，应该有权作出自己决定的理念。它也产生于后越南、后水门时代对政府的幻灭感。所以，国会不仅打回了 FDA 限制健康疗效宣传的企图；在 1976 年他们还通过特别立法——用领导这一动议的威斯康星州自由派民主党参议员威廉·普罗科斯迈尔（William Proxmire）的话来说——将使政府不再有权"管制数以百万计相信自己的饮食越来越糟糕，食用维生素和矿物质的美国人的权利。真正的问题，"他说，"是 FDA 是否要扮演上帝的角色。"这与他那些进步主义的前辈们当年通过原始法案，试图把这些权力授予哈维·威利时的想法实在是相去甚远。[57]

在随后的几年里，对于维生素销售商的限制稳步放松了，尤其是在 20 世纪 80 年代的里根时代。到 2006 年，超过一半的美国成年人都在吃多种维生素药片，"出于一种信念"，一篇国立卫生研究院的报告称："相信自己会感觉更好，有更多能量，改善健康状况，以及预防和治疗疾病。"女性、长者、高收入和受教育程度更高的人、更瘦的人，以及生活在西海岸的人之中使用比例最高，这毫不奇怪。"反讽的是，"该研究报告说，"更有可能患上营养不足的穷人，却最不可能吃这些。"对于阻止疾病维生素的能力，它的结论是没有证据表明，维生素和矿物质，单独或共同服用，对于预防慢性疾病有任何有益的作用。[58]

随后对维生素的实验结果支持该研究报告的结论，即绝大多数美国人不需要服用维生素补充剂。《新闻对维生素越来越不利》是 2008 年底《纽约时报》一篇文章的大标题。"科学界为了证明维生素对健康有益所尽的最大努力已付之东流，"文章说，"两个月后该报报道说，尽管几乎一半的美国成年人服用某种形式的膳食补充剂，每年花费 230 亿美元，"但在过去几年，几个高质量的研究都未能表明，额外补充维生素，至少以药片的形式，能够帮助防止慢性疾病或延长寿命。"[59] 当然，这一切都无法丝毫动摇维生素狂热。（事实上，我是在吃完冬季日常的维生素 D 之后才写的这篇文章，而且我必须承认偶尔也想知道，我母亲给我吃的所有这些鳕鱼肝油，到底有没有帮助我长出强健的骨骼。）[60]

而硫胺则是一个完全不同的故事。也许因为现在公认美国人的饮食里面已经含有足够多的硫胺,甚至连维生素预防疾病的研究也不涉及它了。然而,其作为"斗志维生素"的兴衰史的确留下了一个持久的遗产:将它添加到面粉里的理由,以食品加工技术的害处为中心,增强了对现代生产技术剔除食物中重要营养素的恐惧。这促成了下一个巨大的潮流:天然食品。

第八章
来自世外桃源的天然食品

J. I. 罗代尔(J. I. Rodale)与快乐健康的罕萨(Hunza)

对于现代食品加工技术剥夺食物的营养品质的担忧也绝不是新鲜事物。罗素·怀尔德对现代磨面工艺的怀疑可以追溯到 19 世纪 30 年代以及西尔维斯特·葛培理牧师,美国首次倡导"天然食品"的人。葛培理曾告诫说,越来越多的食品正在家庭以外处理,这违反了上帝的健康律法,并且与其他因素共同导致使人衰弱的自渎行为在年轻人中的流行。他特别盯住面包,警告说上帝只授权以自然、纯粹、麦粒完整的形式吃小麦。用白面粉烤面包,他说:"是将其折磨成非自然的状态。"[1]

葛培理的门徒约翰·哈维·凯洛格也谴责加工食品,如白面粉和精制糖是非自然的,不过他从未要求抵制它们(尤其是他与他的兄弟共同开发的干麦片)。然而,他在 20 世纪 20 年代,与对加工食品的疑虑一起渐渐从人们视野中消失。相反,大型食物加工商却被赞誉为帮助开创了给所有人带来良好生活和健康饮食的繁荣"新时代"。尽管大萧条再次将大型食品公司推到第一线,不过攻击的火力集中在他们狡猾的行为上,而不是加工过程本身。

然而,现代食品工业改变了自然的方式的理念,设法生存了下来。在 20 世纪 30 年代,在两位英国驻印度殖民官员的工作中再度重现,他们奠定了对于有机和天然食品健康性的信仰的基础。一位是植物学家阿尔伯特·霍华德爵士(Sir Albert Howard),他对印度农业的研究使他得出结论说,施以自然肥料的土地——也就是粪便或堆肥的有机物质——要比施化肥的土地生产出的作物更有营养。他说这些天然的肥料刺激微生物的活动，在土壤中产生养分，他的想法引领另一位英国人给这一做法命名为"有机农业"。

另一位就是现代最早使用"天然食品"这一说法的人，罗伯特·麦卡利森爵士（Sir Robert McCarrison），印度医疗局（Indian Medical Service）一位主要医生。1922年，他告诉一群美国的医学专家，诸如消化不良之类的胃病、溃疡、阑尾炎和癌症等这些在西方人之中如此普遍的疾病，在他治疗的所谓"未开化"人群中几乎闻所未闻，他们"繁殖力异常地旺盛，特别长寿"。事实上，他说有一次，"一位带我去执行任务的酋长……认为我延长他部下人民中长者的寿命这种急切心情是可笑的"并建议改用"某种形式的毒气室"来摆脱他手下不再能为部落做贡献的过多老人。如此非凡的长寿和生育能力，他说其原因是他们的饮食含有未经加工的"天然食品"——也就是"源于自然的简单食品：牛奶、鸡蛋、谷物、水果和蔬菜"。他说这些就是埃尔默·麦科勒姆推荐的"保护性食品"。[2]

麦卡利森然后用老鼠做实验来证明，印度穷人糟糕的健康，是由于食物可选择的范围过窄，而不是缺少食物或热带环境。1936年他把这些知识带回英格兰，那里正发生着一场激烈的关于英国工人阶级营养状况的辩论。在一系列的公开讲座中，他巧妙地使用发育不良的大鼠照片，谴责典型的英国工人阶级饮食以白面包、果酱、罐头肉类、土豆和糖果为主，与印度南部穷人以白米饭为主的饮食一样不健康。[3]不过他最具争议的主张，则是由未经现代农业技术和食品加工技术处理过的"天然食品"所构成的饮食结构也可以防止疾病。[4]

麦卡利森的问题是，尽管他可以用他的老鼠实验来支持他的英国和印度穷人饮食不健康的论断，但是他为天然食品所做的宣传没有科学依据。所以，当他的讲义发表时，其中附有一篇写作于1921年的文章，谈及他曾旅行到偏远的罕萨山谷（Hunza Valley），那里位于今天巴控克什米尔地区北部的喜马拉雅山脚。他说在那里发现了"一个民族，他们拥有卓越无比的完美体格，基本上不生病，直到今日，其特有的食物仍只包括谷物、蔬菜和水果，与一定量的牛奶和黄油，肉类只在宗教节日才有……我猜想他们一千个人里也未必有一个见到过鲑鱼

108

罐头、巧克力或专利婴儿食品。他们的寿命"格外地长"，他在那里行医七年，所治疗的疾病大多不严重——像意外损伤和白内障等。许多欧洲常见的病痛，如阑尾炎、结肠炎和癌症——则根本不存在。"很明显，"他总结说，"自然古朴的食品所构成的饮食才能与长寿、持续的活力和完美的身材和谐共存。"而另一方面，"文明人，由于脱水、加热、冻结和解冻、氧化和分解、磨粉和抛光"，已从食物中消除了自然性，而代之以人工处理，带来无穷的健康问题。[5]

109　　　有关罕萨的描述在美国激起的反响特别大。那里很多人都已经着迷于詹姆斯·希尔顿(James Hilton)出版于1933年的畅销书《消失的地平线》(Lost Horizon)，和根据其改编的1937年热门好莱坞电影。这些都在讲述香格里拉，一个喜马拉雅山谷中的乌托邦，与世隔绝，其中的居民在完美的健康与和谐中能够活到数百岁。关于希尔顿的故事灵感来自从罕萨山谷回来的旅客的消息很快传开了。

　　　然而，推动对罕萨山谷的兴趣的另一个动力，来自一个看似不太可能的源头——一位前任国税局(Internal Revenue Service)在纽约市的会计师杰罗姆·欧文·科恩(Jerome Irving Cohen)。科恩于1898年出生在下东区(Lower East Side)的犹太区，五短身材、体弱多病的他，利用业余时间摆弄发明，似乎注定一辈子都是一个籍籍无名的书呆子了。然而，20世纪30年代后期，当时美国仍然深陷大萧条，他却辞去安全稳定的政府职务，并改头换面。他把名字改成罗代尔，成立了一家公司来制造他发明的一种新式加热垫。不过这个产品有一些缺陷，公司挣扎求生。(日后他会讲述一位客户的抱怨，有一块加热垫把妻子电死了，但他表示："如果把钱还给我。我就会忘记这件事。")[6]他并不气馁，搬到以马忤斯(Emmaus)，宾夕法尼亚州的一个小镇，并设立了一家小型出版企业，生产宣传如何实现良好健康的小册子和杂志，使用的都是他在试图寻找对抗自身许多疾病的非主流疗法时学到的知识。

110　　　1941年罗代尔经历了一位健康大师必须的顿悟。他的经历是读了阿尔伯特·霍华德爵士论化肥的危险性以及粪肥和堆肥优点的一本书。他后来说，这些理念"像一吨重的砖块打中了我"。他使用出版一种辞典赚到的利润，购买了小镇外的一座农场，开始尝试无化学品耕作。第二年他开始办一份月刊，名为《有机农业与园艺》(*Organic Farming and Gardening*)，以推广这些方法。他送出 1 万份免费杂志给全国的农民，但最终没有一个人订阅。他们从战时政府呼吁的用化肥增加产量之中获得了太多的利润。当罗代尔把标题改为《有机园艺与农业》(*Organic Gardening and Farming*)之后，他获得了更多的成功，因为这打动了很多城市居民，他们正在种植胜利花园（战争期间在私人住宅院落和公园开辟的蔬菜种植地——译注）。[7]

虽然他关于农业的想法都来自霍华德，罗代尔对于加工食品如何导致疾病和"天然"食品如何能够避免的观点则主要来自麦卡利森。他特别迷恋麦卡利森所描述的罕萨人——即罕萨山谷居民的正式名称——的长寿而几乎无病无灾的生活。1948 年他出版了一本书，《健康的罕萨》(*The Healthy Hunza*)，其中的内容主要来自麦卡利森宣扬他们惊人的健康和长寿是由于"以源自自然的古朴食品为生"的说法。[8] 罗代尔的书在《纽约时报》上的广告说："这里没有癌症……也没有溃疡、消化不良或退行性疾病等等这些困扰我们许多人的烦恼。"[9]

当然，罗代尔从未去过罕萨山谷，也从未遇见过一个罕萨人，不过当时有其他报告，似乎能够证实麦卡利森的乐观看法。尤其是，1938 年有一位英国医生，G. T. 兰奇(G. T. Wrench)，出了一本名为《生命之轮：长寿之源与罕萨的健康》(*The Wheel of Life：The Sources of Long Life and Health among the Hunza*)的书。该书利用麦卡利森对天然食品的看法，提倡一种"整体的"医学。这本书在美国重印之后，就成为了健康食品运动的基础教材，而且始终如此。[10] 1950 年，罗代尔开始出版《预防》(*Prevention*)月刊，此刊经常用罕萨举例子，说明食用天然食品如何能够抵御过度文明的饮食习惯所造成的疾病。

一开始，没有人理会罗代尔的宣传。美国农民都在把新的化肥撒进他们的土地里，把滴滴涕撒到他们的庄稼上，以获得指数级的产量增长，滴滴涕这种杀虫剂被誉为是赢得太平洋战争的主力，其发明者于 1948 年获得诺贝尔奖。对于食物加工商来说，20 世纪 50 年代可以算是"美国食品加工的黄金时代"——这个时代，美国媒体赞颂而不是批评食品加工所使用的化学品和加工工艺。因此，在 1950 年，当一个国会委员会透露说，自 1938 年以来食物加工商已经引入了将近 880

G. T. WRENCH

The Wheel of Health

The Source of Long Life and Health Among the Hunza

一本 1936 年出版的书的重印版，书中谴责了食品加工，并将巴基斯坦偏远的罕萨山谷居民所谓的长寿和健康归因于他们食用未经加工的"天然食品"。本书给了 J. I. 罗代尔灵感，发起了美国的有机食品运动。

种新的化学添加剂进入食品供应中，加工商自己却开始骄傲地公开他们使用的"新化学品"的清单，指出食品药品监督管理局已经把所有这些化学品都批准为"公认为安全"。

国会委员会最终提议要求，未来不再由食药监局证明新的添加剂是否安全，而是必须由加工商来证明它们的安全性。然而，委员会的主席詹姆斯·德莱尼（James Delaney）从来没有表示过怀疑绝大多数的新添加剂是安全和有益的。食药监局局长，弗兰克·邓拉普（Frank Dunlap。1911 年他背叛了哈维·威利，当时他担任"老硼砂"的副手）也没有异议。他不断重申，与威利不同，他对化学添加剂本身没有偏见。只有委员会的首席顾问（他最初表示拒绝"把任何的疯子放到证人席上"）不情愿地允许 J. I. 罗代尔作证反对新的化学添加剂，而这时已经到了听证会的最后一天，而且他几乎是被忽略的。[11]

　　最后,委员会建议各公司把将要使用的添加剂交给食药监局进行   *112*
测试。然而即使这根本不会威胁任何已在使用中的化学添加剂,在后
来的五年里德莱尼和他的法案——用德莱尼的话来说就是"完全被忽
视了"。随后,1958 年国家癌症研究所(National Cancer Institute)发
布的一份研究报告(食药监局曾试图压制该报告)说,有许多食药监局
批准的添加剂可在老鼠体内诱发癌症,因此可能对人体也产生同样结
果。这份报告(以及盖罗德・豪瑟的门徒,影星格洛丽亚・斯旺森
Gloria Swanson 对国会议员的妻子们充满热情的游说活动)促使德莱
尼的法案突然获得通过。现在,不仅食品公司必须证明新的添加剂对
人体是安全的;他们也被禁止使用任何已被证明对动物致癌的添
加剂。[12]

　　一年后这项所谓的德莱尼条款引发了一次意外。[13]感恩节前数个
星期,健康、教育与福利部长宣布在一些当年收获的蔓越莓中发现了
致癌的除草剂的痕迹。他因此警告说不要吃产自华盛顿州和俄勒冈
州的蔓越莓,直到它们经测试证明安全为止。不用说,那一年很少有
美国人敢在吃火鸡时加蔓越莓酱了。[14]

　　然后又有人揭露说一种用于促进鸡产生荷尔蒙的化学物质在其
他动物身上诱发癌症。随后又有最常用的食用色素在老鼠身上诱发
癌症的新闻传来。[15]对化学品乐观者遭到的致命一击发生在 1962 年,
当时蕾切尔・卡森(Rachel Carson)引起轰动的书《寂静的春天》
(*Silent Spring*)警告说杀虫剂正在杀害鸟类,并渗入到人类的食物供
应中。"有史以来第一次,"她说,"每一个人出生直至死亡,都要接触
危险的化学品。"[16]这时的调查表明,食品中化学添加剂的危害已经占
据消费者担忧事物的首位。[17]突然之间,罕萨人良好健康与他们常吃天
然食品之间的联系似乎开始变得可信了。

　　此外,当时主流媒体已经开始注意到罕萨人的长寿,并归因于他   *113*
们简单的饮食。1957 年,C. L. 苏兹贝格(C. L. Sulzberger),《纽约时
报》的首席外交专家,从巴基斯坦北部报道说:"在克什米尔,每一代的
罕萨人都活到很大年纪,因为食物以杏干和奶粉为主。"同年,著名的
美国电影记者,曾使《阿拉伯的劳伦斯》(*Lawrence of Arabia*)出名的
洛厄尔・托马斯(Lowell Thomas),在其影片《寻找天堂》(*Search for*

Paradise)中介绍了罕萨，这是最早的一批为宽银幕全景电影 (Cinerama)制作的正片影片之一。当巨大的银幕充斥着正在打马球和舞剑的快乐罕萨人的时候，背景响起托马斯写的一首欢乐的小曲，歌中唱道，在天堂的这个角落，"没有人拥有太少，也没有人拥有太多，"而且"生病也不用吃药"。[18]在法国出道的制片人——导演齐格蒙特·苏利斯特罗夫斯基(Zygmunt Sulistrowski)制作了一部英语电影，名为《喜马拉雅的香格里拉》(The Himalayan Shangri-la)，影片中把罕萨人的饮食吹捧为能够使青春永驻。[19]1959 年，当时最受欢迎的电视节目之一，《有趣的人》(People Are Funny)的主持人阿特·林克莱特(Art Linkletter)派遣一位爱荷华州得梅因(Des Moines, Iowa)的验光师到罕萨山谷去检验他健康程度能通过测量眼球来衡量的理论。验光师回国后告诉观众，他的视力检查表明他们的健康状况确实完美。他随后写了一本书，《罕萨土地：世间神话般的健康和青春仙境》(Hunza Land: The Fabulous Health and Youth Wonderland of the World)，歌颂他们的饮食。这本书加入了很多其他书讨论罕萨人非凡健康的行列，如《罕萨：天堂历险记》(Hunza: Adventures in a Land of Paradise, 1960 年)；《罕萨：喜马拉雅的香格里拉》(1962 年)；《长寿与幸福的罕萨健康秘密》(Hunza Health Secrets for Long Life and Happiness, 1964 年)；《罕萨：世界上最健康、在世最年长者的秘密》(Hunza: Secrets of the World's Healthiest and Oldest Living People 1968 年)；以及几年后的(这是我最喜欢的标题)《罕萨：够用就好的国度》(Hunza: The Land of Just Enough, 1974 年)。[20]

　　这些歌唱世外桃源中快乐、健康的人民的赞歌，描述了一座居住着 3 万到 5 万人口，几乎无法到达的山谷。有人说他们是亚历山大大帝的三名军人与他们的波斯妻子的后裔，他们是迷路或被遗弃在喜马拉雅山中的。虽然过去一直是掠夺丝绸之路上商队的土匪，他们现在爱好和平，主要务农，在小块梯田土地上精耕细作，放几头山羊，照看着他们的杏树，许多游客将非常健康的特性附丽于其果实上。他们基本上自给自足，实际上被排除在货币经济之外，买不到任何加工食品。他们仁慈的统治者米尔(Mir)，性格平和，经常召集村中长老在他不大的房子门前解决争端并发出善意的法令。据说这些老人非常警觉而又精力旺盛,年龄主要是八九十岁,也有一大部分是百岁老人。活到120岁的也不罕见。年老的罕萨男女外貌比真实年龄要年轻,据说老年男性直到九十多岁性生活仍然活跃。整个人群看起来,没有任何疾病的迹象。孩子们丰满而快乐,男人有令人难以置信的体能,而妇女们虽属穆斯林但不戴头巾,放射出健康幸福的光芒。那里没有医院也没有监狱,大概是因为两者都不需要。

这种乐观情绪也绝不仅限于时尚人士。1959年艾森豪威尔(Eisenhower)总统的心脏病专家,保罗·达德利·怀特(Paul Dudley White)医生派遣了一位美国空军医生访问了罕萨山谷,为那里25位传奇老人做心电图,并测试他们的血压和胆固醇水平。在检查结束后,怀特将完全"正常"的结果归因于遗传、运动和他们素食、低脂肪的饮食。"一个状态很好的人一顿能吃3000枚杏子",他报告说。[21]在美国医学会杂志1961年发表了一篇社论,把罕萨山谷称为美国希望的预兆。它说罕萨人男性活到120至140岁的可能性很大,"虽然[他们吃]很少的动物蛋白质,几乎没有鸡蛋,也没有商品化维生素。他们的饮食包括全谷物、新鲜水果、新鲜蔬菜、山羊奶和奶酪、大米和葡萄酒。男子据报道直到生命的第九个十年仍有生育能力。"(典型地,杂志编辑并没有把美国人的希望寄托在采用罕萨饮食上,仍然在于现代医学。他们得出的结论是:"如果科学能够继续进步,美国人的预期寿命应该在本世纪末接近传说中的罕萨人,到21世纪[与它]持平。")[22]

呜呼,世外桃源生活的美丽图画几乎与现实完全不符。1956年一位在罕萨山谷待了几乎一年的美国地质学家写道,当他在那里设立了一间小医务室之后,他就被患者淹没了——超过5000人——其中许多人长途跋涉而来。疟疾、痢疾、沙眼以及寄生虫之类的疾病很盛行。有很多粗糙的疮,他认为与营养不良有关,并用维生素药丸治疗。他注意到,每年春天,实际上整个社会都断了粮,直到大麦第一次收获之前都要忍受饥荒。米尔拥有最好的农田的四分之一,就不用忍受这种匮乏。与此相反,他是一位热忱的食客,几乎每顿饭后都患胃疼,来医务室买镁乳来纾缓。[23]两年后,一位英国女性芭芭拉·蒙斯(Barbara Mons)从罕萨山谷报道说,虽然人们可能拥有巨大的耐力,"他们拥有神秘的疾病免疫力不是真的。"那年访问了该地区的一位医生告诉她,他治疗了大量的疾患，包括数百例痢疾和 426 例甲状腺肿大，后者通常由饮食中缺乏碘引起。对于非同寻常的长寿，她指出，因为 99％的人口是文盲（只有米尔一家人和少量近亲能上得起香格里拉仅有的一所学校）。他们因此没有出生记录，对于自己出生的日期一无所知。[24]

115   1960 年，有条不紊的日本人从京都大学派出了一个小组，调查应该是快乐、健康的罕萨人。心理学家试图用罗夏克墨迹测试（Rorschach tests）来评估他们的幸福程度，可以预见，没有得到确凿的结论。不过，队中的医生再次注意到普遍存在的健康不佳和营养不良的迹象——甲状腺肿大、结膜炎、风湿病以及结核病——以及看来高得可怕的婴儿和儿童死亡率水平，这也是营养不良的迹象。[25]前一年，作为一名虔诚穆斯林的米尔恳求来自一家卡拉奇新教教会医院的美国访客在那里设立一家教会医院。"今年罕萨有三到四百名男孩，更不用说女孩的数量，死于百日咳，"他告诉他们，"我手下 90％的人有寄生虫。其中许多人有眼部疾病、甲状腺肿大、肝脓肿。"[26]

但这种报告几乎动摇不了美国的罕萨之友（Hunzaphilia）们，其中很多人迷恋罕萨饮食和天然食品，拒绝了日本和其他国家在这个问题上使用的科学和医学。对他们来说，现代科学和技术就是问题，而不是解决之道。他们创造了现代化的食品加工，使得粮食供应变得不自然，从而引起疾病和死亡。[27]

在这方面，罕萨之友们与早在 20 世纪初的酸奶热潮的追捧者们明显不同。酸奶的受欢迎主要依靠梅契尼可夫运用已知的科学给它认可。罗代尔这些天然食品狂热者，则相反，他们想了解罕萨的经验如何挑战正统的科学智慧。他们把罕萨人的健康归功于对现代科学和医学极度的无知，以及本能地遵循自然规律。"科学家，"罗代尔在他关于罕萨的书上说，"坐在他的象牙塔里，给自己披上无所不知的权威外衣。自然就是一个卑贱的奴隶，卑微到无法引起他的注意。"另一位狂热者说："罕萨人从幼年到老年，不断适应自然。"他们享受非凡的健康和幸福，因为"他们过的生活是自然愿意并使人类准备好要过的那种生活。他们吃的食物是自然专供人类食用的，"这样的饮食包含"天然的、未经加工的和未煮熟的食物"。[28]

116   因而罕萨之友们把这种饮食习惯描述为由多年的民间经验进化

而来,不是来自科学。罗代尔的《有机园艺百科全书》(*Encyclopedia of Organic Gardening*)说的"非凡的"罕萨杏,是"罕萨人的力量和健康的秘密之一",曾被"利用了超过 16 个世纪"。另一位罕萨之友写道,由于罕萨少数几头牛和山羊并没有产生足够的脂肪供人食用,许多年前罕萨妇女"运用本能或自然的智慧,在最不可能的选择——杏的种子里——发现了油脂。而自那以后,这方面的知识已被从母亲传给女儿,代代相传。约翰·托比(John Tobe)1960 年为他们写的赞歌说:"健康是罕萨人的生活方式带来的自然结果。只要他们遵循 2000 年来相同的简单生活,它将始终追随他们。……如果[他们]相信了文明,[那么将]损坏他们的健康,缩短他们的寿命。"[29]换句话说,罕萨饮食是健康的,因为它避免了现代科技与工业对我们食物的破坏。

罗代尔与激进者

在 20 世纪 60 年代末,这种新浪漫主义的将自然与民间智慧拔高过科学和理性的思想,在沉浸在所谓的反主流文化里的年轻人中间反响巨大。很快,全国几乎每一个城市和大学城都有长头发、戴念珠、穿凉鞋的人在开店卖"天然食品"。避免大公司加工的食物这一理念也吸引了新左派的政治反对派,他们指责大公司以及为他们工作的科学家造成了灾难性的越南战争和美国的大多数其他问题。虽然 J. I. 罗代尔自己并不喜欢"嬉皮士"和新左派,但是这两个群体的人却从罗代尔的出版物里发现对他们意见的支持。在他的儿子罗伯特(Robert)在 20 世纪 60 年代逐渐接管公司的编辑方向之后,杂志经常地谴责大型食品加工商、企业型农业,以及常规科学和医学,而歌颂世界各地深色肤色,不吃加工食品的穷人的健康是多么优异。虽然有时他们确实用听起来科学的解释未加工食物的优势,但这通常反映 J. I. 罗代尔的维生素狂热症,强调现代农业和加工过程剥夺了食物中的维生素和矿物质。[30](老罗代尔把他能够站起来面对"痛击和侮辱"归功于早年服用了"足够的维生素,这是神经维生素",并说他每天吃 70 种维生素和矿物质补充剂"以免受污染侵袭",并恢复烹调中失去的维生素。)[31]

117　　　　不过，在同一时间，主流科学家开始为罗代尔的批评提供科学支持。蕾切尔·卡森的《寂静的春天》特别导致了大量的科学研究，警告淡水鱼中的汞含量，以及牛奶、鱼和其他食品中滴滴涕残留的危险水平。到 1969 年，将近 60％的接受调查的美国人说，他们认为农业化学品将威胁到他们的健康，即使小心地使用。[32] 作为部分结果，从 1970 年到 1971 年，《有机园艺与农业》的订阅量上涨了 40％，达到 70 万份。[33]

　　　　与此同时，年轻的激进者正在进行科学研究，以支持罗代尔对食品供应的其他批评。他们中有许多是被消费者权益倡导者拉尔夫·纳德招募来的，他在 1968 年开始谴责大型食品公司"垄断寡头"毁了美国人的健康。1969 年他又指控"他们有害的食品无声的暴力"是造成"身体进程的侵蚀、生命缩短或突然死亡"的罪魁祸首，就是大型食品生产商，他们只关心利润最大化和成本最小化，"不管不顾可能给人类或他们的后代带来什么样的营养、毒性、致癌性或致突变性的影响。"[34] 那一年 60％的受政府调查的美国人说他们认为他们的食物中有很多已经"加工和提炼过度，失去了健康价值"，而几乎 50％的人同意，添加的这些化学物质"带走了大多数健康价值"。[35] 第二年，一群"纳德的突袭者"写作了《化学盛宴》（*Chemical Feast*），指责说美国人据说不断恶化的健康要归咎于在他们的食物中使用的化学物质。其后则是弗朗西丝·拉佩（Frances Lappe）的畅销书《为一个小星球而吃》，呼吁吃天然未加工的食品，是"位于食物链低端者"。女权主义者也加入进来，最受欢迎的女性健康之书《我们的身体与我们自己》（*Our Bodies, Ourselves*），重复了对于食品添加剂对健康所造成危险的警告。[36]

　　　　天然食品也被阿德尔·戴维斯（Adelle Davis）大力推广，公共利益科学中心（Center for Science in the Public Interest）的纳德追随者在"营养名人堂（Nutritional Hall of Fame）"中把她放在罗代尔身边。[37] 美国人买了近 1000 万本她谴责白面包、糖和其他"精致"食物的书。她说，长寿和身体健康将来自喝生牛奶和吃自家种植的蔬菜，自制格兰诺拉麦片、水果、鸡蛋、酸奶、啤酒酵母、黑糖蜜和丰富的维生素。对她的饮食理论的信心在 1974 年受到了动摇，那一年她死于癌症，时年 70 岁，特别是因为她曾明确声称她的饮食阻止了可怕的疾病。然而，在去世前不久，她说，当第一次得知诊断时，她也感到震惊和难以置信。"我以为这种病只有喝软饮料，吃白面包，吃精制的糖等等的人才会得的。"她说。不过，她后来把原因追溯到她的学生年代，当时她以"垃圾食品"为生。[38]

同时，1972 年 7 月，J. I. 罗代尔于 72 岁时去世，尽管他只吃天然食品，避免小麦和糖（他认为这让人性格过于激进）。仅仅几周前，《纽约时报》一篇关于他的文章曾引述他说："我能活到 100 岁，除非被一个吃了糖而疯狂的出租车司机撞倒。"[39] 这篇文章使得他受邀到《迪克·卡维特(Dick Cavett)秀》中接受采访，这是当时最高雅的深夜电视脱口秀。采访在节目播出前几个小时进行，一切都很顺利。身材矮小、山羊胡子的罗代尔使卡维特想起列夫·托洛茨基(Leon Trotsky)（别人则说像西格蒙德·弗洛伊德 Sigmund Freud），他显示了标志性的讽刺，自我解嘲的幽默，卡维特心里暗暗记下，要再请他来。然后，就在罗代尔转移到采访者的椅子旁边沙发，卡维特开始与下一位客人的谈话后，罗代尔发出一声打鼾一样的声音，瘫倒在地，死于心脏病发作。这一集从来没有播出，但是这件新闻本身产生了巨大的影响，此后多年，人们都在告诉卡维特他们实际看到过这场秀。[40]

118

罗代尔成为主流

不像其他健康大师不合时宜的死亡，罗代尔的过世几乎没有动摇人们对他思想的信心。在很大程度上，这是因为有机农业和天然食品已经离开了时尚界，大举进入主流。事实上，在他去世的时候，《预防》杂志，以其天然食品的信息，已经每月销量 100 万份。[41]

在随后的几年，美国政治文化的改变，使得美国中产阶级更加适于天然食品。对于集体的、政府资助的解决问题方法——如进步时代、新政以及晚近得多的林登·约翰逊总统的伟大社会——的信心，在 20 世纪 70 年代迅速褪色。曾伴随《1906 年肉类检查法》和两个食品和药品法案的信任感，现在显得古怪而天真。再一次，不信任政府，以及个人负责提出和解决自己的问题这一对立的传统脱颖而出。讽刺的是，虽然这些态度很快就与新保守主义相联系起来，它们仍然在

119

很大程度上要归功于长发反叛的反主流文化,像他们19世纪的浪漫主义前辈将救赎和身体健康归结于个人饮食的改变。虽然"嬉皮士"不再漫步街头,他们尊重"自然";包括自然食品的精神,与他们的音乐和衣着打扮品位一起,被许多主流的中产阶级捡拾起来。这些很快就商业化了,剥夺了它们最初的反建制目标,而推广它们的正是那种他们本来被设计来反对的大公司。

罗代尔企业所遵循的轨迹并无二致。起初,罗伯特·罗代尔保持着出版物的反科学反建制姿态。在谈到他父亲的死时,他称赞他的遗产就是质疑人们对科学的信仰。"你必须好好看看大自然,她会好好教育你。"他写道,"不只是盲目地使用所有穿白大褂的技术员给我们的新化学品。"[42] 在1974年5月,《预防》又将罕萨人的长寿归功于与西方人不同,他们的食物含有极高的"nitrolosides",杏中含有的一种营养物质,又名苦杏仁苷(laetrile),被可疑的从业人员吹捧为治疗癌症的"替代"疗法。该杂志还继续乐于朝着正统医学的饮食建议胡乱开火。例如,有一篇关于便秘的文章,讲述了自20世纪50年代以来医生曾如何先是建议心理治疗,然后用抗生素,然后又用泻药治便秘,而民间智慧(即《预防》)则正确地建议吃含有粗纤维的天然食品,这仍没有获得正统医学的认可。[43]

不过,《预防》越来越多地拼凑常规科学来支持民间智慧。1974年同一年,它引用杰出的科学家让·梅耶(Jean Mayer)和约翰·尤德金(John Yudkin)的言论来支持其对食药监局关于没有任何迹象证明,饮食对心脏疾病有影响的观点的攻击。"数以百计"的研究,它说,"得出了压倒性的结论,即尽可能接近于生活在与土地高度和谐中的人吃的饮食……能有效地提供保护,防止心脏病。"它也称食药监局声称现代食品加工技术不会影响食物的营养品质的表示是"无稽之谈",它援引科学研究表明,加热和其他形式的烹饪能减少许多食物中的维生素含量。[44]

120　　《预防》能够引用"数百篇"关于"贴近泥土生活"的饮食的文章,这是一个主流科学正在发生深刻变化的迹象:罕萨之友们对传统人群民间智慧的尊重,已经不再局限于流行文化和反主流文化。1973年《科学美国人》(*Scientific American*)、《国家地理》(*National Geographic*)和《今日

营养学》(*Nutrition Today*)都发表了亚历山大·利夫(Alexander Leaf),一位哈佛医学院老年学教授的文章,关于罕萨人和另外两个与世隔绝的族群,分别位于安第斯山脉和俄罗斯格鲁吉亚,简单的生活如何赋予他们非凡的长寿。[45]领先的医学和科学研究者现在给心脏病、癌症和其他慢性病贴上"文明病"的标签。像罗代尔一样,他们现在可以把偏远地区人们不患这些病的理由归结于任何一种他们心仪的饮食习惯。其结果就是,罗伯特·罗代尔现在就能够在受人敬重的《美国临床营养学》(*American Journal of Clinical Nutrition*)上堂而皇之地用一项在乌干达人中进行的研究来支持自己的膳食纤维治疗心脏病的说法。[46]的确,正如我们将在下一章看到的,一项关于心脏病和克里特岛贫农饮食习惯的研究已经导致美国人的饮食习惯发生巨变。

如今手里有了数量庞大的前现代社会实例,罕萨的引用就渐渐少了。罗伯特·罗代尔自己去了很多第三世界国家,发回许多他所发现的传统农业、未加工的食物,和健康生活之间关系的报道。[47]1973年他从中国回来,在那里毛泽东的原始(据后来透露是灾难性的)农业思想仍然盛行,他讲述了如何用古代农业技术生产健康食品和创建一个可持续农业模型。[48]下一年他又讲述美洲印第安人如何做他最喜欢的玉米饼——奇迹食品——持续数千年。他说它们都是多年的试错——以及最重要的——常识的产物:这也是中国草药的基础。[49]另一方面,在美国,粮食生产被掌握在"巨大的加工公司及企业化的农场主手中,〔其〕标准化的、经化学处理的产品"是一种"健康威胁"。[50]

然而,罗代尔从1971年到1975年为《芝加哥论坛报》(*Chicago Tribune*)和《华盛顿邮报》等主流报纸写的辛迪加每周专栏就不是很激进。[51]实际上,他的许多建议后来很快成为主流。他拒绝了流行于20世纪60年代的剧烈运动对心脏不好的说法,而建议定期锻炼,避免"心脏污染"。这导致在80年代,他的公司成立了非常有利可图的杂志《跑步者世界》(*Runner's World*)和《男士健康》(*Men's Health*)。他是第一个"土食者",提倡吃本地的食物,因为能量都浪费在从远处进口食品上了。他还谴责食品过度包装浪费能源,又不必要地塞满了垃圾填埋场。他通过推荐散养鸡蛋作为"自然的方便好食品"来针对谴

责饱和脂肪的大合唱。这种听起来似乎很合理的对健康、口味，以及
环境的关注的混合，大大有助于主流社会接受天然和有机食品。1978
年《纽约时报》上他的一份简介把他描绘成了一位关切的环保主义者，
同时又是一位健康食物的主张者，但刻意地避免给他贴上赶时髦的
标签。[52]

到那时，罗代尔使美国人害怕化学食品添加剂的战斗已经走到了
节节胜利的道路上。1977 年，接受调查的美国人大多数认为"天然食
品"，就是指无化学添加剂的食物，更安全，比其他品种更健康。食品
加工商，现在把一切食品——从薯片和早餐麦片到黄油和啤酒——都
叫做"天然的"、"来自大自然"，以及"自然谷"。很多产品自称是"无添
加剂"，但不说添加剂的意思是什么。1977 年一项女性杂志中食品广
告的研究显示，有超过四分之一的产品被宣传为"天然的"，即使只有
2％的产品可以按照任何标准被定义为"健康食品"。[53]

再见，罕萨；你好，皮特·罗斯

在 J. I. 罗代尔死后，《预防》中始终徘徊不去的时尚的一部分，就
是喜欢用可疑的证据来把食物吹嘘成包治百病。1974 年一篇典型的
文章就描述了一项模糊的研究，没有任何科学依据，就告诉妇女们说
类黄酮——某些水果中的营养物质——可以替代激素治疗，可以治愈
静脉曲张还有痔疮。（《预防》的读者 70％是女性，平均年龄 51 岁，这
绝不是巧合）[54]不过，随着营养学科学文献的供应越来越多，很快就允
许杂志进行挑选，并且用受人尊敬的期刊引用来为许多自己推出的灵
丹妙药背书。其结果是稳定地从最初的罕萨之友那种反科学的立场
越飘越远。到了 1990 年，当罗伯特·罗代尔在俄罗斯死于一场车祸
时，《预防》的举证平衡已经决定性地偏向主流科学。[55]

122　　　　罗伯特·罗代尔的死使得罗代尔出版公司的方向把握在他的妻
子和女儿手中。她们继承罗伯特·罗代尔的遗志，把它变成专业从事
健康、健身和心理幸福感的多元化媒体帝国。但是到了 2000 年，公司
遭遇坎坷，利润下滑。一位局外人史蒂夫·墨菲（Steve Murphy）被从
迪斯尼出版公司（Disney Publishing）请来给公司动全身手术。随之而

来的是常见的员工大流失。超过 120 名老牌编辑和雇员被迫离开,抱怨出版公司放弃它的"使命"。不过三年之内,改组后的公司财务状况已经扭转过来。2003 年,《预防》的发行量远远超过 300 万,罗代尔出版公司即将成为全国最大的饮食与健康文学出版商。那一年它还鸿运当头,一本减肥书《南海滩饮食法》(The South Beach Diet),几个月内售出 500 万本。然后又出了一本畅销书:丑闻缠身的棒球运动员皮特·罗斯(Pete Rose)的自传。[56]到 2008 年,罗代尔已经号称是美国最大的独立出版商。

但心怀不满的前雇员可能有一个好理由。《南海滩饮食法》强调吃低碳水化合物的食物,不是自然食品,而皮特·罗斯的书警告的是赌博的危险,而非加工食品。[57]在 2007 年上半年,公司在《纽约时报》畅销书排行榜上拥有十本书——包括《Abs 妇女节食法》(The Abs Diet for Women)、《LL Cool J 的白金锻炼法》(LL Cool J's Platinum Workout),以及阿尔·戈尔(Al Gore)的《难以忽视的真相》(An Inconvenient Truth)——几乎没有一本反映了 J. I. 罗代尔最初对食物安全的担忧和对万应灵药的关注。[58]那一年,它开始出版获得广泛成功的《吃这不吃那》(Eat This Not That)系列,告诉读者在 J. I. 罗代尔曾经唾弃过的快餐及连锁餐馆里哪种食物是(相对)健康的。[59]到这时我们不禁要问,为罗代尔出版公司工作的 1000 名员工中,还有多少人听说过罕萨,它,曾经是启发过公司创始人的榜样。

到这时,同样地,最初驱动罕萨神话的发动机,J. I. 罗代尔的"天然食品"运动,已经几乎完全被原本是其攻击目标的非常大型的农业综合企业和公司所收买。[60]今天,他们不再使用人工调味剂来弥补加工过程中不可避免地失去的口味,他们使用"天然香精"——这种化学化合物与人造化学品的差异可能只有科学哲学家才能够分辨,别人都不行。[61]现在几乎每一种食品都被称为"天然的"(Tostitos 说他们的玉米片是"用天然油料生产",使人不由得要想一想,哪种油才算"非天然"的呢)。到 2007 年,美国人在"天然食品"上的开支是一年 130 亿美元,这个市场正以每年 4% 到 5% 的速度增长。某一年,"全天然"是食品新产品宣传中第三热门的用词。第二年,它战胜"低脂肪"和"低能量"成为新的食品和饮料中最流行的说法。虽然这一名称本质上毫无意义,但是它似乎让消费者放心,食品不包含隐藏的危险。[62]实际上,食品加工商是利用他们自己的生产方式引起的恐惧来获取利润的。

《预防》对此得心应手,愉快地从 J. I. 罗代尔和他的儿子曾经大力谴责的非常大的加工商那里寻求广告业务。他们现在刊载的广告有Kashi"天然"麦片和"回到自然"系列麦片,"再制奶酪",和"通心粉和奶酪晚餐",这些产品的生产商家乐氏和卡夫,没有一个认定自己是生产厂家。[63]所有这一切看起来似乎都证明了 20 世纪 60 年代激进者们逝去的更有说服力的概念之一,即美国资本主义制度有非凡的能力,假意与反对者合作,却拔去了对方的毒牙,采用了对方的激进修辞,却替换掉了内涵。[64]

同样令人不安的是 J. I. 罗代尔遗产中另一项伟业,即有机农业,似乎也在朝着同一个方向发展。随着有机食品市场的增长,生产它们的业务也被许多生产普通食品的相同的大型企业所主导。[65]最初,当联邦政府介入以规范"有机"一词的使用时,是希望它不会像"自然"那样变得没有意义。然而,随着这些大型生产商要求稀释其定义的压力越来越大,似乎有机食品产业可能会朝让罗代尔的明显成功变成得不偿失的方向发展。[66]

另一方面,如果 J. I. 罗代尔像他期望的那样活到 20 世纪末,他将至少已经能够把"罕萨"输入某个互联网搜索引擎,发现他对他们的健康和长寿的宣称依然健在,而且在另类医学和健康食品的世界里活的很好。[67]而如果他能够像许多罕萨人传说中的一样长寿,又在 2007 年8 月走进了位于纽约时代华纳大厦的 Whole Foods 超市,他一定会为所见所闻感到振奋不已,那里显眼的"天然种植的""喜马拉雅采摘有机罕萨金葡萄干"和"罕萨枸杞果",伴随着一本书,叫做《罕萨:全世界最健康与最长寿的人的 15 个秘密》。[68]不过话又说回来,也许他并不会那么兴奋。

第九章
脂肪恐惧症

安塞尔·基斯(Ancel Keys)与地中海式饮食之梦

朱丽叶的哀叹"名字有什么关系?"不仅适用于维生素。人们往往不禁要问,如果在我们的食物和血液中所含有的脂肪(fats)被使用其科学名称 lipids 来命名,将会发生什么事情。这样能不能让这个令人烦恼的术语逃脱与肥胖的联系,能不能减轻对食品中脂肪的恐惧对美国人的困扰? 也许能,也可能不行。现在回想起来,自 20 世纪 50 年代以来,席卷美国中产阶级的脂肪恐惧症——即对膳食脂肪的恐惧——的浪潮简直太强大了,难以克服。[1]

与其他很多恐惧一样,对膳食脂肪的恐惧起源于对一种想象中正在流行的疾病之恐惧——在这里是冠心病。奇妙的是,心脏疾病猖獗的感觉实际上是 20 世纪前半叶美国人寿命增长的一个衍生物。增长的主要原因是传染性疾病的死亡人数急剧下降,尤其是在婴儿和未成年人中。[2] 这导致死于慢性疾病的美国人比例上升——如心脏病、癌症和中风,这些比较容易威胁老年人的疾病。然后,到了 20 世纪 40 年代,由于死亡证明上死亡原因归类方法的变化,带来的因心脏疾病而死的比例激增。[3] 其结果是,到了这十年结束的时候,医学专家发出了心脏疾病流行的警告。到 1960 年,他们中很多人都认为罪魁祸首已经查明:就是膳食脂肪。

这一理论最著名的倡导者是安塞尔·基斯,明尼苏达州立大学公共卫生学院(University of Minnesota's School of Public Health)的生理学家。矮小,直率,不太有耐心的基斯具有拿破仑的风范,他以自

126

己忍受艰难生理挑战的能力为傲。1933 年在哈佛大学疲劳实验室时，他率领一支探险队去了安第斯山脉（Andes Mountains），在那里，他在海拔 2 万英尺上待了十天——比人类可能因为缺氧而死亡的高度高了 8000 英尺——测试了高海拔对自己血液的影响。七年后，在他搬到明尼苏达州之后，陆军部官员产生了一个他后来称为"疯狂的想法"，即他关于高海拔对人类影响的知识将使他能够为伞兵发明一种野战口粮——尽管这种口粮会在地面吃，而不是在空中。陆军部对他的作品印象极为深刻——这是一个小型的防水包装，里面有硬香肠、饼干、巧克力、咖啡、汤料、口香糖和两支烟——它被命名为"K"口粮（以基斯的名字命名）分发到所有作战部队。（基斯后来承认 K 口粮"成了难吃食物的代名词"并试图否认发明它们的"可疑"荣誉）[4]

然后在 1944 年基斯说服政府资助另一项人类极限测试。他招募了 36 名拒服兵役者，让他们节食 5 个月，细心地记录他们堕入生理和心理地狱的过程。[5] 战后基斯继续研究膳食匮乏，包括一项支持怀尔德关于硫胺重要性的理论的实验。[6] 不过基斯后来改变了方向。在这新生的食物丰富时代里，像许多其他科学家一样，他不再研究缺乏某种食物的后果，相反开始寻找吃某种食物过多的危险。

基斯对当地的报纸中不断出现的一件事感到好奇：有许多看似健康的企业高管突然纷纷心脏病发作。他设法说服明尼阿波利斯（Minneapolis）286 名中年商人接受每年体检和关于他们生活方式及饮食习惯的询问。40 年以后，他们心脏病发作最常见的危险因素被认为是吸烟，但当时基斯要找的不是这个。他测试他们的血压，但特别重视的是血液中的胆固醇水平。一些科学家已经在指责这种黄色、粘性物质粘在动脉壁上，造成了减缓血液回流至心脏的厚斑块。他们说，当这些斑块累积到足以几乎完全阻止血液流动，冠状动脉血栓就形成了，这经常造成死亡。基斯很快就下结论说这样的堆积确实是商人心脏病发作的主要祸首。剩下的问题是找出其成因。[7]

生理学家安塞尔·基斯在 *127*
1958 年,这时他开始因谴责美国人
饮食中的饱和脂肪是杀人凶手,并
提倡"地中海式饮食"作为替代而
成名。(明尼苏达大学)

　　基斯的大马士革之路——也就是他体验到学术上的顿悟的经历——真的是一条路。1951 年他与生化学家妻子玛格丽特（Margaret）一起在英格兰牛津郡（Oxford，England）休假,那里仍然被战后的食品和燃料短缺困扰着。那里的冬天,他后来回忆说,是"黑暗寒冷的",他和他妻子在不保暖还透风的房子里冻得瑟瑟发抖。他偶然回忆起,有一次在罗马举行的国际会议上,一位意大利医生告诉他,在他工作的那不勒斯（Naples）,"没有心脏病的问题",并邀请基斯自己来看看。于是,1952 年 2 月,基斯和妻子在小小的汽车里装上一些测试仪器,就逃离了阴郁的英格兰,南下那不勒斯。

　　人们找到乌托邦的故事和找到香格里拉的故事一样,往往从他们在风暴中幸存开始,果然,基斯的故事也是他们夫妇在获得连接瑞士和意大利的阿尔卑斯山隧道的庇护之前,已经几乎要在一场强烈的暴风雪中丧生。当他们终于出现在意大利灿烂的阳光下时,他们停在一家露天咖啡馆,脱下冬衣,还第一次喝到了卡布奇诺咖啡。安塞尔·基斯后来回忆道,那里的"空气温润,鲜花怒放,鸟儿歌唱……我们觉得浑身都暖和了,不仅从强烈的阳光中得到温暖,也从人们的热情中感到温暖"。[8]

　　在那不勒斯,基斯被告知,实际上仅有的一些住院的冠心病人,都 *128*

是住在私营医院里的富人。（似乎没有人告诉他意大利穷人，尤其是南方人都相信——而且理由相当充分——一种古老的理念，即很少有人能活着走出医院，因此不惜一切代价避免进医院。）他于是请一位年轻的医生劝说一些附近消防局的消防员，让他给他们量血压，收集血样，并问了几个关于他们饮食的问题。当年晚些时候，在马德里，基斯在城里一个工人阶级地区的人身上采集血样，据说那里的心脏疾病也很罕见。然后他给接待他的主人，一位著名的西班牙医生的 50 名富裕患者做了同样的检查。瞧！那不勒斯消防员和马德里穷人血液中胆固醇水平明显低于富裕的马德里人，后者血清胆固醇水平与那些明尼苏达州商人的一样高。虽然没有做任何正式的膳食调查，基斯从观察和偶尔的询问中就得出了结论，富有的那不勒斯人和西班牙人比穷人吃更多的脂肪——就像大多数的美国人一样。对于基斯而言，这看来就是确凿的证据，能证明高脂肪饮食引起血液的高胆固醇含量，从而造成心脏疾病。[9]

起初，基斯的结论受到相当大的怀疑。他在一次世界健康组织（World Health Organization）的重要论坛上发表的演讲是一场灾难，批评者对他单薄的证据大肆攻击。[10]然而，与其他吸引人的保健秘方一样，基斯的理论确实有一种合乎直觉的吸引力。最重要的是，它得到了美国最著名的心脏病学家保罗·达德利·怀特医生的认同。[11]

怀特也着迷于意大利南部的生活质量。他的钟爱之情可以追溯到 1929 年，当时他花了四个月，在田园诗般的卡普里（Capri）岛上写成了被视为心脏疾病"圣经"的教科书。三年后，他和他的妻子骑自行车穿越了法国南部的多尔多涅河谷（Dordogne Valley），在那里他们被简单的乡村食品迷得神魂颠倒。1954 年的春天，他们夫妇在那不勒斯拜访了基斯和他的妻子，在那里他们一起享受在周围山上宜人的散步，以及面包、奶酪、新鲜水果和酒构成的野餐。显然，并不需要很大力气，就能让怀特相信，本地人简单的饮食就是他们中间没有普遍发现心肌梗塞的关键原因。[12]

129　　作为国际心脏病学会（International Society of Cardiology）的主席，怀特是传播福音的不二人选。当年九月，他把在华盛顿召开的国际大会变成了研究论坛，以基斯的理论为讨论的核心议题。[13]在开幕会议上，怀特和基斯向挤进一个 800 人规模的会议厅里的 1200 名医生提出了他们的论点。他们报告说，在罕见高脂肪饮食的意大利南部，一家医院仅有 2% 的死亡是由于冠状动脉的原因，而在怀特的医院，波士顿的马萨诸塞州总医院（Massachusetts General Hospital），它造成了 20% 的死亡。在另一篇论文中，基斯反对心脏疾病流行是由肥胖引起的概念。节食减肥不会减少一个人患上心脏病的风险，他说。"重量级人士"在低脂肪饮食的国家也很普遍，而高脂肪饮食的国家心脏疾病也未必多。他告诉《时代》杂志，"超重并不像大多数人认为的那样是那么严重的健康问题……为此担忧可能会使你很容易错过真正的问题"，也就是高血清胆固醇造成的心脏和动脉问题。[15]

主流媒体现在都走到基斯和怀特这一边。《纽约时报》报道，世界各地的专家"都同意，高脂肪饮食作为富裕国家的特征，可能是西方文明的祸根。这种饮食被与动脉硬化和退行性变联系起来"。《新闻周刊》（Newsweek）的报道更加直接。他们直接用"脂肪恶棍"做标题，意思是指膳食中，而非身体上的脂肪。[16]

政治很快给怀特和基斯一个绝佳的机会，来进一步传播他们的消息。1955 年 9 月 24 日凌晨，64 岁的怀特·艾森豪威尔总统在科罗拉多州丹佛市（Denver，Colorado）他的岳母家突发心肌梗塞。在一些大张旗鼓的宣传之下，空军用飞机把怀特从波士顿送到总统的床边。怀特开始每天开两次新闻发布会，在第一次发布会上说总统刚刚正常地解了大便，这引起轰动——这种问题通常不会在公共场合讨论。既然引起了公众的注意，他就利用定期发布会来警告美国人"这种疾病已经成为美国严重的流行病"。总统回到白宫后，怀特写了一篇由全国性报纸辛迪加联合发表的文章，谈他对于艾森豪威尔心脏病发作的"反思"。他说尽管总统是一个高度紧张的职位，但是导致心脏病发作的动脉堵塞几乎与压力无关。也与超重无关。实际上，总统的体重只比他在西点军校当学员时稍微重了一点。真实的原因，怀特说，可能是吃了太多的脂肪。"安塞尔·基斯等人所领导的卓越工作"证明了这是冠状动脉血栓形成的主要原因。怀特因此给爱好汉堡包的总统安排了低脂肪饮食。（但是似乎从来没有想到过要求他戒烟）[17]

怀特的文章发表一天后，《时代》杂志就在封面刊登了基斯关于

"美国头号杀手"心脏病的文章。"动脉粥样硬化，"文章说，是"真正的难题"，它以一种特定频率攻击冠状动脉。它说这种疾病在美国和北欧国家的流行，以前被归咎于"种族、体型、吸烟习惯……体力活动数量……当然也少不了现代医学的宿敌：压力与紧张"。但基斯已经把这些理论一个接一个地推翻了。他说："流行的冠状动脉疾病受害者肖像是一位身材魁梧的商人，由于暴饮暴食和缺乏锻炼而肥胖和笨拙，他抽烟和喝酒过度，因为［他紧张的生活］就是一幅讽刺画。"其实这种人往往逃脱冠状动脉疾病，而其他类型的人却成为它的牺牲品。原因也不是遗传和种族。非洲裔和意大利裔美国人中心脏病的发生率与其他美国人相同，而非洲人和意大利人在他们的家乡则通常可以幸免。至于吸烟，基斯说："很多农民尽可能多地吸烟，经常一直抽到沾满焦油的最后一段，都没有患心脏病。"提及肥胖和超重，他只同意"严重肥胖"可能有"不超过一点加重和加速的影响"。唯一应考虑的因素，他说，是缺乏体育锻炼（而怀特正在成为健身爱好者）和饮食中的脂肪含量。在这方面的"决定性证据"，他说，在也门的犹太人中被发现。他们在也门没有冠心病，但自从移居以色列，并开始那里的高脂肪饮食，就有人患上这种病。虽然《时代》承认，无论胆固醇是否是"罪魁祸首"，它仍然是"所有嫌疑之中最热门的"，但那篇文章看上去好像基斯和怀特已经赢得了辩论。[18]

怀特和基斯毫不费力地获得资金，将他们的研究扩展到其他国家。两人又去意大利进行了两次基斯所谓的"研究探险之旅"，还访问了日本和希腊。他们也开始采用其他科学家对于据说会提高血液中胆固醇含量的饱和脂肪——即源自动物的——和没有这种影响的不饱和脂肪之间的区别。他们在一次旅行回来后宣布他们已经检查了657名年龄在45至65岁之间的克里特岛农民，他们获得的大部分脂肪来自橄榄油。其中只有两人患上心肌梗塞。他们估计类似的吃大量动物脂肪的美国人里，会有60人左右患病。基斯后来访问了南非、芬兰、瑞典和南斯拉夫，那里的合作者交给他血液样本及饮食问卷构成的证据，似乎证实冠心病与高脂肪饮食和高水平的血清胆固醇有关。在心脏疾病患病率很高的芬兰东部，基斯建议人们放弃在厚片奶酪上涂黄油，这为他赢得了当地公共卫生当局的慷慨赞扬。[19]

尽管如此,许多科学家还是认为基斯的证据是零散和脆弱的。1957年,当他利用世界卫生组织在六个国家的统计数据来支持他的论点时,批评者指出,如果他加上世卫组织在另外16个国家的数据,他的结论就完全无法成立。[20](后来在1977年,一位顶尖的研究人员评价基斯的分析说:"这种对相关性的解释,其幼稚程度足以拿到课堂做反面典型。")[21]即使接受高脂肪饮食造成血液中高水平的胆固醇这个想法的科学家,也很难相信这会导致动脉粥样硬化。其他愿意承认胆固醇可能会导致动脉粥样硬化的人,却不相信是膳食胆固醇,而不是身体自身制造的大量胆固醇在发挥最大的作用。听众们在科学会议上听到互相冲突的观点,离开时通常觉得这件事仍然在很大程度上尚无定论。[22]

不过,主要依靠怀特的努力,基斯最终获得政府对大范围研究提供的支持,以对抗反对他理论的意见。这其中一位关键人物是玛丽·拉斯克(Mary Lasker),一位富有的慈善家,她于1948年开始呼吁联邦政府资助旨在征服癌症和心脏病的研究。她设法说服了关键的国会议员,重振陷入停顿的国家卫生研究所(NIH),并让它创建两个专门的研究机构,一个研究癌症,另一个是研究心脏疾病的国家心脏研究所(National Heart Institute)。保罗·达德利·怀特被后者招募,并在接下来十年里帮助拉斯克说服国会持续地增加NIH研究"蔓延中的"心脏病的拨款。在艾森豪威尔的心脏病发作之后,怀特从白宫获得了支持,使得这项资助的金额大大增加。[23]

根据《时代》杂志报道,怀特也充当了基斯的"首席资金筹集者"。这在1959年获得了丰厚回报,当时国家心脏研究所同意资助基斯的代表作,七国(Seven Countries)研究。初始成本是在当时十分惊人的20万美元,这场大胆行动在美国、意大利、芬兰、南斯拉夫、希腊、荷兰和日本展开,比较研究年龄40到59岁之间超过1.2万人的血清胆固醇水平、饮食以及冠状动脉心脏病患病率和死亡率。怀特在其中担任要职的美国心脏协会,提供额外资助。[24]

可是七国研究要进行25年,当时已经55岁的基斯并不打算坐在一旁静待它完成了。他继续他的膳食胆固醇危害警告,援引了他在意大利和克里特岛的研究,以及合作者在世界上其他地区的。后来,他

131

132

承认在这些研究中存在"错误"，但当时他可不承认有什么怀疑，而是说这些研究提供了确凿的证据来支持他的建议。[25]他和他的妻子随后写了一本饮食书——《吃好与活好》(*Eat Well and Stay Well*)，教育美国人如何像地中海人和他们的邻居那不勒斯人一样，烹饪健康的食物以降低胆固醇摄入量。[26]

保罗·达德利·怀特为该书写的前言似乎预示着一些饮食上的艰难变化。前言中讲述了他是多么热爱贫瘠意大利撒丁岛上的食物，即使这意味着减少脂肪摄入量，"从我们习惯的 45％的卡路里降到约 20％"。不过书中让步到 30％的热量来自脂肪，而且其制订的饮食，变化已经明显缓和了。

写这本书的"主要初衷"，基斯说，就是向胆固醇宣战，而且第一章就用简单、直接的文法讲述了新近发现的脂肪的区别："硬的"脂肪——如黄油、猪油、奶酪和猪油基人造黄油——都是"饱和的"，造成血液中高水平的胆固醇和"可能"沉积在冠状动脉中。另一种在室温下是液态，如玉米和棉籽油，是"好的""不饱和"脂肪。书中并没有提到一项当时已经普遍流传的概念，有两种饱和脂肪：一种激励身体产生"高密度"胆固醇分子，似乎并没有导致心脏和其他疾病，而另一种则刺激产生"肥胖和松软的"分子——后来被称为低密度脂蛋白(low-density lipoproteins，LDL)——这才是恶性的。[28]

133

这个简单的"饱和/不饱和脂肪"二分法观点允许基斯夫妇推荐很容易遵循的饮食方法。很多食谱只是用脱脂牛奶代替全脂牛奶，以及用植物油代替黄油和猪油。因为基斯认为，鸡蛋和动物内脏中的"预成型"胆固醇不会被吸收到血液里，他认为一天吃三至四个鸡蛋没有问题。这本书也没有建议放弃红肉和肥肉。书里有富含胆固醇的牛肝和塞满了培根的后腿肉牛排的菜谱。后来的脂肪恐惧者闻之色变又深恶痛绝的深色肉和鸡皮，在这里也没有遭到拒绝。实际上，在一道"糯米炖鸡(西班牙语 arroz con pollo)"的菜谱中，不但有一只带皮的鸡，还有一整条波兰香肠。[29]

今天，当我们被各种力求"真实"的外国食谱淹没之时，《吃好与活好》似乎在教导如何按照地中海方式烹调和吃饭上糟糕得可笑。例如，只有两个面食菜谱，也几乎没有迹象表明玛格丽特·基斯已经掌握了标准的意大利南方烹饪方法。有着西班牙、意大利和法国名字的菜谱仅仅勉强与原作相似。例如，"'奶油'法国白汁"（'Creamy' French Bechamel Sauce）的菜谱，要求用油炒面粉和味精，然后掺入肉汁和脱脂牛奶。[30]

然而这本书无论是在节食或烹饪术语上都还不是彻底的荒谬，无疑为其带来了迅速的成功。出版该书的双日出版社（Doubleday），用带有粗体大标题"**今年你自杀了没有？**"的广告开始了发行。广告上随后的警告说："近50万的美国人会自杀——无意地、不情愿且毫无必要地——你很可能就是其中之一。"《时代》杂志的医学版块称赞这本书说："对于高脂肪饮食与冠状动脉心脏病在美国的高发病率之间关系的许多细节，医生们还在争论不休，但他们中越来越多的人已经得出一个切实可行的结论：无需等待全部证据出现，马上减少脂肪摄入。"它说这本书告诉家庭主妇们如何根据医生的意见，从黄油和猪油换成植物油，使低脂肪低胆固醇的饮食"真正走进普通家庭。"[31]

双日出版社然后赶制出广告说："这就是《时代》杂志医学版块介绍的，明确了良好健康和良好饮食之间重要关系的那本书。"广告还引述保罗·达德利·怀特称该书是"营养的科学方面、营养过剩的危害以及餐桌上的乐趣的一个快乐混合体。"在出版的两个星期内，这本书是在《纽约时报》畅销书排行榜前十名之一。六个月后它仍然卖得很好，双日出版社得以能够做整版广告，其中充满了来自世界各地的医生的恭维之词。"从未有这么多医生为一本节食书背书。"广告里说。[32]用这本书的版税，基斯和他的妻子得以买到一块自己的地中海之梦——坐落在一个俯瞰那不勒斯的山丘上的别墅。[33]

1960年12月底，基斯又上了一个台阶，美国心脏协会（AHA）请他起草一份声明，称减少饮食中的饱和脂肪是"预防动脉粥样硬化，以及减少心脏病发作和中风风险的一个可能手段"。声明呼吁减少食用含有高水平饱和脂肪的食品，如乳制品和肉类，而代之以植物油等饱和脂肪较少，而多元不饱和脂肪含量较高的食物，因为它们不会增加血液中的胆固醇。为了支持这一声明，基斯引用研究数据，表明在低脂饮食和低血清胆固醇的国家，患心肌梗塞的人数比美国人少。AHA确实强迫基斯添加了"尚没有最终证明"其中的因果关系，但对该声明的新闻报道却引述前 AHA 主席的话说，十有八九的医生都已经"假设确实存在联系，而且认为这是一个降低胆固醇水平的好主意，先行动起来了。"[34]

数小时内，巨大的商业机构纷纷动用了他们的重型武器。植物油生产者开始争论谁的产品更擅长于预防心脏病发作。韦森食用油 (Wesson Oil)公司的整版广告引用 AHA 的声明，说用多元不饱和脂肪代替饱和脂肪能够减少血液中的胆固醇并"因而减少心肌梗塞的风险"，并说"多元不饱和的韦森油在降低血液胆固醇方面，未被任何领先的食用油品牌超越。"[35]全国乳品业联合会采取守势，回应说用不饱和脂肪取代饱和脂肪会减少得心脏病的可能性"显然未经证实"而且可能"对健康有害"。[36]这几乎没有打动华尔街，他们驱使制造 Mazola 食用油的玉米制品公司(Corn Products)股票上涨了超过 5％。[37]

AHA 发表声明一周后，脂肪恐惧症阵营又下一城，《时代》杂志为基斯制作了一篇封面报道。题为"脂肪之国"，报道将他称为"最牢固地掌握……关于饮食与健康问题的人"。他正在进行"一场每年 20 万美元的饮食实验"，已经横跨了七个国家，范围还在扩大。他已经"走过了 50 万英里，遭受了难以形容的消化系统疾病，［并］收集了 1 万人的有关健康和饮食习惯的生理数据，从班图人(Bantu)部落到意大利的农夫。他的结论是：'制造美国头号杀手：冠状动脉疾病的罪魁祸首……是饮食中的饱和脂肪，它会提高血液中的胆固醇水平……'他认为胆固醇和心脏病之间的因果关系已经得到证明"。

135 　　这篇文章然后列出大量导致心肌梗塞的食物，这次连鸡蛋也被囊括在内。其中危害大的是被基斯称为"硬菜"的——牛排、猪排和烤肉。然而与在饮食书里一样，基斯这次的膳食建议又并不极端。他说，他和妻子一周三次享用这类肉，他们喝含有 2％脂肪的减脂牛奶，而不是脱脂牛奶。他的建议是："少吃肥肉，更少吃鸡蛋和奶制品。花更多的时间在鸡肉、小牛肝、加拿大培根、意大利餐、中餐上，辅之以新鲜的水果、蔬菜和砂锅菜。"他还强调享受进餐过程的重要性。他和妻子在晚餐前喝鸡尾酒，而且吃得很慢，桌上插着蜡烛，背景要播放勃拉姆斯的音乐。

不过基斯毫不掩饰地坚信自己理论的正确性。他说，美国心脏协会的声明中的那条"仍没有最终的证据"的提示是违背他的意愿加入的。他本人完全深信,饮食中的饱和脂肪就是心脏病的病因。[38]

但基斯一定知道,像他这样的研究,可能永远不会有"最终的证据"。这种"前瞻性"的流行病学研究最好的结果也就是特定疾病和某些"风险因素"存在高度相关性。即使是同意基斯的专家也要对其有效性加上警告。然而,广大公众很容易相信科学已经给饱和脂肪下了有罪判决。从 1959 年到 1961 年,牛奶和奶制品的人均消费量下跌超过 10%,而黄油则下跌 20% 以上。1962 年,当麦迪逊大道(Madison Avenue,美国广告业中心——译注)的一位"动机研究员"发布报告说"胆固醇危险性的信仰已经牢牢抓住了"公众,乳品行业陷入了恐慌。人们原先认为乳制品体现健康和活力,现在却将其与胆固醇和心脏疾病联系起来。[39]从前是"神奇事物"的全脂牛奶,正在迅速地变成一个杀手。

富贵病

136

为什么美国中产阶级如此乐于接受基斯的理念? 其部分的吸引力来自它把心脏病描绘成美国经济成功的后果。正如我们已经看到过的,在 19 世纪晚期,消化不良和神经衰弱是美国蓬勃发展的商业文明快节奏生活的副产品这种想法,吸引了富裕的美国人。现在,随着他们的国家卷入与苏联的冷战,美国人相信自己的富裕是他们制度优越性的体现。社会科学家现在把美国社会的几乎所有方面都看作富裕的后果,包括一些消极方面。[40]在经济学家约翰·肯尼思·加尔布雷思(John Kenneth Galbraith)1958 年出版的《富裕的社会》(*The Affluent Society*)中,他说虽然私人财富消灭了绝大多数的"空钱包",但是在公共服务和机构仍然持续存在着贫穷。推崇加尔布雷思的基斯,也以类似的口吻,把心脏病描绘成"富裕病"——美国经济成功令人遗憾的副作用。他说在其他国家,心脏病主要折磨富人,只有他们吃得起高脂肪食物。心脏病在美国更广泛,他说,是因为几乎每个人都负担得起一个有钱人的饮食。[41]

从一开始,警告出现冠状动脉疾病暴发的人就利用了心脏病与成功人士的这种假设性的联系。1947 年美国心脏协会启动其首次全国筹款活动时，就告诫说冠状动脉血栓在医生、律师和企业高管中，要比在体力劳动者和农民中发生几率高得多，发病年龄也低得多。（他们并没有提供支持这个可疑说法的数据。）全国报纸医学专栏作家彼得·斯坦因克罗恩（Peter Steincrohn）医生是一本关于心脏问题的书籍作者，他把心脏病患者称为"成功的失败者……他们在同龄人中成就最多，但是就像忙碌的蜜蜂，比蜂巢中其他蜜蜂死得早。"[42]这一主题在接下来的十年里一再反复出现，最终在《时代》周刊 1955 年关于基斯的文章里达到顶点，文章称其为"属于成功文明和高水平生活的疾病……50 岁的大亨，拥有金钱、成就、一艘游艇和冠状动脉血栓，差不多已经成为美国民间传奇的一部分。[43]

"冠状动脉的瘟疫"其他可能的原因同样也被视为美国富裕的商业文明的副产品：压力、肥胖、糖和烟草，特别是第一项。基斯所做的其实只是把忙碌蜜蜂早亡的原因从压力改成了"有钱人的饮食"。[44]这也呼应了营养学家想法的转变。他们开始认为，他们先前的建议"过剩优于限制"可能造成了肥胖、动脉粥样硬化和糖尿病这些现在似乎在"高收入阶层"中普遍存在的疾病。[45]

137

这些对过度放纵后果的恐惧，根植于美国人已经被丰盛得令人难以置信的食物供应包围的觉悟。20 世纪 50 年代中期，美国农民生产的食物之多，不得不付钱让他们不再生产。到 1961 年为止，政府一直在试图想办法处置 1 亿吨剩余农产品。超市充斥着大多数人以前接触不到或负担不起的食品。基斯理论主要的竞争对手，即超重是心脏疾病流行的原因，其主要的特色之一就是怪罪那些挡不住丰富食品诱惑的人。（基斯自己说他认为肥胖的人"令人厌恶"，但认为肥胖可能与心脏病牵连，只是因为"胖人倾向于吃更多脂肪"。）[46]基斯也利用了对这种缺乏自我克制的反感。他说经济繁荣允许所有的美国人"进入少年人的美食天堂——无限制的肥牛排、薯条，以及三层酱料的冰激淋。"[47]后来，1975 年，基斯会利用这项克制和简单的呼吁来重新包装他的"地中海式饮食"建议。[48]

然而，正如经常发生的情况一样，基斯的理论因为如此有利可图而胜利了。20 世纪 50 年代，美国的食品公司已经遭到所谓"固定胃"

的困扰,即美国人在生理上已经无法再吃下比现在更多食物的理论。有些公司试图通过新的加工和包装方式为产品增值来提高利润。别的公司则试图从类似食品手里争夺一个静态市场中的较大份额。后者中最热心的是植物油制造商,他们努力激起对饱和脂肪的恐惧,来推销自己的产品作为黄油和猪油的替代。

尽管早期有一些阻碍,他们仍然如此行事。就在人造黄油制造商发现了如何在他们的产品中用植物油代替猪油后,很快就被发现他们用于硬化油的加氢过程,把不饱和脂肪变成了恶魔,即饱和脂肪。结果造出的人造黄油像黄油一样富含胆固醇。不过他们很快就适应了,到了 1960 年末,他们开始在其人造黄油中掺入一些液体油,生产出"部分氢化"的产品,其饱和脂肪含量大大低于黄油。[49]从那时起,他们就把黄油生产商抛在后面,牢固树立他们的产品对心脏健康的形象。虽然一些科学家警告生产过程所产生的反式脂肪的潜在危害,基斯带头驳斥这些问题是无稽之谈。[50]

因此,到 1961 年年底之前,基斯都很成功。他对充满胆固醇的食物危险性的基本观点已经成为传统智慧的一部分。媒体把他誉为全美顶尖的食品与健康专家;明尼苏达大学称赞他为该校的明星研究人员;他周游世界收集数据,并向当地政府提出对他们国家饮食的建议。但许多科学家仍持怀疑态度,其中一些人因为他轻蔑地对待那些与他意见相左的人而被激怒(其中有一位说他是一个"相当冷酷无情的人",几乎不可能赢得任何"亲和力先生"奖)。[51]此外,虽然许多强大的利益集团现在在传播他的思想,但也有一些人在挑战这些思想。在接下来的几十年里,人们会看到大批利益集团——科学的、商业的、慈善的、政治的以及专业的——参与到辩论之中。

138

第十章
创建全国性的饮食失调

胆固醇大战

基斯的科学对手并没有静静地消失在黑夜里。相反，20 世纪 60 年代的大部分时间里，他们顽强地反击，挑起了当时被礼貌地叫"胆固醇争论"但后来更恰当地被称为"胆固醇大战"的论战。[1] 这场论战围绕着两个问题展开：第一，血液中胆固醇含量过高会导致心肌梗塞吗？第二，如果前一个问题的答案是肯定的，那么可以用低脂肪饮食来降低胆固醇水平吗？ 到 1970 年，尽管许多医学研究机构同意第一个命题——即高胆固醇血症确实会引起心脏病，但第二个命题——即可以通过饮食控制，将其大大降低——的拥护者却发现很难找到确凿的证据。[2]

不过，在普通大众看来，这两个问题已经被果断地按照基斯主义者的风格回答了。确实，美国最著名的营养学家已经向他们证实了这一点。哈佛大学营养学系主任弗雷德里克·斯太尔(Frederick Stare)在他全国报纸上的营养专栏中，建议少吃鸡蛋，多吃人造黄油、植物起酥油和植物油来预防心脏病。[3] 全美最著名的营养科学家，塔夫茨大学(Tufts University)的让·梅耶在他的联合专栏中也告诫说低碳水化合物饮食导致脂肪摄入增加，"这相当于大规模屠杀。"[4]

与在脂肪恐惧症中获得的胜利相同，在创建食品恐慌中又来了一支新的力量：非营利性健康倡导团体。经常由好心人设法筹钱治疗某些疾病开始，很容易变成专业募捐者管理的漂亮机器，其高额的工资取决于用特定疾病的危险来惊吓公众。

这正是美国心脏协会（AHA）所做的。该协会最初由心脏病专家　　*140*
们成立于 20 世纪 20 年代，旨在交流他们在专业上的想法，到了 1945
年，它每年能募集到不多的 10 万美元，以补贴会议和资助一些研究。
与此同时，成立于 1938 年，旨在防治小儿麻痹症的出生缺陷基金会
（March of Dimes），每年能募集 2000 万美元。在接管了 AHA，正着
手引起公众对"冠状动脉瘟疫"关注的新领导人思想中，这样可不能长
久。他们聘请了罗马·贝茨（Rome Betts），美国圣经公会（American
Bible Society）的一位募款人，来打造专业的募款机构。他招募来许多
名人兼外行，包括好莱坞电影大亨萨姆·戈尔德温（Sam Goldwyn）和
作家克莱尔·布思·卢斯（Clare Booth Luce），影响力巨大的《时代》
和《生活》的出版商亨利·卢斯（Henry Luce）的妻子，组成一个新的理
事会。在随后的几年里，他们帮助招聘了一大批名人参加美国心脏协
会的年度"心脏周"活动，募集资金用于防治"20 世纪最重大的流行
病"，"我国最严重的医疗和公共卫生问题"。[5]该组织也受益于艾森豪
威尔总统的心肌梗塞和一场给他寄送"祝康复"的信，同时向 AHA 捐
款的活动。[6]

　　从一开始，这个重组的组织的管理者就意识到，要实现成功筹款，
不仅需要请求公众支持研究。只有约四分之一的预算用于这一用途，
而且在不久的将来，这方面获得可观进展的希望渺茫。相反，新任主
席说，它的目标是教育公众了解"血压、感染、超重、风湿热和导致各种
形式心脏病的其他因素的重要性"。它特别针对商人，派专人在他们
的会议上发言。（一位克利夫兰 Cleveland 的心脏病医生告诉一组商
人，他们可以通过中午午睡来防止高血压，"这是普通企业经理人的头
号杀手"。）它试图打击对于心肌梗塞后回来上班的商人的偏见，说这
与支持研究一样重要。1954 年副总统理查德·尼克松（Richard
Nixon），在国际心脏病学家会议上致辞，赞扬他们的成功。他提到 8
个月前有一位担任艾森豪威尔总统与五角大楼联络人的杰出的 44 岁
将军曾患心脏病，而现在已经"完好如初地"重返工作岗位。（不幸的
是，五天后这个可怜的人死于致命的心肌梗塞）[7]

　　然而，美国心脏协会的主要捐赠者慈善家玛丽·拉斯克，却主要　　*141*
对为研究提供资金感兴趣。这与组织中的领导人物保罗·达德利·

怀特对安塞尔・基斯的研究工作的兴趣相衔接。结果，在 20 世纪 50 年代中期，对研究的支持开始凌驾于该组织的公共卫生工作之上。[8]《纽约时报》，控制该报的索尔兹伯格（Sulzberger）家族也是美国心脏协会的主要捐助人，帮助鼓动对此的支持。该报的科学记者霍华德・腊斯克（Howard Rusk）热情地为基斯和怀特对"冠状动脉瘟疫"的研究写报道，并获得 AHA 开始给记者的心脏研究报道颁发的一份年度奖项。1959 年 AHA 主席将他的组织创纪录地成功募集到 2500 万美元，归功于公众越来越意识到该研究的重要性。[9]

该协会成功地唤起对研究的支持，很快被证明是一把双刃剑，因为这也有助于激起政府向国家心脏研究所（NHI）、国家卫生研究所（NIH）的心脏研究分支的研究工作大规模投入经费。1948 年这两个组织各自得到大约 150 万美元的预算。在 1961 年末 AHA 领导人对于虽然他们的预算上升到 2600 万，NHI 却有 8800 万的事实感到惊慌失措。更糟糕的是，NHI 下一年的预算确定上升到令人震惊的 1.32 亿美元。AHA 领导现在开始担心被联邦政府"排挤"：也就是说他们担心人们会认为因为他们纳税的钱已经用于心脏病研究，不需要再捐款给心脏协会了。[10] 如果 AHA 希望保持高调，并调整其筹款努力的话，它将不得不回过头来强调公共卫生。这意味着对生活方式的改变做建议，而基斯的想法正好为这些提供了完美的跳板。

正如我们所看到的，AHA 在 1960 年向这个方向迈出了一大步，它开始支持基斯关于减少膳食脂肪能够降低心肌梗塞风险的理论。然而，它只是向心肌梗塞发病可能性高于正常水平的人群推荐低脂饮食。1964 年 6 月它摆脱了这些限制，并警告所有的美国人减少他们总脂肪摄入量，并以含不饱和脂肪的植物油代替饱和动物脂肪。它承认没有任何迹象表明，这能降低心脏疾病的风险，但其女发言人说，心脏病已成为"如此紧迫的公共健康问题"，"不能等到一切都有了眉目再行动"。[11]

142　　　然而显然，找出点眉目，比基斯预想的要困难得多，即使七国研究正在进行之中，但仍存在严重的怀疑这种研究是否能提供令人信服的证据，证明膳食胆固醇会引起心脏疾病。准确衡量和比较迥然相异人群的食物摄入量和健康结果的困难难以逾越。只有所谓"前瞻性"的研究,使用严格监督的对照组,用不同饮食实验和跟踪许多年,才有希望实现这一目标。然而,NIH 一项旨在进行这项研究的尝试失败了,主要原因是只有约四分之一的受试者能够坚持低脂肪饮食超过一年。[12]

黄色脂肪小径终点的金罐

最终,没有人成功地找到那些"眉目"。然而,公众并不需要这样的"确凿证据"来说服他们相信饮食与心脏病存在联系。一个原因可能是 1964 年卫生局长一篇关于吸烟影响的报告带来的冲击,其中使用流行病学证据来确切证明吸烟引发肺癌。尽管脂肪恐惧者拿不出同样令人信服的证据,他们却用看上去一样可靠的证据来展开运动,从这场流行病学明显的胜利中获利匪浅。另一个给基斯的理论打的一剂强心针来自看似更不太可能的来源——美国医学会(AMA)。起初,通过饮食治愈心脏疾病的建议似乎像维生素狂热一样,会是另一个对医生治疗疾病的不完全垄断的威胁。但到 1960 年,大量的病人和他们的医生都相信减少膳食胆固醇会阻止心肌梗塞发作。这促使AMA 试图掌握新疗法的控制权。在 1960 年它发表了一份报告,同意那年美国心脏协会的声明,即心脏疾病的风险较高者应该少吃脂肪,并用多元不饱和脂肪取代饱和脂肪,它警告说这应该在"医学监督之下进行"。[13]

植物油和人造黄油生产商迅速利用 AMA 随之而来的建议,以植物油取代黄油和猪油。Nucoa 和弗莱希曼的人造黄油都自称含有最高的健康多元不饱和脂肪。通用磨坊声称其"Saff-o-Life"红花油(一种直到最近之前都主要用于油漆、溶剂和油毡的油)含有比任何其他油更多的多元不饱和脂肪。红花油的主要生产者推出自己的"Saffola"油,其广告开始就说:"请阅读美国医药协会对于膳食脂肪调节的说法。"[14]其他食品生产商也加入进来,宣传说"无胆固醇"、"低胆固醇"和"不饱和"。很快多元不饱和脂肪自身就被吹捧为保健食品。哈佛大学营养学家弗雷德里克·斯太尔建议每天喝三汤匙的这种"药物"。他在塔夫茨大学的同行让·梅耶说每天摄入一杯玉米油会防止心脏病，不过并不需要以原始形态喝下去。[15]

143   这场突然袭击——特别是像 Saffola 说他们推荐使用植物油来减少心脏病的广告——惊动了 AMA。它试图打击这种想法，即人们不需要医生的帮助就可以预防心脏病，因此发出声明说："反脂肪、反胆固醇的风潮不只是愚蠢和无用的；它还带来风险……相信可以在没有医疗监督之下就减少血液中的胆固醇的节食者需要从迷梦中清醒。这是做不到的。甚至可能是危险的。"[16]然而，每当人们请教他们的医生时，都几乎不可避免地被告知去吃低脂肪饮食。正如一位著名的医学科学家后来写道："医生们被这种进攻击溃，不但在他们的候诊室里，也在专业期刊上。低脂肪、低胆固醇饮食，在他们的治疗建议中成为像礼貌道别一样的必备内容。"[17]

"八岁儿童应该担心胆固醇吗？"

AMA 反对出售治疗目的的食品，使它再度与食品和药品监督管理局这位昔日共同对抗维生素补充剂的盟友站在同一战壕。1959 年末，FDA 曾警告食品生产商，任何关于不饱和的脂肪会降低血液胆固醇含量的宣称都是"虚假和误导性的"。其专员说已经证明，人体自己也产生胆固醇，而且"不受我们食物中含量的影响"[18]。

但这并没有扼杀可疑的宣传。最后，在 1964 年 9 月，FDA 在现场查获了一批纳贝斯克小麦片，其包装上进行了"虚假健康宣传"，说每天早上吃一碗麦片，会降低血液中的胆固醇含量，并防止心脏病和中风。[19]在那个十年剩下的年份里，该机构反复说，没有任何迹象证明膳食胆固醇和心脏病之间存在关系，并告诫食品加工商不要声称他们的产品中含有的多元不饱和脂肪能防止心脏病。[20]

144   然而，食品药品监督管理局只管药品广告。联邦贸易委员会（FTC）负责监督食品广告，在其和蔼的注视下，食品加工商可以做各种广告，强烈暗示他们的产品会防止心脏病发作。美国医学协会食品分会秘书长抱怨说："我们已经被无休止的宣称能够像下水道清洁工一样打扫人体动脉的油和人造黄油广告搞得筋疲力尽。"但 AMA 自己的期刊上也刊登此类广告。其中弗莱希曼人造黄油的广告上贴有一幅男孩吹八根生日蜡烛的照片。在医学期刊上,广告说明文字是:"他的未来会有心肌梗塞吗?"下面的文本推荐说低饱和脂肪饮食能够在"所有年龄段的人"中间防止心脏病。在通俗杂志上,建议家长用其人造黄油喂养自己的孩子的广告使用相同的图片,文字则是:"8 岁孩子应该担心胆固醇吗?"[21]

1971 年,当联邦贸易委员会最后出面告诉弗莱希曼"降低广告的调子"时,有点令人哭笑不得。委员会禁止公司直接声称其人造黄油防止心脏疾病,但它却允许他们说其"可以被用作一种降低血清胆固醇的饮食,有助于预防和减轻心脏和动脉疾病"。FTC 辩解说,虽然这些宣称"并不具有有效和可靠的科学证据",但由于心脏疾病是一个如此严重的问题,因此有必要"教育消费者……了解一些防止它的建议步骤"。此外,该命令仅适用于弗莱希曼,而并没有阻止他人做广告,例如 Saffola 说,他们的食物"有利于你的心脏"。也并未阻止弗莱希曼给母亲们发放关于其人造黄油的小册子,叫做"预防心脏疾病从娃娃抓起"。[22]

为了在这一问题上自圆其说,FTC 简单地与美国心脏协会站在一起,而后者例行公事地指责膳食胆固醇造成心肌梗塞,但是承认在细节上没有证据能够证明。1971 年,联邦贸易委员会报告说,它所咨询的绝大多数专家支持饮食与心脏病关系的假说之后,持反对意见的科学家之一愤怒地说:"膳食教条是食品行业的一棵摇钱树,心脏协会和数以千计繁忙的脂肪化学家的资金捐助者……持不同意见等于没有资金,因为同行审查制度奖励合作,排挤批评。"[23]

第二年,AMA 又返回脂肪恐惧症阵营。这与医生们现在新出现的一个职责——定期检查胆固醇不无关系。它现在警告说,大多数美国人胆固醇水平升高,医生应该开始在青年时期就开始检查他们的胆固醇水平。那些发现处于"危险水平"者应该减少饱和脂肪摄入——当然是在他们的医生监督之下。[24]

最后,在 1973 年 1 月,FDA 屈服了。它开始允许食品标签标注它们的胆固醇和饱和脂肪含量,并说吃低胆固醇和低饱和脂肪,以及多元不饱和脂肪含量高的食物有助于降低胆固醇。[25]虽然他们仍然不能直接说这将防止心肌梗塞,不过已经没有必要了。就如爱德华·平克尼(Edward Pinckney),一位对此反感的预防医学医师所写的:

145

消费者可以理解的对心脏病和即将死亡的担心，被某些健康群体和行业所利用，其获利增加了超过一倍，因为其暗示承诺说，使用其产品可以预防心脏疾病。"多元不饱和"一词已成为保护对抗心脏病的代名词，就像"胆固醇"和"饱和脂肪"已被炒作成厄运的同义词。

不过，他说，完全没有任何迹象表明血液中的胆固醇会引起心脏疾病，尤其是饮食的改变会造成不同后果。[26]

然而，像他这样的反对者被脂肪恐惧症的大合唱淹没了。AHA很快就提高了赌注，告诉全体美国人要把多元不饱和脂肪消费量增加一倍，并减少三分之一的肉类消费。[27]

约翰·尤德金和糖恐惧症的挑战

20世纪60年代末，当植物油制造商热切地资助抗胆固醇药的研究时，全国乳品业联合会试图用自己的科学家进行反击。[28]他们招募了320位专业人士，给他们一年1400万美元进行"教育性/科学性"研究工作，以证明他们产品的健康性。[29]但是对基斯主义者最严重的挑战似乎来自另一个方向。有一项直接针对基斯的理论，这个竞争对手理论说碳水化合物，特别是糖，才是心脏病的主要原因。

146

其主要的倡导者是英国科学家约翰·尤德金，他除了身材矮小以外，与基斯完全没有什么共同点。尤德金是移民到伦敦的俄罗斯赤贫犹太移民的儿子，他依靠一系列的奖学金获得了剑桥大学生物化学博士学位，随后又获得医学博士学位。二次世界大战期间，他曾在西部非洲任军医，在那里他做了一些受到高度评价的维生素研究。然后，他成为了伦敦大学（University of London）营养学教授。1958年，他因为写出一本畅销书而闻名全国，名为《瘦身业务》（*This Slimming Business*），该书攻击"溜溜球节食法（yo-yo dieting）"，说减肥的最佳方法是削减碳水化合物，特别是糖的摄入。[30]

前一年，尤德金加入了那些批评基斯使用只有六个国家的WHO

数据来支持他的膳食脂肪与心脏疾病理论的行列。他指出，如果基斯使用那另外十个国家的数据，它将表明冠心病死亡率与糖的消费量比与脂肪消费量关系更加密切。不过在英国，与冠心病死亡数字关系最密切的是收音机和电视机的增长数字。当然，尤德金认为这最后一点，表明两个事物之间的密切联系，并不一定意味着因果关系。然而，他补充说，不断上升的电视机数字反映了财富的增长，而冠状动脉心脏病应该与随其一起增长的因素有关——也就是说，更多的吸烟、肥胖、"久坐不动"，以及他强烈怀疑的糖的消费量。[31]

尤德金然后试着去证实他的理论，他比较住院冠心病患者的糖摄入量与健康人的。在这里他发现首次心肌梗塞患者摄入比没有心肌梗塞的人多一倍的糖。（他指出，没有人展示过有无心脏疾病的人之间任何脂肪消费的差别。）他然后用老鼠进行实验，似乎表明，吃糖大大提高它们的甘油三酯含量，这据说会导致心脏疾病。[32]

尤德金的名声，他的机敏和吸引人的个性，确保了他的理论获得广泛传播。[33]由英国强大的制糖工业支持的脂肪恐惧者，试图在媒体上嘲弄他。（他成功起诉了其中一个把他的工作称为"科幻小说"的人。）不过，最终他们运用其对研究许可机构的影响力，终止了他的研究经费。他设法从乳品行业获得一些资金，但还不够。

1970 年，他被说服辞去教职，他以为大学会为他提供设施以成立一个研究所，相反，他只得到了一个狭小的办公室，没有进一步的支持。[34]

但是剥夺他研究的权利也不可能阻止尤德金。1972 年，他出版了一本危言耸听的讨论糖的所谓危险的书，名为《纯净、甜蜜而又危险：关于你吃的糖作为心脏病、糖尿病，以及其他致命疾病原因的新事实》，在英国和美国都卖得很好。[35]结果是，1974 年，四面楚歌的美国鸡蛋生产商邀请他过来进行一场媒体展示。在那里他一再指出，没有一项研究能够证明膳食胆固醇和心肌梗塞存在因果关系。AHA 领导人回应说，研究正在进行中，将会证实这一点，并重申其反对每天吃超过三个鸡蛋的警告。[36]当尤德金指出，许多心脏疾病发病率较高的国家，其糖消费量水平也高的时候，AHA 生硬地反驳说，没有实验证据证明两者的相关性。[37]（当然了，他们的饮食/心脏病理论也是如此。）

尽管 AHA 聪明地尝试用他羞辱他们所用的同一支笔回敬他，尤

147

德金仍然设法加强美国的糖恐惧症。它最初在 1970 年获得一次重大推动，当时参议院营养委员会对加糖的早餐麦片造成孩子沉迷于糖感到担忧，这会引起多动症，并对他们的余生留下有害的健康后果。该委员会随后扩大了打击面，听取关于成瘾从甜味婴儿食品开始的证词，然后又提及家乐氏食品盒子里的硬物，并最终描绘出了一个对糖上瘾的国家。在 1975 年畅销书《糖之蓝调》中，威廉·杜夫特（William Dufty）用海洛因作比喻，将糖的成瘾称为"白色瘟疫"并供认了他第一次堕入"毁灭之路"的体验——偷他母亲的钱去买糖果，以满足自己对糖的毒瘾。[38]

然而最终，糖恐惧症不是脂肪恐惧症的对手。尤德金、杜夫特和其他人最终几乎没有影响美国人对甜食的爱，而脂肪恐惧症却极大地影响了他们对脂肪的爱。[39]从 1956 年到 1976 年，人均黄油消费量下降了一半以上，鸡蛋消费量下降了四分之一以上。人造黄油的消费，从 1950 年到 1972 年翻了一番，而植物油在从 1966 年到 1976 的十年里上升超过 50％。[40]如果对照这个国家饮食中核心食物变化的缓慢速度的话，这些都是非常惊人的统计数据。

148

1976 年，脂肪恐惧者赢得了明显的胜利，使美国政府站在他们一边。那一年，参议院营养委员会开始就"与饮食有关的致命疾病"举行听证会。委员会主席，民主党参议员乔治·麦戈文（George McGovern），已经皈依了饮食——心脏病理论，与其中资深的共和党成员，查尔斯·珀西（Charles Percy）一样。珀西对亚历山大·利夫的发现印象深刻，利夫是一位哈佛大学老年病学家，1973 年从罕萨山谷回来，他将罕萨人非凡的寿命归因于动物脂肪和奶制品在他们饮食中的缺乏等原因。勇敢的参议员后来自己跋涉到那里。他返回后，在杂志《大观》（Parade）发表了一篇文章，题为《在罕萨活到 100 岁》，确认罕萨长寿的秘密在于充分的锻炼和饮食中微薄的动物脂肪。[41]

委员会的偏见在一开始就显露无遗，当时它得到的证词说，全世界比例高得令人难以置信的 98.9％的营养研究人员认为血液中胆固醇水平与心脏疾病之间存在联系。[42]听证会后仅仅两天，尼克·莫滕（Nick Mottern），一位前任劳工记者，没有经过科学训练，却巴结基斯的人，奉命撰写委员会的报告。结果是第二年年初公布了美国人膳食

目标(Dietary Goals for Americans),饮食——心脏病教条纳入了国家
营养政策。它呼吁美国人增加碳水化合物的消费,并要他们减少25%
的脂肪消费。饱和脂肪削减得更多,超过三分之一,主要是通过减少
吃红肉。[43]

畜牧业者感到震惊,因为这需要减少70%的肉类消费,他们设法
把最终版的报告中要求大大地限制红肉的内容取消,改成"选择肉类、
家禽、鱼,以减少饱和脂肪的摄入量"[44]。但这份报告已经达到传教的
效果,那年,每四个美国人里就有三个在民意调查中表示,他们担心他
们饮食中胆固醇的含量。[45]他们也会采取行动。到那时,AHA和其他
一些人告诉他们要把平均每日胆固醇摄入量限制在少于 300 毫
克——比一个大的鸡蛋蛋黄中含有的 250 毫克多不了多少。[46]

牛肉生产商改变饮食指南的成功却没有给他们带来丝毫好处。
1976 年最终成为美国牛肉消费的历史最高点。它在后来的 15 年里减
少了约 30%,直到基本稳定在当前水平。[47]

"胆固醇被证明致命"

149

20 世纪 70 年代末期,脂肪恐惧症几乎面临尴尬,当时有证据显示
血清胆固醇并不都是致命的:高密度脂蛋白(HDL)的输送可能是有益
的,而低密度的(LDL)则是罪魁祸首。但是他们仍然主张相同的低脂
肪饮食,理由是降低总胆固醇会降低 LDL,医生们继续测试总胆固醇
水平,据说对于一个人"有风险"的水平估计值一直在降低。[48]

如果说有变化的话,只能说是对胆固醇的丑化日渐高涨。1984 年
国立卫生研究院宣布长期试验表明,大大降低血液中的胆固醇能够降
低心肌梗塞的风险。虽然在这个实验中,是药物而不是饮食降低了受
试者的胆固醇,该机构却呼吁所有美国人从两岁起就要少吃脂肪。里
根(Reagan)总统立即宣布他放弃香肠,并且从此以后只喝脱脂奶。[49]
《时代》杂志发表封面报道,题为《胆固醇,现在告诉你个坏消息》用一句
直截了当的声明开头:"胆固醇被证明是致命的。"它说,"医学史上最大
的研究项目"的结果很明显:"心脏疾病与血液中的胆固醇水平有直接联
系",以及"降低胆固醇水平显著降低了致命的心肌梗塞发作的几率"。[50]

第二年，国立卫生研究院在 AHA 支持下，发起了全国胆固醇教育计划，以说服美国人大幅减少胆固醇，"冠状动脉性心脏病的主要原因"。它发给美国的每个医生一大包"医生工具包"，告诉他们要筛查所有病人的胆固醇，并建议其中绝大多数人避免饱和脂肪和用人造黄油替换黄油。[51] 1988 年 7 月，美国卫生局长 C. 埃弗里特·库普（C. Everett Koop）发表了一份 700 页的报告，用另一篇《时代》杂志封面报道的话来说是"力劝美国人抛弃脂肪"。还说其中所列的脂肪对美国三分之二的死亡案例负有责任的证据"甚至比 1964 年的烟草与健康报告更加惊人"。AHA 主席说如果每个人都按照建议去做的话，动脉粥样硬化将在 2000 年被"征服"。[52] AHA 再次敦促大规模筛查国民的胆固醇水平，使得《心血管新闻》（*Cardiovascular News*）告诉医生们，可能会有"一大波患者前来寻求治疗"，这也就意味着叫他们吃低脂肪饮食。[53]

150

尽管现在已经计算出来，即使是大幅减少膳食胆固醇，也只能在大约一半的美国人体内降低血液胆固醇水平，而且只能降低大约 10%，但是 AHA 及其盟友仍然继续为大家推荐低脂肪饮食。在 1987 年和 1988 年，AHA 和国家科学院、卫生局、国家心肺和血液研究所（National Heart，Lung and Blood Institutes）、国家癌症研究所、美国农业部、疾病控制中心（Centers for Disease Control）、AMA 和美国饮食协会（American Dietetic Association）都"敦促两岁以上的美国人严格[低脂肪]饮食，以期望能够预防冠心病 CHD[coronary heart disease]。"AHA 和卫生局长敦促食品加工商生产更多的低脂肪食品以提供协助。[54] 1988 年 12 月的《时代》杂志再次发表一个长长的封面故事，报道 HDL 和 LDL，引用 AHA 主席的话说"一半以上的成年人口"可以通过吃低脂肪饮食降低其 LDL，从而减少罹患心脏疾病的几率。这也包括吃更多的低脂肪加工食品，其对心脏疾病的影响后来将遭到质疑。[55]

激起女性最大的担心

唤起整个民族警惕胆固醇威胁的一个重大障碍是心脏病似乎主要发生在男性中。1977 年富有怀疑精神的女权主义者确实认为，最使全部由男性组成的参议院营养委员警觉的"杀手病"是心脏病,这并不是巧合。[56]然而男性通常并不像女性这样对饮食比较挑剔,在吃的方面他们比女性较少地感到内疚。另一方面,大量的中产阶级妇女已经在吃低脂肪饮食,并且购买低脂肪食品来减肥。因此很容易就可以将健康问题添加到她们不吃油腻食物的理由之中。20 世纪 80 年代,AHA 昔日的募捐竞争者美国癌症协会,巧妙地利用这一点,发出警告将乳腺癌与饱和脂肪联系起来。

很典型地,这个想法源于研究者发现乳腺癌患病率较高的国家,饮食中有较高水平的饱和脂肪。[57]国家科学研究委员会随后发布一份叫做《饮食、营养与癌症》的报告说,少吃脂肪"可能会减少患癌症的风险"。[58]美国癌症协会立即发布一份"抗癌"饮食,呼吁少吃饱和脂肪。其发言人承认没有任何实质性的证据支持这一套饮食,但是他向消费者保证,它肯定无害,至少能协助抵御心脏疾病。[59]1986 年末,一项对将近 9 万名护士进行的研究发现在脂肪消费量与乳腺癌之间绝对没有相关性,但癌症协会继续其反脂肪运动,继续痛打饱和脂肪这条落水狗。[60]

地中海式饮食来拯救

到 1990 年,证明饱和脂肪造成心脏疾病的研究一再失败,开始导致脂肪恐惧症阵营战线动摇。1989 年,曾经热情地支持基斯的来自哈佛大学的弗雷德里克·斯太尔,转变了自己的立场,与人合著了一本书,指责"胆固醇恐慌"。[61]脂肪恐惧症更多的挑战接踵而至,其最高潮是 2006 年完成的一项大规模研究,作为 NIH 的妇女健康倡议一部分。它表明,低脂肪饮食没有对女性中的癌症或心血管疾病发生率产生任何影响。[62]然而事实证明,脂肪恐惧者面对挑战时,非常善于游移摆动、闪避和改变他们的教条。

安塞尔·基斯的地中海式饮食的复兴,就给他们提供了这样一条方便的出路。1975 年基斯和他的妻子修订了他们 1959 年的饮食书,改名为《如何以地中海方式吃好活好》。它几乎没有引起什么反响,直到 1980 年,当七国研究终于出了结果之时。基斯和他的追随者说这提供了确凿的证据,证明他最初关于地中海式饮食与心脏疾病之间关

系的看法的正确性。[63]然后，20 世纪 90 年代初，关于地中海式饮食健
康特性的新闻报道激增。这大部分要归功于国际橄榄油理事会
（International Olive Oil Council），他们为美食作家和其他意见领袖们
举办奢华的会议，会上专家赞誉地中海式饮食防止心肌梗塞和癌症的
效果。[64]虽然安塞尔和玛格丽特·基斯几乎没有在他们的书里提到橄
榄油，大量食用橄榄油现在被称为是地中海式饮食的关键性保护元
素，这种饮食现在被定义为"20 世纪 60 年代早期，希腊、意大利南部和
其他地中海地区的饮食，在那里，橄榄油是脂肪的主要来源"。哈佛大
学公共卫生学院一些教职员工被招募来构建一个新的食物金字塔，以
取代美国政府官方版。在新的地中海式金字塔中，谷物是在底部，作
为占到大部分的食物，水果和蔬菜构成了上面一层。然后插入了橄榄
油，独自占有很大一层。其后是逐渐缩小的其他不太重要的食物构成
的层次。令国际橄榄油理事会很高兴的是，橄榄油和意大利面食的销
售量都直线上升。[65]

152 在 1991 年末，地中海式饮食的美国倡导者似乎面临来自大洋彼
岸的严重挑战，质疑他们对饱和脂肪的妖魔化。那年 11 月，富有影响
力的电视节目《60 分钟》的开头，其主持人之一莫利·塞弗（Morley
Safer）坐在法国里昂（Lyons）一家餐馆中，面对一盘鹅肝和香肠。他提
出了"法国悖论"的问题。为什么，他问，法国人吃的饱和脂肪与美国人
一样多，如果不是更多的话，但是他们的心脏病死亡率连美国人的一半
都不到？ 塞弗举起一杯红酒说："答案或许就在这诱人的酒杯里。"他随
后采访了一大批法国研究人员，他们证实似乎确实是这么回事。[66]

虽然红酒的销售立即飙升，不过在米歇尔·德·洛热尔（Michel
de Lorgeril），《法国悖论》研究论文的合著者看来，其最重要的意义是，
它直接命中了基斯的膳食胆固醇/心脏疾病关系假设。[67]不过这在美国
还是被忽视了，因为基斯的追随者回应，只需添加一项建议，已经喝酒
的人可以"适量喝葡萄酒"。

德·洛热尔然后向不同的方向进攻。他进行了为期四年的实验，
其中一组心肌梗塞幸存者食用一套地中海式饮食，有较多的水果、蔬
菜、豆类、鱼和家禽，以及富含胆固醇的红肉和乳制品。另一组则遵循
医生的建议，食用 AHA 所说的"谨慎饮食"，其主要思想就是削减饱

和脂肪。四年后，"谨慎饮食"的患者比那些高胆固醇的法国风格地中海式饮食的患者，致命的心肌梗塞发作率高出 50％，心脏不良事件多出 70％。但是对德·洛热尔最重要的是，两组人的血液中总胆固醇、LDL 和 HDL 水平几乎相同。[68]

然而，当这项研究的最终结果于 1999 年发表（还是在 AHA 的期刊上）时，美国人始终对胆固醇不是心脏疾病的成因这一明显含义置若罔闻。相反，这被当作是美国式的地中海式饮食疗效的证明，美国式的关键之一仍然是对饱和脂肪的深恶痛绝。《纽约时报》健康专栏作家简·布罗迪说，这项研究正是安塞尔·基斯在"一代人的时间之前"所传授智慧的更具体表现。[69]

到那时，早已退休的基斯仍然沉浸在赞誉之中。[70]当他于 2004 年 *153* 以 100 岁高龄去世时，已经被誉为发现膳食脂肪的危险和地中海式饮食的救命能力的人。4 年后，希腊、意大利、西班牙和摩洛哥政府说服联合国负责文化保护的机构联合国教科文组织 UNFSCO，将地中海式饮食列入世界遗产名录。对于希腊人在这其中的主导作用有一些微词，因为他们一贯被评为最胖的欧洲人。事实上，甚至被基斯视为地中海式饮食典范的克里特岛居民，也被发现其童年和青春期肥胖水平在欧洲是最高的。[71]当然这并没有妨碍克里特旅游局试图想要将地中海式饮食更名为克里特岛式饮食。[72]

"心脏检查"的大检查

与此同时，美国心脏协会继续寻找从脂肪恐惧症中获取成功的新方法。1988 年它从自己的章程中删除了禁止为产品代言的规定，并且开始有偿为满足其脂肪、胆固醇和钠指导准则的任何食物产品提供认可。这允许食品在其标签上带有一个特别的 AHA"心型指南"印章，上有标志"经美国心脏协会测试和批准"。（当 Rax 餐馆开始在其大 Rax 烤牛肉三明治上使用这一印章时人们吃了一惊，因为其中含有 30 克脂肪，达到 AHA 建议的女性一天摄入量的一半。）然而，在 FDA 反对说，这将意味着这些食物是健康食品后，AHA 取消了这一计划，直到 FDA 食品标签的新规定出来。

一旦新规定公布,AHA 就发起运动。这一次它售卖使用"心脏检查"符号和标注"满足美国心脏协会为 2 岁以上的健康人制定的食品标准中,饱和脂肪、胆固醇和全谷类要求"的权力。为此,它的收费从家乐氏的超过 50 项合格产品(包括果味软糖脆这种竟然号称有营养的产品)每项 2500 美元,到佛罗里达州柑橘类水果生产商支付的 20 万美元符号专有权费,以排斥他们的加利福尼亚州竞争对手。佛罗里达州生产商现在做广告说"战胜心脏疾病。喝佛罗里达州葡萄柚汁"。这些广告的图中有一罐果汁,AHA 心脏检查图案,"经认证对心脏健康"的话语,和一颗心的图案里面写有短语"无胆固醇"和"无脂肪"。AHA 从前的眼中钉养牛人协会,不仅买了心脏检查印章贴在牛肉上;他们还获得了一个特殊的"冠军之心"奖,以表彰没有详细描述的"贡献……使 AHA 得以继续其防治心脏病和中风的努力"。在 1992 至 1993 年,几乎参与食物生产每个阶段的庞大集团康尼格拉公司,给了AHA3 百万至 500 万美元,表面上只是为了制作一个有关营养学的电视节目。[73]

154　　　　然而到了世纪末,AHA 通过饮食减少心脏病的呼吁听起来似乎相当陈旧。似乎只有在极端情况下,例如那些吓坏了的人才能坚持限制性惊人的迪恩·欧尼斯(Dean Ornish)式饮食,可能人们必须保持足够低的饱和脂肪足够长的时间才能明显影响他们的 LDL/HDL 水平。对所有其他人来说,仍然没有证据表明,低脂肪饮食能预防心脏疾病。1996 年美国医师学院站出来反对 AHA 筛查所有 20 岁以上人群,以查找高胆固醇的计划。它说这会导致年轻人被要求很低脂肪的饮食,但却降低不了多少胆固醇。他们然后还会被告知要终身服用药物,其长期的影响却是未知的。另一些人开始指出,AHA 呼吁采用低脂肪、高碳水化合物的饮食将导致增加消费高热量食品,这将导致肥胖和糖尿病,而后两者是心血管疾病的危险因素。[74]

　　　　然而,在 2000 年再度出现恐慌,给了脂肪恐惧症又一次促进。这次是关于反式脂肪,存在于用于几乎制造一切食物都需要的氢化油中——从炸薯条到多力多滋到燕麦棒。它们不仅会提高血中"坏的"LDL 水平,还降低了"好的"HDL。纽约市的餐厅禁止了反式脂肪,全国各地学校董事会将其从自助餐厅里驱逐出去,加工商则开始疯狂地

Fight Heart Disease

Drink Florida Grapefruit Juice

Certified Heart Healthy

American Heart Association

Florida grapefruit and 100% pure Florida grapefruit juice meet American Heart Association food criteria for healthy people over age ten when used as part of a balanced diet.

Take wellness to heart. Call 1-888-MY-HEART for women's heart-healthy information.

*Including Florida grapefruit juice as part of a balanced diet and healthy lifestyle may help reduce the risk of heart disease.

Cholesterol Free

Fat Free

Today's New Sweet Taste

Handpicked at its peak ripeness, today's Florida grapefruit is carefully squeezed to make the sweet new taste of 100% pure Florida grapefruit juice. You'll find the new taste surprisingly refreshing. So make heart-healthy Florida grapefruit juice a delicious part of your regular lifestyle.

Florida Grapefruit Growers

Drink it for your health. Taste it for yourself.

佛罗里达州的柑橘种植者与许多其他食品生产商一样试图从脂肪恐惧症——即对膳食脂肪的恐惧——之中获利,通过向美国心脏协会付费使用"心脏检查"符号来支持他们的无脂或低脂产品能够帮助预防心脏疾病的可疑宣传。

试图替换掉它们。[75]

　　人们会以为反式脂肪恐慌可能会让脂肪恐惧者忍气吞声一段时间。毕竟，多年前当他们第一次出现时，基斯驳斥说这些恐惧是毫无根据的。然后，在 20 世纪 70 年代，AHA、公众利益科学中心和其他机构曾敦促加工商使用反式脂肪取代所谓致命的饱和脂肪。[76]此外，最常见的将反式脂肪送入血流中的载体原来是人造黄油，他们都曾建议将其作为代替致命的黄油的对心脏健康的替代品。[77]但是没有一家表示认错。

156　　然而，至少大家都在谈论"好的"与"坏的"脂肪，最后迫使脂肪恐惧者放弃其减少膳食脂肪消费总量的要求。相反，AHA 开始建议人们以不饱和的脂肪，如橄榄油来替代他们饮食中的饱和与反式脂肪。同样地，2000 年，政府修订的膳食指南取代先前的"低脂肪、低饱和脂肪和低胆固醇"建议，改为"低饱和脂肪和胆固醇，脂肪总量适度"的饮食。然而，脂肪恐惧症的恶劣影响不那么容易根除。2001 年，许多原来的脂肪恐惧者表示遗憾的是，他们所发动的反对脂肪总量的漫长运动已经造成了"脂肪是坏的这个信念如此强大和广泛"，需要艰苦的努力才能消除。[78]

AHA 与大型制药公司

　　这时，食品生产商面临来自老对手的新竞争，即制药公司开始与他们争夺"食物恐惧"所带来的销售额。1987 年，FDA 批准了一类称为他汀类的药物，能够明显降低血液中胆固醇含量。到 90 年代中期，数以百万计的美国人都在服用它们，而且它们似乎会提供一些心脏病方面的保护。[79]2004 年 AHA 承认了其效力。[80]或许是巧合罢，同一年默克（Merck）和先灵葆雅（Schering-Plough）——一家合资制药企业，生产的降胆固醇药物维妥力（Vytorin），混合了他汀类药物辛伐他汀（Zocor）与另一种药物——开始每年向 AHA 捐献 200 万美元。它还每年赞助 35 万美元给 AHA 网站的"胆固醇页面"，页面上有一个直接链接到维妥力的产品主页。作为回报，AHA 协助默克和先灵葆雅运作这种每年 1.5 亿美元的药物的市场营销活动。所有这些似乎回报丰厚。很快，超过 400 万的美国人就在服用维妥力或另一种非他汀类药物艾泽庭（Zetia），给这两家制药公司带来每年 50 亿美元收入。[81]

2008 年 1 月先灵葆雅在 AHA 的投资似乎以另一种方式获得回报。一项令人不安的研究表明维妥力减少动脉斑块的效果不如辛伐他汀单独使用好，实际上还可能会加快斑块发展。然而维妥力三十天一个疗程的费用为 100 美元，而辛伐他汀只要 6 美元。当权威的新英格兰医学杂志（*New England Journal of Medicine*）支持一项研究的结论说，患者只能作为最后的手段来服用维妥力，AHA 迅速动作起来，帮助先灵葆雅指责该项研究局限性过大，警告人们在没有咨询医生之前不要停止服用维妥力。这个建议几个月后看起来相当的不明智，这时一项研究显示，维妥力不只是没有降低"坏的"LDL，在某些情况下可能反而会增加。[82]

为药品背书，几乎没有影响 AHA 不间断地告诉美国人，通过改变饮食来避免心脏病。2000 年它引入了新的"心脏健康"饮食建议，与旧的一样，建议吃大量的无脂肪和低脂肪食品，以降低胆固醇水平。它还继续赞同"心脏健康"的低脂肪加工食品，以帮助他们实现相同目标，在 2007 年为这些背书工作收费 1500 万美元。[83] 不过到那时，即使脂肪恐惧症的科学家都说是血液中的胆固醇"在起作用"，而不是饮食中的。[84]

然后，在 2008 年末发生了显然是破坏性的科学打击。一项新研究似乎能够解释饮食——心脏病理论不能解释的东西，即一半的心肌梗塞和中风发生在 LDL 胆固醇水平偏低或正常的人身上。新理论声称心脏病的主要罪魁祸首不是脂肪，而是炎症。他汀类药物有效，它说，是因为它们降低了一种蛋白质，称为高敏 C-反应蛋白（CRP）的水平，有助于改善体内的炎症。心脏疾病的关键风险因此不是胆固醇，而是较高的 CRP，与膳食脂肪无关。[85] 2009 年 7 月，另一项研究试图改变这一理论，将 CRP 的作用降低为心脏疾病的指标，而不是原因。炎症仍然是个坏蛋，但它的原因和影响都是未知的。胆固醇在所有这一切之中的作用都尚不清楚，但似乎基斯的饮食——心脏病理论极不可能再次复兴了。[86]

然而，对饱和脂肪的恐惧在大众心理上已经过于根深蒂固，难以动摇。2010 年 2 月，媒体报道了对 21 个长时间研究的汇总分析，其中包含了 347747 位受试主体，结论是在饱和脂肪摄入量与心脏疾病风险之间没有联系。[87] 两天后，在报道前总统比尔·克林顿由于一条动脉堵塞而住院时，美联社指出他是"一个不健康食客中的传奇"，充满饱和脂肪的汉堡包和牛排是他的弱点。[88]

158 意想不到的后果

脂肪恐惧症与其他现代的食品恐慌具有许多共同特性。与病菌恐惧和牛奶恐慌一样，它起源于对一种流行病的恐惧。像硫胺缺乏恐惧一样，确凿证据的缺乏并没有阻止其拥护者呼吁彻底改变美国人的饮食。强大的商业利益从这种恐惧中获利颇丰，正如他们从维生素狂热和天然食品中获利一样。像维生素狂热一样，它体现整个国家的推荐饮食之改变的危险性，比极少数真正可能受到严重威胁的人所面临的危险大得多了。

然而，维生素狂热只导致了数十亿美元的不必要开支，买的也主要是无害的维生素。相比之下，脂肪恐惧症可能有相当大的危害。事实上，如果 1995 年 84 岁逝世的约翰·尤德金像基斯一样活到 100 岁，他可能也会觉得是他笑到了最后。首先，高蛋白质饮食的拥护者复活了他精制碳水化合物过多的饮食导致肥胖和心脏病的说法。而这些都是美国心脏协会推广的低脂肪加工食品中非常重要的组成部分。他们指出，这些产品中的脂肪被用高热量的甜味剂和碳水化合物替代，后两者现在据说对代谢综合征有贡献，这是糖尿病、心脏疾病和其他严重疾病的主要危险因素。[89] 2009 年 AHA 自己发表了一份特别报告，呼吁大多数美国人大幅降低他们含糖食物的消费。为什么呢？它说，饮食中过量的糖有助于产生肥胖、高血压和其他健康问题，增加心脏病发作和中风的风险。[90]

最后，我不能不提，心脏病以及很多其他"致命疾病"，最明显的风险因素似乎应该是贫穷。尽管早期的看法是，心脏病是有钱人的疾病，而事实是心脏病死亡率——也就是在一个给定年份死于它的几率——社会经济地位越低就越高。对于女性来说情况是和男性一样的（在大约 60 岁时，其心脏疾病患病率就赶上了男性）。关于为什么如此还没有共识，但有一个相当讽刺的事实是，许多人同意的一种解释，由英国流行病学家迈克尔·马尔莫（Michael Marmot）提出，归咎于压力。与 20 世纪 50 年代成功的商人最紧张的理念相反，他说社会底层人士的地位，对于一个人生活的最重要方面的控制能力更少。其结果是穷人在日常生活中比富人更紧张，造成对他们健康的破坏性影响。[91]

　　无论马尔莫的原因是否正确，社会经济地位低是心脏病最大的风险因素这一事实似乎表明，减少其所造成的死亡最好的方法是减少贫困。但当然很少有专家主张此解决方案。这样做会与时代的主旋律背道而驰，因为美国人的整体氛围是寻找个人的，而非集体的方案来解决他们的问题，以及当别人遭遇烦恼的时候，寻求责备他们生活方式的选择，而不是其社会环境或运气。

尾　声

当然这个故事中最引人注目的就是多年来关于食物健康性的观念转变是如何地显著。化学防腐剂从现代科学的成就沦落为毒药。全脂牛奶的价值像钟摆一样来回摆动。酸奶经历了繁荣、破产与复兴。加工食品从把健康的新品种带上餐桌的功臣，到变成缺乏营养的东西。牛排从美国餐桌的骄傲变成一张通往心脏病房的单程票。人造黄油从"对心脏健康"变成堵塞动脉的物质，如此种种。在撰写本书时，我们被告知，历来被视为对人类生存绝对必要的盐，正在挥舞死神的镰刀。

这些起伏很大程度上是来自各种来源——公共的、专业的和商业的——科学观点在中产阶层中宣传的改变的结果。随着岁月的流逝，专家的建议加速变化，传播他们想法的机构数目成倍增加。1993 年我引用克劳德·费什勒的说法，将往往相互矛盾的信息所造成的杂音称为"营养学的喧嚣"。他表示这可能导致一种"肠胃失范"，即人们在这种条件下完全没有可遵守的膳食准则和规则。然而，今天似乎将要升起于地平线上的是从来没有过的东西。[1] 是的，变幻不定的营养建议引起了怀疑主义的频繁显露，如果不是玩世不恭的话。讽刺的说法"每个博士似乎有一个观点完全相反的博士"的笑点仍然存在。然而，这种怀疑主义似乎只能持续到下一个大恐慌来临。随后，科学专业知识和清教徒式的本能再一次地汇集在一起，以及，是的，金钱利益也再度出现，操弄很多美国人在沉思他们还能吃什么的时候所感受到的焦虑。

这一切似乎都代表了我在本书前言中提出的相当伤感的看法：现代科学、工业化和全球化的力量结合在一起，形成了"杂食者的困境"，而美国人的个人主义精神把食物的恐慌变成了长期伴随中产阶层生活的东西。一再地，恐慌的贩卖者，依靠金钱的润滑和科学的威望，碾压了少数那些争辩说由于食物和人类差异太多，食品和健康问题是没有确定答案的人。希望对于这一进程的起源和性质的这个描述能够帮助读者避免过于简单化。或许还能吸引到一些新一代的专家注意到它，他们对于科学史和医学史的知识通常包含必胜主义的故事，讲述的是杰出研究人员如何在揭开人类生命奥秘的道路上，从一项发现走向另一项发现。一些熟悉自己领域的真实历史的人，可能会在告诉人们该如何吃的时候，给予他们急需的谨慎看法。谁知道呢，这本书也可能会刺激一些记者在气喘吁吁地报告新发现的时候，能够以更挑剔的目光审视一番。

在撰写本书的过程中，我经常被问到，个人在其中得到什么教益。嗯，对我来说，饮食与健康的专家意见的历史不可避免地使我想起一句老话"逝者如斯夫"。在本书中描述的专家意见的大规模逆转为这种怀疑主义提供了足够多的支持。事实上，许多自信地告诉我们如何吃的专家的狂妄程度往往达到几乎非同寻常的地步。例如，1921 年，全国营养科学家的共识是，关于食品和健康，他们已经知道了所需要知道的 90%。然而就在维生素发现的几年之前，他们经常谴责穷人把他们的钱浪费在新鲜水果和蔬菜上，说这些东西只比水强一点点，只有少量的蛋白质、脂肪和对生命至关重要的碳水化合物。[2] 今天，尽管专家们确实承认还有许多有待发现，但他们在宣告中仍然流露出没有理由的自信，尽管事实上宣言中的小字里不可避免地含有重要的模糊限制语，如无处不在的"可能"一词和"可能与之有关"这样的短语。所以，当获悉营养学上的新发现时，在考虑要在饮食方法中做出什么重大转变之前，我告诉自己等待，等待，然后再等待更长时间。

第二，我总是提醒自己，专家们有一种令人遗憾的癖好，喜欢提出一刀切的建议。这本书中包含了大量的实例，他们告诉所有美国人要避免吃某些东西，但其实根据他们的计算，仅有少数人应该注意这些。他们似乎认为，只针对某一类别的人做出详细分析的建议肯定是"有风险的"——普通大众不容易理解。而且详细分类的建议也写不成漂

163

亮的新闻报道或朗朗上口的广告文案。

我也对要求放弃自己喜欢的食物的建议持谨慎态度。这本书显示了无数人如何遭受不必要的剥夺和/或负罪感,因为所谓科学的确定性,后来却被发现是站不住脚的。我经常想起我已故的岳父,在他生命的最后二十余年里,严格地遵守医嘱,不吃他如此深爱的牛肉、奶酪、黄油和鸡蛋。如本书最后两章所示,可能并没有必要剥夺他如此多的乐趣。

同时,我对基于饮食和疾病的可疑理论就能够责备受害者的问题变得更加敏感。我现在对于我的姐妹在 20 世纪 80 年代末死于癌症时,我的反应感到内疚,我当时忍不住要认为她是咎由自取。为什么?因为当时美国癌症协会说,吃饱和脂肪和乳腺癌之间存在着直接的联系,而我的姐妹喜欢的东西,再没有比厚厚的、粗盐腌制的牛肉三明治更好的了。这种联系后来被证明是不存在的这件事,让我决心永远不会再这样看待别人了。

那么,一个人如何才能避免被食物恐慌的风潮裹挟呢?我会说第一条策略是观察一下提出这些恐慌的人,然后自问:"他们在这事里面有利益吗?"正如本书所示,"他们"当然包括最常见的嫌疑人:那些试图从食物恐慌中推销产品和获利的食品公司。当然,还包括成千上万的其他依靠吓唬我们来获取职业利益的人。这意味着不只是科学家们希望通过发现饮食和健康之间的联系来保持研究经费;还包括为公共和非营利机构工作的人中,有人试图通过危险饮食习惯的警告来证明自己有用。正如我父亲曾提醒我的那样,即使是那些怀有崇高动机者"仍然需要谋生"。

164 　　我也试着记住有多少次,道德主义,而不是科学,成为了食物恐慌的基础。自我否定的呼吁不可避免地进入清教徒式的性格,这仍然在美国文化的深处隐藏着。左翼人士所揭露的食品供应中的危险,往往来自认为大企业险恶用心是美国所有问题的根本所在的世界观。右翼人士往往忽略健康状况中社会经济因素的作用,似乎从将健康不佳归咎于道德观念薄弱的个人错误的食物选择中,获得一些阴暗的满足感。所有这些将道德注入食物选择中的企图,可能正好与我们用来解释"法国悖论"的想法完全相反:法国人这种从用餐中,以及从与他人

分享体验中所获得的乐趣,可以有助于身体健康。

那么,面对所有这些带着害怕和恐惧,向食物发来的要求,我们该做什么? 我们应该吃什么,应该不吃什么? 在这方面,迈克尔·波伦的说法我觉得非常明智:吃各种各样的食物,不要吃得太多,相对较多地吃水果和蔬菜。这是吃什么都要"适度"这条老建议的修订版。这条建议是食谱作家朱莉娅·柴尔德(Julia Child)在生命的最后日子里的呼吁,当时她经常被谴责为提倡随心所欲地食用黄油、奶油和其他令人愉快的食物。当然,她的适度思想完全跑到她的大多数批评者的对立面,但在这方面,与在其他许多方面一样,我站在朱莉娅一边。

常见引用源缩写表

AJCN	*American Journal of Clinical Nutrition*	美国临床营养学杂志
AJN	*American Journal of Nursing*	美国护理杂志
AJPH	*American Journal of Public Health*	美国公共卫生杂志
BDE	*Brooklyn Daily Eagle*	布鲁克林每日鹰报
G&M	*Globe and Mail* (Toronto)	（多伦多）环球邮报
GH	*Good Housekeeping*	好当家杂志
JADA	Journal of the *American Dietetic Association*	美国饮食协会杂志
JAMA	*Journal of the American Medical Association*	美国医学会杂志
JN	*Journal of Nutrition*	营养学杂志
NEJM	*New England Journal of Medicine*	新英格兰医学杂志
NT	*Nutrition Today*	今日营养学
NYT	*New York Times*	纽约时报
NYTM	*New York Times Magazine*	纽约时报杂志
OGF	*Organic Gardening and Farming*	有机园艺与农业
SNL	*Science News Letter*	科学快讯
ToL	*Times of London*	泰晤士报
USDA	United States Department of Agriculture	美国农业部
WP	*Washington Post*	华盛顿邮报

注　释

序

1. "The Wonders of Diet", *Fortune*, May 1936, 86.

2. Harvey Levenstein, *Seductive journey*: *American Tourists in France from Jefferson to the Jazz Age* (Chicago: University of Chicago Press, 1998); *We'll Always Have Paris*: *American Tourists in France since 1930* (Chicago: University of Chicago Press, 2004).

3. 保罗·罗津、克劳德·费什勒、今田纯雄(Sumio Imada)、艾莉森·萨鲁滨(Alison Sarubin),以及艾米·瑞兹尼沃斯基(Amy Wrzesniewski)合著的《美国、日本、比利时弗拉芒地区以及法国人对食物的态度以及日常生活中食物的作用研究：其对饮食——健康关系争论的可能影响》(Attitudes to Food and the Role of Food in Life in the U. S. A., Japan, Flemish Belgium and France: Possible Implications for the Diet-Health Debate),《食欲》期刊(*Appetite*)第 33 卷(1999 年):163 - 180;克劳德·费什勒与埃斯特尔·马森合著的《饮食：法国人、欧洲人和美国人如何面对食物》(*Manger*: *Français, Européens et Américains face àl'alimentation* 巴黎:奥黛尔雅各布 Odile Jacob 2007 年出版,37)。或许由于欧洲在食品供应的工业化方面落后于美国,因此他们在忧虑化学物质、防腐剂和相关加工过程所造成的后果时,也扮演了追赶者的角色。最近的调查表明,那里的担忧情绪也在增长。克劳德·费什勒于 2009 年 10 月 10 日与笔者进行了个人通信。而加拿大人的饮食之道受到与美国人相同的力量的左右,因而与美国人更加接近。这也就是为什么虽然笔者本人是加拿大人,但是我接受了美国出版人的劝告,在书名里用了"我们"的说法。

4. Harvey Levenstein, *Paradox of Plenty*: *A Social History of Eating in Modern America* (New York: Oxford University Press, 1988; rev. ed., Berkeley: University of California Press, 2003), 155. The first volume is *Revolution at the Table*: *The Transformation of the American Diet* (New York: Oxford University Press, 1993; 2nd ed., Berkeley: University of California Press, 2003).

引言

1. 保罗·罗津：《大鼠、人类以及其他动物的食物选择》(The Selection of Foods by Rats, Humans, and Other Animals)，刊载于《行为研究进展》期刊 (*Advances in the Study of Behavior*)，第 6 卷，编辑：J. S. Rosenblatt、R. A. Hinde、E. Shaw 以及 C. Beer (纽约：学术出版社 Academic Press，1976 年)，21-76。费什勒随后将其称为"杂食者的悖论"。克劳德·费什勒：《杂食者：味觉、烹饪与人体》(*L'Homnivore: Le goût, la cuisine et le corps*，巴黎：奥黛尔雅各布 1990 年)。迈克尔·波伦把这个术语的发明归功于罗津。迈克尔·波伦：《杂食者的两难：四种食物的自然史》(*The Omnivore's Dilemma: A Natural History of Four Meals*，纽约：企鹅出版社 Penguin，2006 年，3)。

2. 马德琳·费里耶尔(Madeleine Ferrières)详细记载了在近代早期和 19 世纪的法国，市场经济是如何推动了对于肉类所发生的周期性的食物安全恐慌。马德琳·费里耶尔：《圣牛，疯牛：食物恐慌的历史》，译者：乔迪·格拉丁(Jody Gladding，纽约：哥伦比亚大学出版社 Columbia University Press，2006 年)

第一章

1. 这一理论同时也是许多科学家，以及如德国的罗伯特·科赫(Robert Koch)这样的医生们研究工作的共同成果。请参见南希·托姆斯(Nancy Tomes)《细菌福音：美国生活中的男性、女性与微生物》(*The Gospel of Germs: Men, Women, and Microbes in American Life*，马萨诸塞州剑桥：哈佛大学出版社 Harvard University Press，1998 年，23-47)。巴斯德最初在 19 世纪 70 年代声名鹊起，是由于他帮助拯救了法国啤酒和葡萄酒酿造业，针对使其产品变质的微生物，他发明了处理的方法。他随后对蚕的疾病的研究使他得出结论，每一种疾病都是由特定的微生物或细菌引起的——这项洞见对人类疾病产生了无可估量的影响。

2. NYT，February 3, 1895.

3. 动物学家将南方贫穷白人的懒惰归因于在他们不卫生的食物和环境中旺盛生长出来的致病细菌。*BDE*，1902 年 12 月 5 日。其实他也不是错得太离谱，因为倦怠也是糙皮病和钩虫病的一种症状，前者是一种由玉米面为主的不良饮食习惯引起的维生素缺乏症，而后者则活跃在该地区原始的卫生设施中。

4. *WP*，1908 年 8 月 16 日。自从 1903 年开始，情况发生了彻底的转变，那一年威利说，男性秃发的发生率正在增加，因为男人正在变得越来越聪明。因为他们的大脑增大了，从头发中夺走了营养，使得头发脱落。而女性则相反，她们仍然留着长发，因为"女性还是一种野蛮人……她的大脑比不上男人"。他

说女人的野蛮性可以用她们喜爱"花哨的颜色"来证明。*WP*，1903 年 9 月
17 日。

5. 菲利斯·A. 里奇蒙(Phyllis A. Richmond)，《美国人对于疾病的病菌理论的
   看法》(American Attitudes toward the Germ Theory of Disease)，载《医学与相
   关学科历史杂志》(*Journal of the History of Medicine and Allied Sciences*)
   卷 9(1954 年)：第 428—454 页。不过到 1890 年，大多数医生都支持该理论。
   H. W. 康恩(H. W. Conn)，《作为一个教育主题的病菌理论》(The Germ
   Theory as a Subject of Education)，载《科学杂志》(*Science*)杂志第 11 卷 257
   期(1888 年 1 月 6 日)：第 5—6 页。

6. *NYT*，May 11，1884；February 17，1895；June 21，1914.

7. *NYT*，April 23，1893.

8. *BDE*，1893 年 4 月 14 日；1897 年 1 月 31 日。到了 1910 年，病菌恐惧症已经
   被利用来推销从抗菌墙面漆到家用清洁剂和牙膏等所有商品。南希·托姆
   斯，《病菌恐慌的制造，过去与现在》(The Making of a Germ Panic，Then and
   Now)，*AJPH* 第 90 卷(2000 年 2 月)：第 193 页。

9. *NYT*，April 22，1894.

10. *NYT*，February 2，1913.

11. *NYT*，1902 年 10 月 7 日。首次测量这些杆菌的尝试失败了，因为用来"捕捉"
    这些病菌的明胶板上捕获得如此密集，以至于无法区分不同的种类。不过，
    街道清洁官员的结论是"城市里每辆小贩推车都肯定存在危险"。*BDE*，1902
    年 7 月 24 日。

12. Joel Tarr and Clay McShane，"The Centrality of the Horse to the Nineteenth-
    Century American City"，in *The Making of Urban America*，ed. Raymond
    Mohl (Wilmington，DE：Scholarly Resources，1997)，105 - 130.

13. Judith Walzer Leavitt，*Typhoid Mary，Captive to the Public's Health*   *169*
    (Boston：Beacon Press，1996)；Anthony Bourdain，*Typhoid Mary：An
    Urban Historical* (New York：Bloomsbury，2001).

14. NYT，November 18，1909；May 19，1912.

15. 这首歌曾被电视连续剧《大西洋帝国》(*Boardwalk Empire*)的主角努基·汤
    普森(Nucky Thompson)背诵，出现在 2010 年 11 月 1 日播出的一集中。根据
    各种网页资料来源，这首歌由罗伊·阿特韦尔(Roy Atwell)改编，这是一位
    杂耍表演者，后来曾为迪斯尼的动画电影角色配音。这首歌曾分别在 1915
    年由一位名叫比尔·默里(Bill Murray)的歌手和 1946 年由一位名叫菲尔·
    哈里斯(Phil Harris)的广播明星录音。

16. Helen S. Gray，"Germophobia," *Forum 52* （October 1914）：585.

17. *NYT*，February 2，1913；July 26，1916.

18. *BDE*，1901 年 1 月 3 日；《沃尔特·里德少校》(Major Walter Reed)，沃尔特·里德陆军医学中心网站，http://www. wramc. amedd. army. mil/visitors/visitcenter/history/pages/biography. aspx。早在 1883 年就出现了苍蝇能够传播疾病的警告，当时有一位托马斯·泰勒(Thomas Taylor)医生告诫说，它们在粪堆和牛奶桶之间盘旋的癖好，能够传播无数的疾病。托姆斯，《病菌福音》，第 99 页。

19. *NYT*，1905 年 12 月 24 日。这个数字即使是真的也并不令人惊奇，因为美国在战斗中减员 379 人，而因病减员则达到 5000 人。到了 1917 年伤亡更多的布尔战争(Boer War)就更是如此。一篇呼吁支持"拍苍蝇"运动的《纽约时报》社论就宣称"在布尔战争和美西战争中，苍蝇杀死的人比子弹杀死的还多。"*NYT*，1917 年 7 月 19 日。

20. *NYT*，March 19，1908.

21. 这项危险的证据说不上完全令人信服。它就是"世界上任何一个出现结核病的地方，都能发现苍蝇这种害虫"。*NYT*，1905 年 6 月 18 日。

22. *NYT*，1905 年 12 月 24 日；1908 年 7 月 16 日，8 月 10 日；1910 年 6 月 28 日，8 月 21 日。后来有一位纽约市的医生警告说臭虫能传播结核病。*NYT*，1913 年 12 月 12 日。

23. *NYT*，December 24，1905.

24. 挟着这一成功的余威，科伦拜恩把注意力集中到了在公共场所使用普通水杯饮水所传播的病菌上，并成功地用纸制"健康杯"（后被称作迪克西杯，即一次性纸杯）来取而代之。他最后以担任纸杯产业顾问为生。罗伯特·路易斯·泰勒(Robert Lewis Taylor)，《拍苍蝇》。《纽约客》(*New Yorker*)，1948 年 7 月 17 日，第 31—39 页；1948 年 7 月 24 日，第 19—34 页；《新闻周刊》(*Newsweek*)，1948 年 10 月 11 日；阿兰·格雷纳(Alan Greiner)，《推进公共卫生的前沿》(Pushing the Frontier of Public Health)，堪萨斯大学公共卫生学院(Kansas University School of Public Health)网站，2006 年，http://www. kpha. us/documents/crumbine_ frontier. htm；艾琳·马洛里，《儿童生活》(*Child Life*)，2000 年 10 月。

25. *NYT*，March 19，1908；April 18，1909；March 24，1913；Margaret Deland to C. R Hodge，April 1，1912，in *NYT*，May 19，1912.

26. *NYT*，May 19，1912；Tomes，*Gospel of Germs*，145.

27. *NYT*，May 19，1912.

28. *BDE*,1902 年 6 月 29 日；*NYT*,1914 年 6 月 21 日。19 世纪 60 年代,趁着瘴气理论达到巅峰,消毒剂产业开始蓬勃发展。病菌理论的兴起,则只需要在该行业浩如烟海的产品上做一些小小的调整,只需要提及巴斯德的名字,或者像李施德林(Listerine)品牌那样,只需提及那位在医院中引入无菌法的人名即可。托姆斯,《病菌福音》,第 68—87 页。

29. Tomes, *Gospel of Germs*, 169.

30. "Admit It, Uneeda Biscuit", *Shockhoe Examiner*, August 7, 2009. http://theshockoeexaminer. blogspot. com/2009/08/admit-it-uneeda-biscuit. html.

31. *NYT*, August 6, 1914.

32. Levenstein, *Revolution*, 40 - 41.

33. *NYT*, July 29, 1917.

34. *NYT*, February 12, 1911.

35. *NYT*, July 29, 1917.

36. *ToL*, October 1, 1920.

37. U. S. Department of Agriculture, *The House Fly and How to Eradicate It* (Washington, DC: USGPO, 1925).

170

第二章

1. *NYT*, June 21, 1914.

2. 见作者的《餐桌革命：美国人饮食的转变》(*Revolution at the Table：The Transformation of the American Diet*)(伯克利 Berkeley：加利福尼亚大学出版社,2003 年),第 121—136 页关于婴儿人工喂养争议的详细讨论。

3. 1902 年,一场波及到社会名流科尼利厄斯·范德比尔特(Cornelius Vanderbilt)以及其他许多纽约市的富豪大亨的伤寒疫情,立刻就被归咎于该市的供水。*BDE*,1902 年 12 月 24 日。

4. *BDE*, August 15, 1886; February 14, February 24, 1889.

5. *NYT*,1895 年 9 月 22 日；1899 年 8 月 27 日；1910 年 7 月 27 日。该市卫生部门曾试图说服贫困的母亲们,在炎热的夏季,牛奶中的细菌极速繁殖时,要给孩子喂母乳,但收效甚微。*NYT*,1910 年 7 月 27 日。

6. *BDE*, October 9, 1900.

7. *NYT*, June 10, 1903.

8. *BDE*, October 9, 1900.

9. *NYT*,1907 年 2 月 20 日。事实上,牛和人类的结核菌是不同的。在英国,不洁净的牛奶中的细菌也被指责为惊人的婴儿死亡率的肇因,能引起猩红热、肺结核和婴儿严重腹泻等疾病。P. J. 阿特金斯,《白色毒药?:1850—1930 年,牛奶消费的社会后果》(White Poison?：The Social Consequences of Milk Consumption，1850—1930),载《医学社会史》(*Social History of Medicine*)第 5 卷(1992 年)：第 107—117 页。

10. U. S. Public Health Service, *Report No. 1 on the Origin and Prevalence of Typhoid Fever in the District of Columbia* (Washington, DC：USGPO,1907)；*NYT*, October 27,1912.

11. 米尔顿·罗西瑙,《牛奶问题》(*The Milk Question* 波士顿:霍顿·米夫林 Houghton Mifflin,1912 年),第 2 页;其中着重于疾病的起源。罗西瑙曾是 1907 年伤寒热症报告,以及随后出版的详细记载牛奶危险的三卷文献第一作者。

12. 他们还提供了相同数量的牛奶供当场消费。*NYT*,1893 年 7 月 30 日;*BDE*,1899 年 6 月 11 日,1902 年 10 月 2 日。

13. *NYT*，September 18,1911；August 31,1912；Clayton A. Coppin and jack High, *The Politics of Purity：Harvey Washington Wiley and the Origins of Federal Food Policy* (Ann Arbor：University of Michigan Press,1999),145.

171 14. Irene Till, "Milk：The Politics of an Industry", in *Price and Price Policies*, Walton Hamilton et al. (New York：McGraw-Hill, 1938),450 - 451.

15. 正在这一新的专业方面寻求建立信任的儿科医生们,设立了一套复杂的系统叫做牛奶调整。这套骗人的把戏使他们可以为婴儿定制个人处方,随后婴儿被带到药店或是所谓"奶站",在那里,牛奶被用水和奶油稀释,再加入粉剂,以达到假设的适用于该名婴儿的蛋白质、脂肪、碳水化合物和酪蛋白的最佳比例。不得不给孩子人工喂养的贫穷母亲们往往只是用水来稀释牛奶,或许加些糖。这不只造成儿童营养不良,水中还经常充满了细菌,能够在温热的牛奶中迅速繁殖,造成许多腹泻死亡病例。列文斯坦,《餐桌革命》,第 121—136 页。

16. *WP*, April 11,1907.

17. *NYT*,1907 年 2 月 20 日;1912 年 5 月 19 日,8 月 31 日。人们错误地认为,患有结核病的牛把结核杆菌传递到所产的牛奶中。

18. 反对巴氏杀菌奶的医生没有根据地认为,它剥夺了牛奶的"营养价值"。*NYT*,1907 年 2 月 24 日;1911 年 1 月 28 日。

19. *NYT*，December 8,1910.

20. Leo Rettger, "Some of the Newer Conceptions of Milk in Its Relation to Health", *Scientific Monthly* 5（January 1913）：64； USDA, Economic Research Service, "U. S. per capita food consumption, Dairy（individual）, 1909 - 2004"；"Fluid milk and cream：per capita consumption, pounds, 1909 - 2004"； Judy Putnam and Jane Allshouse, "Trends in U. S. Per Capita Consumption of Dairy Products, 1909 to 2001"，［USDA, ERS］*Amber Waves*, June 2003.

21. 这并不是说，在 20 世纪前半期，婴儿死亡率的稳步下降之中，巴氏杀菌曾起到过什么大的作用。在《餐桌革命》中，我指出这两者之间从来也没有出现过令人信服的联系。母乳喂养与人工喂养的婴儿死亡率也几乎没有差别。我的意见是，婴儿死亡率的下降更有可能与生活水准提高和营养更好有关，尤其是在贫穷妇女之中。列文斯坦，《餐桌革命》，第 135—136 页。

22. *NYT*, January 13, April 4, 1920.

23. E. Melanie DuPuis, Nature's Perfect Food：How M ilk Became America's Drink（New York：NYU Press, 2002）, 106 - 109； *NYT*, June 5, 1921.

24. DuPuis, *Nature's Perfect Food*, 109 - 110.

25. Levenstein, *Revolution*, 154； DuPuis, *Nature's Perfect Food*, 110.

26. *NYT*, June 5, 1921.

27. 杜普伊斯，《自然的完美食品》；列文斯坦，《餐桌革命》，第 154—155 页；埃尔默·V. 麦科勒姆，《营养学新知识》，第二版（纽约：麦克米伦出版公司 Macmillan, 1923 年），第 398—415 页，第 421 页。麦科勒姆还对比了美国革命后出走加拿大的亲英分子后人的活力，他们"勤劳、教育良好而又进步"，以及那些去了巴哈马的人，则是"无远见、懒惰……好逸恶劳而又不思进取"。他说原因就是加拿大人食用更多乳制品。但他没有提及大多数跑到巴哈马的懒惰亲英分子都是南方的奴隶主，他们把奴隶也带过去了。

28. Levenstein, *Revolution*, 155； Richard O. Cummings, *The American and His Food：A History of Food Habits in the United States*, rev. ed.（Chicago：University of Chicago Press, 1941）, 269； Levenstein, *Parodox*, 97； USDA, Economic Research Service, "Fluid milk and cream：Per capita consumption, pounds, 1909 - 2004".

29. Nancy Tomes, "The Making of a Germ Panic, Then and Now", *AJPH* 90（February 2000）：191 - 194.

30. *Greensboro*（NC）*Record*, November 7, 2006； *Hamilton*（Ont.）*Spectator*, November 9, 2006.

172

第三章

1. 实际上，有一种可怕的算法，得出的结果是那里每天生长出 12.8 亿个新的危险细菌。旧金山呼声报（*San Francisco Call*），1903 年 5 月 31 日。

2. 对于这一事件如何影响俄国的科学发展，梅契尼可夫的描述带有诡异的先见之明，预示了 20 世纪 30 年代纳粹统治德国之后所发生的情况。他告诉一位《纽约时报》的采访者，迫害的一个后果是："俄国的大学里已经没有重要的教授了，而俄罗斯已经失去了一些能够为其贡献良多的英才。我指的是俄罗斯犹太人……俄国迫害犹太人，使自己失去了许多伟大的人才。"*NYT*，1909 年 8 月 1 日。

3. *NYT*，January 29,1900.

4. *NYT*，December 21,1907；August 1,September 19,1909.

5. 认为未消化的成分会在体内导致疾病的理论，可以追溯到古希腊医生盖伦（Galen）和希波克拉底（Hippocrates），随后一直以某种形式在西方医学中存活着，E. M. D. 恩斯特（E. M. D. Ernst），《结肠灌肠与自体中毒理论：无知战胜科学》(Colonic Irrigation and the Theory of Autointoxication：A Triumph of Ignorance over Science)，《临床胃肠病学杂志》（*Journal of Clinical Gastroenterology*）第 14 卷（1997 年 6 月）：第 196—198 页。

6. *NYT*，June 20,December 11,1903；Elie Metchnikoff，*The Nature of Man*，trans. Peter Mitchell（New York，1903；reprint，New York：Arno Press，1977)，60；R. B. Vaughan，"The Romantic Rationalist：A Study of Elie Metchnikoff"，*Medical History 9*（July 1965）：201 – 215；James Whorton，*Crusaders for Fitness：The History of American Health Reformers*（Princeton，NJ：Princeton University Press，1982)，216 – 219；Alfred I. Tauber，"The Birth of Immunology：III. The Fate of Phagocytosis Theory"，*Cellular Immunology 139*（February 1992）：505 – 530；Thomas Söderqvist and Craig Stillwell，"immunological Reformulations"，*Science 256*（May 15，1992）：1050 – 1052；Scott Poldolsky，"Cultural Divergence：Elie Metchnikoff's Bacillus bulgaricus Theory and His Underlying Concept of Health"，*Bulletin of the History of Medicine 72*，No. 1（1998）：1 – 27；James Whorton，*Inner Hygiene：Constipation and the Pursuit of Health in Modern Society*（Oxford：Oxford University Press，2000)，173.

7. 埃黎耶·梅契尼可夫，《王尔德奖获奖演说》(The Wilde Medal and Lecture)，

《不列颠医学杂志》(*British Medical Journal*)第 1 卷(1901 年)：第 1028 页，
波多尔斯基，《文化差异》；第 4 页引用；《旧金山呼声报》，1903 年 5 月 31 日；
霍勒斯·弗莱彻(Horace Fletcher)，《新式饕餮者与美食家》(纽约：斯托克斯
出版社，1906 年)，第 177 页。小肠连接胃和大肠。

8. Whorton, *Inner Hygiene*, 173.

9. Elie Metchnikoff, "The Haunting Terror of All Human Life", *NYT*,
   February 27, 1910.

10. 1909 年，梅契尼可夫派遣一名助理去研究四十名雷恩的患者肠道内的物质，
    这些患者据说健康极佳，他声称在他们肠道内发现细菌水平很低，这支持了
    他的理论。《纽约太阳报》(*New York Sun*)，1909 年 7 月 11 日。

11. 《旧金山呼声报》，1903 年 5 月 31 日；*NYT*，1910 年 2 月 6 日。这种有益杆菌   173
    还有一个额外的好处，就是能够防止一种被认为造成"动脉硬化，早衰的主要
    症状之一"的细菌。*NYT*，1909 年 10 月 31 日。

12. Elie Metchnikoff, *The Nature of Man; Studies in Optimistic Philosophy*
    (New York：Putnam, 1903)；Arthur E. Mcfarlane, "Prolonging the Prime
    of Life：Metchnikoff's Discoveries Show that Old Age May Be Postponed",
    McClure's 25 (September 1905)：541 - 551；William Dean Howells, "Easy
    Chair", *Harper's Monthly*, October 1904, 804.

13. *Washington Times*, October 20, 1904；McFarlane, "Prolonging", 549；
    NYT, August 16, 1908.

14. *NYT*, November 17, 1907.

15. Elie Metchnikoff, *The Prolongation of Life* (New York：Putnam, 1908)；
    "Studies of Natural Death", *Harper's Monthly*, January 1907, 272 - 276；
    NYT, January 18, 1908.

16. *NYT*, January 10, 1910.

17. Loudon M. Douglas, The Bacillus of Long Life (New York：Putnam, 1911)；
    NYT, January 21, 1912.

18. *NYT*, August 16, 1908, January 2, 1910；*ToL*, April 13, April 28, 1910；
    Douglas, *Bacillus of Long Life*.

19. 糖尿病的主要原因，他们说是"冷藏食品"。*NYT*，1913 年 7 月 20 日。

20. Elie Metchnikoff, "Why Not Live Forever?" *The Cosmopolitan* 53
    (September 1912)：436 - 439；*ToL*, May 29, 1914.

21. *Pensacola (FL) Journal*, November 24, 1906；*ToL*, March 10, 1910；*NYT*,
    June 27, 1915；*Washington Herald*, June 22, 1910；*New York Tribune*,

April 2, 1906.

22. *ToL*，April 13, 1910；Dr. J. T. Allen，"Daily Diet Hints"，*WP*，June 27, 1909.

23. 该公司叫做法美发酵公司(Franco-American Ferment Company)。梅契尼可夫强调，他没有收到代言的报酬。*NYT*, 1909 年 5 月 25 日，10 月 13 日；1910 年 1 月 11 日，1 月 16 日；1915 年 4 月 14 日，5 月 16 日；《纽约太阳报》，1908 年 10 月 25 日。

24. A. J. Cramp，"The JBL Cascade Treatment"，*JAMA* 63 (1912)：213.

25. Washington Herald，February 13, 1910；*ToL*，April 29, 1910；Cramp，"Cascade Treatment"，213；*NYT*，June 19, 1910；Edwin Slosson，*Major Prophets of Today* (Boston, 1916)，175，cited in Whorton, Crusaders, 220.

26. 梅契尼可夫说，现在他的食谱以添加两种"有益微生物"为中心，一种产生糖，另一种产生乳酸。*ToL*, 1914 年 6 月 20 日。

27. Vaughan，"The Romantic Rationalist".

28. Whorton，*Inner Hygiene*.

29. Levenstein，*Revolution*，21.

30. *NYT*, 1874 年 10 月 20 日。消化不良在美国内战之前首先被一位美国医生埃伯纳西(Abernathy)诊断，被认为是一种典型的美国疾病，是"拜金主义和过度劳累"的结果。*NYT*, 1854 年 1 月 28 日。据说最有效的疗法是"马纳科尔(MAN‐A‐CEA)天然泉水"。*NYT*, 1900 年 5 月 21 日。而最有名气的疗法则是卡特的保肝小药丸(Carter's Little Liver Pills)，这种无效的小药丸在直到 20 世纪 50 年代之前的一百多年里都是个稳定的摇钱树。

174 31. *NYT*，April 11, 1913；January 14, 1914；*ToL*，August 21, 1939.

32. *NYT*，April 9, 1907.

33. 约翰·哈维·凯洛格，《自体中毒，即肠内血毒症》(密歇根州巴特尔克里克，1919 年)，第 311 页，在沃顿，《十字军》，第 221 页中被引述。凯洛格把各种疾病都归咎于便秘所造成的自体中毒，从癌症到狂躁抑郁症和精神分裂症。当他表示脾气暴躁的民粹主义者威廉·詹宁斯·布赖恩(William Jennings Bryan)可能患有自体中毒时，布赖恩问："这是那种因为开车太快而患上的病吗？"理查德·施瓦茨(Richard Schwarz)，《约翰·哈维·凯洛格医学博士》，(纳什维尔 Nashville：南方出版社 Southern Publishing, 1970 年)，第 54 页。

34. 关于凯洛格和他的"疗养院"，有许多有趣的作品，其中最欢乐的要数杰拉尔德·卡森(Gerald Carson)的《玉米片运动》(*Cornflake Crusade*，纽约：莱茵哈特出版社 Rinehart, 1957 年)，以及 T. C. 博伊尔(T. C. Boyle)令人捧腹而又恐怖的小说《健康村之路》(*The Road to Wellville*)(纽约：维京出版社 Viking，1993 年)。

35. 是凯洛格真正提出了"弗莱彻式咀嚼法"这一说。J. H. 凯洛格致霍勒斯·弗莱彻，1903 年 8 月 21 日，9 月 3 日，载于弗莱彻，《新式饕餮者》，第 67 页，第 77 页；列文斯坦，《革命》，第 87—91 页；沃顿，《十字军》，第 168—200 页。

36. 弗莱彻的理论要求降低科学家当时所估计的蛋白质需要量。他的实验表明"咀嚼"能够自然地降低蛋白质消耗，而且没有不良影响。弗莱彻，《新式饕餮者》，第 24—25 页；列文斯坦，《革命》，第 88—94 页。

37. Fletcher, *New Glutton*, 144 - 145, 174 - 175; Levenstein, *Revolution*, 88 - 90.

38. 凯洛格也不同意梅契尼可夫的现代人类背负着过时的附属物这个理论，他无法接受创造了完美的大自然的上帝，却赋予人类像结肠这样无用的器官这种想法。他认为结肠的问题是由"文明"所造成的。沃顿，《十字军》，第 220 页。

39. Kellogg, *Autointoxication*, 311.

40. 约翰·哈维也拒绝把自己或疗养院的名字用于推销泻药或旨在对抗自体中毒的通便食物。

41. Logan Clendening, "A Review of the Subject of Chronic Intestinal Stasis", *Interstate Medical Journal* 22 (1915): 1192 - 193, Cited in Whorton *Crusaders*, 217 - 219.

42. Cramp, "Cascade Treatment", 213.

43. Clendening, "Review", in Whorton, *Crusaders*, 217; A. N. Donaldson, "Relation of Constipation to Intestinal Intoxication", *JAMA* 78 (1922): 884 - 888, cited in Ernst, "Colonic Irrigation", 196 - 198.

44. *ToL*, May 8, 1922; Bengamin [*sic*] Gayelord Hauser, *Diet Does It* (London: Faber and Faber, 1952), 14.

45. Ernst, "Colonic Irrigation", 198.

46. Review of Carl Ramus, *Outwitting Middle Age* (New York: Century, 1926), in The *Bookman*: A Review of Books and Life 64 (November 1926): 3.

47. Hillary Schwartz, *Never Satisfied*: *A Cultural History of Diets*, *Fantasy and Fat* (New York: Free Press, 1986), 200.

48. *NYT*, September 10, 1998; May 21, 2009; "Dannon Co., Inc., Company History"; http://www.fundinguniverse.com/company-histories/Dannon-Co-Inc-Company-History.html.

49. 这可能是一种由结核杆菌 *Mycobacterium tuberculosis* 引起的关节炎，导致虚弱和出汗以及关节疼痛等症状。

175

50. 豪瑟原名尤金·赫尔穆特·豪瑟(Eugene Helmuth Hauser),但当他进入健康食品行业时,他改名为 Bengamin(原文如此,可能是生造的——译注)盖罗德·豪瑟。爵士音乐家路易斯·阿姆斯特朗(Louis Armstrong)曾为 Swiss Kriss 的疗效背书,这种药到现在还在美国和欧洲很畅销。莫里斯·菲什宾,《现代医学 II》,《健康女神》第 16 卷(1938 年 1 月):第 113—114 页;卡伦·斯文森(Karen Swenson),《葛丽泰·嘉宝:撕裂的人生》(*Greta Garbo: A Life Apart*)(纽约:斯克里布纳 Scribner,1997 年),第 393、398 页。

51. 豪瑟后来声称受到甘地的启发,后者告诉他,"我只吃纯真的食物……羊奶、枣、酸奶和蔬菜。"*NYT*,1974 年 3 月 24 日。虽然他坚定地相信蔬菜的疗效,但豪瑟并不是一名素食主义者,并且为曾将嘉宝转变为非素食主义者而感到自豪。斯文森,《嘉宝》,第 392 页。

52. Bengamin Gayelord Hauser, *The New Health Cookery* (New York: Tempo, 1930), 316; Hauser, *Look Younger, Live Longer* (New York: Farrar, Straus, 1950); Hauser, *Diet Does It*, 315 - 316.

53. "Yogurt History", http://homecooking.about.com/library/weekly/aa031102a.htm.

54. *NYT*, July 18,1963.

55. 美国农业部,经济研究局(Economic Research Service),《美国人均食品消费,乳制品(个人),1909—2004 年》(U.S. per capita food consumption, Dairy);丽贝卡·威廉姆斯(Rebecca Williams),《酸奶:健康的凝乳和乳清?》(Yogurt: The Curds and Whey to Health?),《FDA 消费者》(*FDA Consumer*),1992 年 6 月;*NYT*,1992 年 5 月 1 日;见《达能公司历史》。热尔韦·达能(Gervais Danone),1982 年从比阿特丽斯手里购买了美国达能的法国集团公司,它自身就是与法国达能合并的产物。

56. 达能定期地使用这一招,最明显的是在 1973 年,他们制作了一部著名的电视广告,其中有一位八十九岁的前苏联格鲁吉亚加盟共和国的老人在吃达能酸奶,画外音说:"他母亲对此十分满意,她已经 114 岁了。"见《达能公司历史》。

57. www.stonyfieldfarm.com, May 3,2004.

58. Cindy Hazen, "Cultured Dairy Products", *Food Product Design*, March 2004; *G&M*, March 26,2008.

59. *G&M*, September 5,2006.

60. http://danactive.com,2008 年 12 月 5 日。乳杆菌药丸在正统医疗圈也卷土重来了。2008 年,我去医院看望一位患上严重艰难梭菌(*C. difficile*)感染症的朋友,其症状是严重腹泻,我问护士给他吃什么药。"哦,"她说,"是乳酸菌药丸,里面含有对抗结肠中有害细菌的有益细菌。"

61. *NYT*，September 20，2009；University of California，Berkeley，*wellness Letter*，25（September 2009）：4.

62. *Guardian Weekly*（London），October 16，2009.

第四章

1. Evan Jones，*American Food：The Gastronomic Story*，2nd ed.（New York：Vintage，1998），123.

2. Mark Twain，*Innocents Abroad*（Hanford，CT：American Publishing Co.，1869），Cited in Erich Segal，"Thoughts for Foodies"，*Times Literary Supplement*，December 23 - 29,1988.

3. Levenstein，*Revolution*，21.

4. 屠宰场的卫生条件总是不尽如人意。在曼哈顿第一大道现在被联合国建筑群占据的地方，曾有一连串的屠宰场，人行道上挂着屠宰好正在"冷却"的牲畜。那里向北半个街区就是一个巨大的马粪堆，其中的污物常常被风刮起，绕着肉打转。背后是一个小海湾，其中的海水遭到粪堆的溢出物污染。在粪堆的另一边是一些用牛脂制造人造黄油，和酿造啤酒的工厂。*NYT*,1884 年 5 月 11 日。 *176*

5. Herbert W. Conn，"Recent Contributions to Social Welfare. Bacteriology：Food，Drink，and Sewage"；*Chautauquan* 40（September 1904）：73 - 74.

6. Roger Horowitz，*Putting Meat on the American Table：Taste，Technology，Transformation*（Baltimore：Johns Hopkins University Press，2005），17 - 30.

7. James Harvey Young，*Pure Food：Securing the Federal Food and Drugs Act of 1906*（Princeton，NJ：Princeton University Press，1988），226.

8. "防腐处理 embalmed"的说法实际上源于一位陆军外科医生，他作证说他看到的新鲜牛肉显然是用化学药剂处理过的，而且"有防腐处理过的尸体的气味"。*NYT*,1898 年 12 月 22 日。

9. *NYT*,1899 年 5 月 9 日。争论还没有涉及化学物质本身的危害性。例如,水杨酸被美国药典(U. S. Pharmacopeia)认定为可以治疗风湿和痛风。苏珊娜·丽贝卡·怀特(Suzanne Rebecca White)，《化学与争议：规制食品中化学品的使用，1880—1959 年》(博士学位论文,埃默里 Emory 大学,1994 年),第 13 页。

10. 与迈尔斯不同,罗斯福的部队并没有觉得冷藏的鲜牛肉有害。他说在切掉外层的黑壳之后(这可能是涂着防止腐坏的硼砂和硼酸造成的),吃起来还颇有风味。确实有人吃了以后生病,他说,但是他认为这是因为他们不习惯吃鲜肉。*NYT*,1899 年 3 月 16 日。

11. Edward R Keuchel，"Chemicals and Meat：the Embalmed Beef Scandal of the Spanish-American War"；*Bulletin of the History of Medicine* 48 (1974)：251.

12. Ibid.，257 - 260；Young，*Pure Food*，136 - 139.

13. *New York Tribune*，February 18,1899,in Keuchel，"Chemicals"，262；*NYT*，July 5,July 19,September 25,1900.

14. *NYT*，March 30,1902.

15. 辛克莱在《屠场》的致辞中写道："献给美国的工人"，而本书的结局是立陶宛移民男主角加入了社会主义运动。

16. 厄普顿·辛克莱，《屠场》（纽约：诺顿 Norton，2003 年），第 95、131—132 页。一年前，约翰·哈维·凯洛格撰写了一份素食主义小册子，也用类似的笔法描述了从肮脏的屠场出来的食物。"每一小块多汁的肉，"他说，"都饱含着一头母牛腐烂的尸体中一只死老鼠身上能找到的相同的微生物。"约翰·哈维·凯洛格，《为了吃饭，必须杀生吗?》（密歇根州巴特尔克里克，健康出版社，1905 年），第 107 页，引自詹姆斯·沃顿，《素食主义的发展历史》（Historical Development of Vegetarianism），*AJCN* 第 59 卷（1994 年 5 月）：第 1107 页。

17. Upton Sinclair，"What Life Means to Me"，*Cosmopolitan*，October 1906,594.

18. *NYT*，June 5,1906.

19. Peter Finley Dunne，*Dissertations by Mr. Dooley*（New York：Harper，1906),249,in Richard Cummings，*the American and His Food：A History of Food Habits in the United States*，rev. ed. （Chicago：University of Chicago Press，1941),99.

20. 后来有人说《屠场》造成肉类消费减半；但唯一的证据来自一名反对辛克莱的肉类包装商，在一次关于肉类检查法案的国会听证会上的证词，他声称新鲜肉和腌肉的销量"显然"下降了一半。《牲畜围栏的状况，农业委员会听证会 HR18537，第 59 界国会，第 1 会期》（哥伦比亚特区，华盛顿，1906 年），第 75 页，在杨所著《纯净食物》，第 231 页引用。由于直到 1909 年之前，都没有全国肉类消费的统计数据，也就没有可靠的方式来证实这种说法。而另一方面，我也没有从当时的新闻中找到相关报道。美国农业部经济研究局，《美国人均食物消费量，红肉，1909—2004 年》。

21. *NYT*，May 29,June 15,1906.

22. 他们对该法案主要的抱怨是，它只适用于跨州境销售的肉类，而仅在一州内部销售的小型包装商不受其管制。列文斯坦，《革命》，第 39 页；霍洛维茨，《肉》，第 59—60 页。

23. Levenstein，*Revolution*，40 - 41.

24. *NYT*,1906 年 5 月 30 日。辛克莱曾写道："每当肉变质得严重到不能做别的菜，就会做成罐头或者剁碎灌制成香肠，这是习俗。"辛克莱，《屠场》，第 131 页。

25. Horowitz，*Meat*，32 - 33.

26. 例如，在第十六和十七世纪的法国，肉类馅料几乎都不受信任，但它们仍然受欢迎，因为消费者信任个体的生产者和供应商。马德琳·费里耶尔：《圣牛，疯牛：食物恐慌的历史》，译者：乔迪·格拉丁（纽约：哥伦比亚大学出版社，2006 年），第 8 章。

27. *NYT*，August 29，1905；David Hogan，*Selling 'Em by the Sack：White Castle and the Creation of American Food*（New York：NYU Press，1997）；Paul Hirshorn and Steven Izenour，*White Towers*（Cambridge，MA：MIT Press，1979），1 - 5.

28. 一份典型的 1905 年法兰克福香肠的配方是 150 磅肉类下脚料、20 磅关节肉、40 磅脂肪，再加上 40 磅水、9 磅玉米粉（即玉米淀粉）、盐、糖、硝石、调味料和"1½磅颜色水"。霍罗威茨，《肉》，第 86 页。

29. *NYT*，May 30,1906.

30. Hogan，*Selling*，17.

31. *WP*,1910 年 1 月 23 日。霍勒斯·弗莱彻在敦促匹兹堡妇女俱乐部继续抵制时预测说："十年之内，美国人将不再吃肉。"他说这是有好处的，因为长期吃肉会引起"自体中毒，类似于酒精中毒，致命的后果也是一样的。"*NYT*,1910 年 2 月 3 日。

32. *WP*，January 23，1910；USDA，Economic Research Service，"U. S. per capita food availability；Beef，1909 - 2005".

33. Werner Sombart，*Why Is There No Socialism in America?*，trans. Patricia M. Hocking and P. T. Husbands（White Plains，NY：M. E. Sharpe，1906），106.

34. Levenstein，*Revolution*，138 - 145.

35. "Well Done"，*University of Minnesota Medical Bulletin*，Winter 2008；Hogan，*Selling*，25 - 35.

36. 不过白塔是针对工薪阶层市场的。列文斯坦，《悖论》，第 50、228—229 页。

37. 阿瑟·凯莱特与弗雷德里克·J.施林克，《1 亿只豚鼠：每日食品、药品与化妆品的危险》(纽约:先锋 Vanguard,1933 年),第 38—45 页。这掀起了一波小小的"豚鼠新闻热",随后施林克又出版了《吃喝要警惕》(*Eat, Drink and Be Wary*)(纽约:科维奇,弗里德 Covici, Friede,1935 年)。

38. Charles Wertenbaker, "New York City's Haughtiest Eatery", *Saturday Evening Post*, December 27,1952.

39. Amy Bentley, Eating for Victory: *Food Rationing and the Policies of Domesticity* (Urbana: University of Illinois Press, 1998),35 - 37; Allen J. Matusow, *Farm Policies and Policies in the Truman Years* (Cambridge, MA: Harvard University Press, 1967),49.

40. Levenstein, *Paradox*, 98 - 99.

41. Bentley, *Eating for Victory*, 111.

42. USDA, ERS, "Beef, 1909 - 2005".

43. *NYT*, July 16,1969.

44. Levenstein, *Paradox*, 169 - 171.

45. USDA, ERS, "Beef: supply and disappearance, 1909 - 2005"; "Beef: Per Capita Availability adjusted for loss, 1970 - 2007".

46. Michael Pollan, *The Omnivore's Dilemma*: *A Natural History of Four Meals* (New York: Penguin, 2006),82 - 83.

47. *NYT*, January 9,1994.

48. *NYT*, January 4,1994.

49. *NYT*, February 6,1993; January 6,October 12,1994.

50. 即使是如此怯懦的尝试,仍然激怒了肉类和食品产业。它们的行业协会提起诉讼来阻止这一检测,声称只要肉煮得足够熟,大肠杆菌就不会造成危害。*NYT*,1994 年 11 月 10 日。

51. Judith Foulke, "How to Outsmart Dangerous E. Coli Strain", *FDA Consumer* 18 (January/February 1994):7.

52. *NYT*,1994 年 7 月 23 日,11 月 20 日。另一项也是由《纽约时报》做出的估计是,每年造成 400 人死亡。*NYT*,1995 年 4 月 12 日。

53. 三年后,疾病控制中心说,大肠杆菌危险菌株的感染率保持稳定,平均每年有 7.3 万人被感染,61 人死亡。*WP*,2001 年 4 月 9 日。

54. *NYT*, August 16,August 22,October 4,1997.

55. Jeffrey Kruger and Dick Thompson, "Anatomy of an Outbreak", *Time*, August 3,1998.

56. *NYT*, December 28,1994; September 2,1997.

57. *NYT*，March 31，1996；Claude Fischler，"The Mad Cow Crisis in Global Perspective"，in *Food and Global History*，ed. Raymond Grew（Boulder，CO：Westview，1999）：207－213；Ferrieres，*Sacred Cow*，1－2.

58. 从 1995 年到 2007 年，世界范围内共报告了 200 例人类病例，其中 164 例在英国，21 例在法国。其余患者中的死亡者，包括三名美国患者中的两人，都曾在疾病蔓延时在英国居住过。美国卫生与人力资源部（U. S. Department of Health and Human Resources），疾病控制与预防中心（Centers for Disease Control and Prevention），《vCJD》http：//www. cdc. gov/ncidod/dvrd/vcjd/factsheet_nvcjd. htm；爱丁堡大学（University of Edinburgh），全国克雅二氏病监测单位（National Creutzfeldt-Jakob Disease Surveillance Unit），《CJD 统计》。http：//www. cjd. ed. ac. uk/figures. htm。

59. *NYT*，December 3，1997.

60. 在 Jack in the Box 事件的五年之后，每年仍有多达三十次大肠杆菌疫情，致使上千人病情严重，数百人死亡。*NYT*，1998 年 10 月 14 日；1999 年 9 月 9 日；2003 年 10 月 10 日；《疫情剖析》，《时代周刊》，1998 年 8 月 3 日；*WP*，2001 年 4 月 9 日。

61. 埃里克·施洛瑟，《快餐国家：美国餐食的阴暗面》（波士顿：霍顿·米夫林，2001 年）。这本书后来被拍成电影。

62. "U. S. Opposes JBS Plan to Buy National Beef"，*Reuters*，October 20，2008.

63. 例如，见迈克尔·波伦，《蔬菜产业综合体》（The Vegetable Industrial Complex），*NYTM*，2006 年 10 月 15 日。

64. Pollan，*the Omnivore's Dilemma* and *In Defense of Food：An Eater's Manifesto*（New York：Penguin，2008）.

65. *NYT*，2006 年 9 月 15 日，10 月 7 日，10 月 13 日，10 月 15 日。两年半之后仍在大幅下跌。*NYT*，2009 年 3 月 11 日。

66. *NYT*，October 31，2006.

67. 同时在一个叫做 Taco John's 的连锁餐厅也爆发了疫情。两次疫情后来都追溯到加州生菜。2006 年 12 月 5 日，12 月 15 日，12 月 27 日，2007 年 2 月 20 日。

68. *NYT*，September 17，September 30，October 1，2007；"Topps Meat Company Voluntarily Recalls Ground Beef Products that May Contain E. Coli o57：H7"；www. toppsmeat. com，September 26，2007.

69. *NYT*，October 5，October 6，2007.

70. *NYT*，February 18，2008；"Authorities Investigate Big Rise in Beef

Contamination"，*Consumer Reports*，March 2008，11．

71. USDA，Food Safety and Inspection Service，"Letter from Thermy"，http：//www. fsis. usda. gov/food_safety_education/letter_from_thermy．

72. 罗斯的公司声称当这种冷冻产品被添加到常规的牛肉中时，它还能杀死牛肉里的类似病原体。*NYT*，2009 年 12 月 31 日。

73. *NYT*，December 1，2009．

74. 美食作家马克·比特曼（Mark Bittman）对于养殖牛肉，包括草喂牛肉，所造成的环境退化提出了关切，并呼吁不吃任何牲畜。马克比·特曼，《食物很重要：包含 75 种以上食谱的良心饮食指南》（*Food Matters：A Guide to Conscious Eating with More than 75 Recipes*）（纽约：西蒙与舒斯特 Simon and Schuster，2009 年）。

75. 不过施洛瑟和波伦仍然共同呼吁议案的通过。*NYT*，2010 年 11 月 19 日，11 月 30 日。

第五章

1. 约翰·达菲（John Duffy），《公共卫生学家：美国公共卫生史》（*The Sanitarians：A History of American Public Health*）（厄巴纳：伊利诺伊大学出版社，1990 年），第 186 页。与后来的《纯净食品和药品法》（Pure Food and Drugs Act）一样，其许多支持者都是希望压制偷工减料的竞争对手的生产商。米切尔·奥肯（Mitchell Okun），《市场中的公平竞争：纯净食品和药品的首场战役》（*Fair Play in the Marketplace：The First Battle for Pure Food and Drugs* (Dekalb：Northern Illinois University Press，1986)．

2. "Against Poison and Fraud"，*Outlook* 83 (1906)：496 - 497，cited in James Harvey Young，*Pure Food：Securing the Federal Food and Drugs Act of 1906* (Princeton，NJ：Princeton University Press，1988)，253．

3. Harvey W. Wiley，*Harvey W. Wiley：An Autobiography* (Indianapolis：Bobbs-Merrill，1930)，50；Oscar O. Anderson，*The Health of a Nation：Harvey W. Wiley and the Fight for Pure Food* (Chicago：University of Chicago Press，1958)，263．

4. 苏珊娜·丽贝卡·怀特，《化学与争议：规制食品中化学品的使用，1880—1959 年》（博士学位论文，埃默里 Emory 大学，1994 年），第 2—4 页。威利在自传中说他是在被申斥后辞职的，因为他在拉斐特第一个骑自行车，"打扮得像一只猴子，跨坐在车轮上"，令大学蒙羞。这可能是真的。威利在华盛顿特区是第二个买汽车的，而且是第一个发生严重车祸的。威利，《自传》，第 158、279 页。

5. Ilyse D. Barkan, "industry Invites Regulation: The Passage of the Pure Food and Drug Act of 1906", *AJHP* 75 (January 1985): 20 - 21; Edwin Bjorkman, "Our Debt to Dr. Wiley", *World's Work* 19 (January 1910): 124 - 146.

6. James Harvey Young, "The Science and Morals of Metabolism: Catsup and Benzoate of Soda", *Journal of the History of Medicine* 23 (January 1968): 86.

7. 威利在政府问询中作证说，他的部门在对牛肉罐头的检验中没有发现化学品，并且认为健康问题可能是由于炎热的气候和不当处置，而不是任何化学品。爱德华·R. 凯赛尔（Edward R Keuchel），《化学品与肉：美西战争中的防腐剂牛肉丑闻》（Chemicals and Meat: The Embalmed Beef Scandal of the Spanish-American War），《医学史公报》（*Bulletin of the History of Medicine*）第 48 卷(1974 年)：第 258 页。

8. *NYT*, November, 1903.

9. Lorine Goodwin, *The Pure Food, Drink, and Drug Crusaders*, 1879 - 1914 (Jefferson, NC: McFarland, 1999), 49.

10. Goodwin, *Pure Food*, 150 - 164.

11. *WP*, 1903 年 1 月 2 日。实际上，在威利警告过他们，所吃的食物中含有恶心的化学品之后，他们实在是难以下咽，他只好给他们吃胶囊形式的化学品。杨，《科学与道德》，第 89 页。

12. *NYT*, May 22, 1904.

13. *NYT*, February 1, 1903; "Song of the Poison Squad", in U. S. National Archives Exhibit, "What's Cooking Uncle Sam?", Washington, DC, June 10, 2010-January 12, 2011; Young, *Pure Food*, 136 - 137; Wiley, *Autobiography*, 217 - 220.

14. *NYT*, 1904 年 9 月 18 日；安德森（Anderson），《一个国家的健康》（*Health of a Nation*），第 152 页。当时有一篇不加评论的纽约时报报道，富有时代特征，在 1906 年，一个国会委员会面前作证时，一位来自佐治亚州的国会议员问威利："你真的有一幢供应药丸和止痛剂的宿舍？""是的先生，"威利答道，"欢迎您光临。"议员回答说："呃，我还是情愿让黑人妇女为我做饭。"*NYT*, 1906 年 2 月 27 日。

15. Bjorkman, "Our Debt to Dr. Wiley", 124 - 144.

16. 当时食物处理商的业务占到全国制造业活动的五分之一。詹姆斯·哈维·

杨，《二十世纪二十年代的食品和药品执法人员：限制和教育业务》(Food and Drug Enforcers in the 1920s: Restraining and Educating Business)，《商业与经济史》(*Business and Economic History*)第 21 卷(1992 年)：第 121 页。

181 17. *NYT*，1901 年 11 月 8 日；1903 年 11 月 1 日。这可能是大生产商最后支持 1906 年《纯净食品与药品法》的最重要原因。巴坎(Barkan)，《产业欢迎监管》(Industry Invites Regulation)。

18. 理查德·O. 卡明斯(Richard O. Cummings)，《美国人及其食物：美国饮食习惯史》(*The American and His Food: A History of Food Habits in the United States*)修订版(芝加哥：芝加哥大学出版社，1941 年)，第 97—98 页。威利与辛克莱对待大型食品生产商态度的差异在 1910 年的肉类大抵制中被列为典型。辛克莱将高价格归咎于"牛肉托拉斯"的垄断，而威利则指责充当中间人的小型"肉类经销商"。*WP*，1910 年 1 月 23 日。

19. 这是食品制造商和分销商协会(Association of Manufacturers and Distributors of Food Products)，由三十六家最大的水果、蔬菜、果酱、果冻、蜜饯和调味品罐头制造商组成。*NYT*，1903 年 11 月 1 日。

20. Levenstein, *Revolution*, 41; Goodwin, *Pure Food*, 6.

21. *WP*, December 28,1904; *NYT*, December 28,1904.

22. *WP*, January 20,1907; *NYT*, May 10,June 30,1908.

23. *NYT*, July 23,1911.

24. "Pure Food and Drug Act, 1906", United States Statutes at Large, 59th Cong., Sess. I, Chap. 3915, pp. 768 - 772.

25. 这一态度对该法案的药物部分形成了补充，其目标正是充满欺诈的专利药品行业。在《科利尔杂志》1905 年刊载的一系列耸人听闻的文章，以及随后出版的一本书中，扒粪记者萨缪尔·霍普金斯·亚当斯(Samuel Hopkins Adams)在威利的协助下，记载了许多专利药中含有有毒物质的情况。萨缪尔·霍普金斯·亚当斯，《美国大欺诈》(*The Great American Fraud*)(芝加哥，1906 年)。

26. 一份堪萨斯城的报纸慷慨地感谢威利，说现在美国人终于可以轻视"那些吹毛求疵的调查者，他们发现了这么多病菌和相对应的疾病，使得生活毫无乐趣……每一天的生存都像是胜率渺茫的赌博。"《堪萨斯城杂志》(*Kansas City journal*)日期不详，由 *WP* 所引用，1905 年 4 月 18 日。

27. 食品加工商最常使用的化学防腐剂是苯甲酸钠，其次是水杨酸和硼砂。他们声称很少使用甲醛，因为他们承认这可能是有害的。*NYT*，1903 年 11 月 1 日。

28. *WP*，November 21，November 22，November 23，1906.

29. 威利以退为进，建议禁止使用它：因为食物保存并不必须使用它。*WP*，1906年10月28日。

30. Clayton A. Coppin and Jack High, *The Politics of Purity*：*Harvey Washington Wiley and the Origins of Federal Food Policy*（Ann Arbor：University of Michigan Press，1999），118.

31. Ibid.，123.

32. *WP*，June 13，1904；White，"Chemistry"，10‐12.

33. Coppin and High, *Politics of Purity*，119.

34. *WP*，January 25，1908.

35. Bjorkman，"Our Debt to Dr. Wiley".

36. Young，"Science and Morals"，93.

37. *NYT*，September 14，1907.

38. Young，"Science and Morals"，93.

39. *WP*，1906年5月7日；怀特，《化学》，第83页。支持硫的势力得益于这样一个事实，即威利一点亲法，不支持禁止进口法国葡萄酒，而这些酒中就含有硫。科平（Coppin）与海（High），《纯净度的政治》（*Politics of Purity*），第119—121页。

40. 这实际上是搜集自一位宾夕法尼亚州家庭主妇的秘方，她发现增加其中的醋和糖的含量，就能使其在开瓶四周之后都不变质。这种番茄酱通常被称为catsup，而亨氏则将自己版本的产品叫做"Ketchup"。科平与海，《纯净度的政治》，第125—127页。

41. *NYT*，October 3，1912.

42. *NYT*，January 25，1909；June 30，1908；*WP*，May 3，September 13，1909.

43. *NYT*，January 24，1909；Coppin and High, *Politics of Purity*，123.

44. *WP*，1909年8月25日。卢克雷齐亚·波吉亚是文艺复兴时期罗马富有权势的波吉亚家族的一位成员，被认为用一个中空的戒指浸入饮料的方式，给她的多位仇人下毒。

45. *NYT*，1909年8月27日。前一年，顺势疗法医生都赞同他认为苯甲酸被用来掩盖变质的食物的意见。*WP*，1909年10月9日；比约克曼（Bjorkman），《我们所亏欠威利博士的》（Our Debt to Dr. Wiley），第124—147页。

46. *NYT*，1909年8月17日。威斯康星大学一位化学家在国会作证说苯甲酸"已经使用了几个世纪，并无危害，而且应该继续作为防腐剂使用，因为它比已知的任何东西危害都小。"杏仁味冰淇淋中含有的苯甲酸比半桶脆腌黄瓜都多，

182

而人们从火鸡配料的蔓越莓中也吃了大量的苯甲酸，都没有不良影响。它在治疗肾病中还具有药用价值。（威利的批评者编造了事实，说作为一种传统民间医药的蔓越莓天然地含有高水平的苯甲酸。）*WP*，1906 年 2 月 16 日；科平与海，《纯净度的政治》，第 128—133 页。

47. *WP*，1909 年 8 月 8 日。低色素性贫血是青少年女性缺铁性贫血的一种良性形式。而威利所说的神经衰弱可能并不是心理意义上的，而是一种神经疾病，被认为通常折磨其神经系统不能忍受现代生活压力的中产阶级妇女。

48. *WP*，December 17,1909；Coppin and High，*Politics of Purity*，144 - 145.

49. *NYT*，July 11,July 14,1908.

50. *WP*，1907 年 11 月 3 日。威利的主要反对意见是这些混合酒中，大多数添加了纯酒精，这是一种失实陈述的行为，而单数的名字"whisky"却暗示其是产自单一品种的粮食。这将使得所有的威士忌，除了肯塔基波本酒（Kentucky bourbon）和杰克丹尼（Jack Daniel's）以外全部退市。

51. *WP*，August 19,1911；*NYT*，August 12,1911.

52. *WP*，July 22，1908；*NYT*，January 26，1909；Young，"Science and Morals"，102.

53. 威利（原文似有误，应为雷姆森——译注）的德国共同发现者是康斯坦丁·法赫伯格（Constantine Falhberg），当时在他手下工作。*WP*，1911 年 4 月 29 日。

183 54. *NYT*，1911 年 9 月 4 日，10 月 10 日。大多数的罐头生产商已经认识到，加热罐头中的食物，然后保存在真空中，就足以将其长期保存了。

55. *NYT*，July 15，August 19，September 16，1911；Wiley，*Autobiography*，138 - 139.

56. *NYT*，November 16,1911；March 16,1912.

57. "凭着他们的果子，"威利评价威尔逊的两个对手，"就可以认出他们来，他们的果子已经结痂，虫蛀，核心腐烂。"（语出《圣经》《马太福音》——译注）*NYT*，1912 年 10 月 3 日。

58. *WP*，September 8,1912.

59. *WP*，September 24,1912；*NYT*，October 12,1912.

60. *NYT*，November 1,1907；June 19,July 11,1908；July 25,1910；*WP*，June 30,July 25,1910.

61. 在其成员给自己学生组成的试毒队服用糖精之后，雷姆森委员会倒真的反对糖精了。*NYT*，1911 年 4 月 29 日。

62. WP，1912 年 9 月 24 日。这是对威利的直接打击。两年前，虽然他本人已经免除了对于法国葡萄酒中所含硫的禁令（这引发了他是出于个人喜好以及与生产商有牵连的指责），他仍然指控前总统罗斯福运用"行政豁免权"为含有硫酸铜的豌豆罐头从法国进口开绿灯，是因为他与法国大使之间的友谊。*WP*,1910 年 1 月 16 日。

63. 奥诺雷·威尔西(Honoré Willsie),《罐头与生活成本》,《哈泼斯周刊》,1913年 11 月 1 日,第 8—9 页。不过阿尔斯伯格还是延续了威利对可口可乐中咖啡因的打击。这个案件在 1917 年最终了结,该公司同意在不承认其有害的前提下大幅度减少其含量。怀特,《化学》,第 149 页。

64. 在当时的情况下,大型面粉商使用过氧化氮来漂白深色面粉。尽管这是两种公认的危险化学品硝酸和亚硝酸的混合物,但是政府无法确实证明在当前用量下,这种化学品对人体有害。卡明斯,《美国人及其食物》,第 102—103 页。

65. 肉毒杆菌中毒是自然发生的,与添加剂无关。怀特,《化学》,第 200 页;杨,《食品和药品执法者》。

66. James Whorton, *Before Silent Spring : Pesticides and Public Health in Pre-DDT America* (Princeton, NJ: Princeton Universiry Press, 1974),114.

67. 1927 年更名为食品、药物和杀虫剂组织（Food, Drug, And Insecticide Organization),1930 年更名为食品药品监督管理局。

68. *GH*, July 1928,108.

69. Levenstein, *Revolution*, 197 - 98; Levenstein, *Paradox*, 13 - 14.

70. "Dr. Wiley's Question-Box", *GH*, April 1928,102.

71. *WP*,1933 年 9 月 3 日,1936 年 2 月 23 日。FDA 的教育负责人,露丝·德·佛瑞斯特·兰姆(Ruth de Forest Lamb),随后将其扩充为一本畅销书,名为《美国恐怖屋》(*American Chamber of Horrors*)(纽约:法勒和莱因哈特 Farrar and Rinehan,1936 年)。

72. 凯莱特和施林克也复兴了病菌恐惧症,他们引用 H. G. 威尔斯(H. G. Wells)和朱利安·赫胥黎(Julian Huxley)这些世纪之交的作家的话来警告所有人,因为飞舞的灰尘和苍蝇,"(商店里的)肉类和其他食品都严重感染了细菌",为了刺激人们,他们还再次传播(虚假的)理念,即带有结核菌的牛能够传播结核病,警告说 1930 年马萨诸塞州有将近 100 万人接触了来自带结核菌牛的牛奶。*NYT*,1932 年 12 月 17 日;1934 年 2 月 3 日;阿瑟·凯莱特和弗雷德里克·施林克,《一亿只豚鼠:日常食品、药物以及化妆品中的危险》,(纽约:先锋,1933 年),第 38—45 页。

第六章

1. Elmer V. McCollum, *The Newer Knowledge of Nutrition* (New York:

Macmillan, 1918)；Levenstein, *Revolution*, chaps. 4,6,11.

2. George Wolf and Kenneth J. Carpenter, "Early Work into the Vitamins：The Work of Wilhelm Stepp", *JN* 127(July 1997)：1255.

3. 亚伦·J. 伊德（Aaron J. Ihde）和斯坦利·L. 贝克尔（Stanley L. Becker），《早期维生素研究中的概念冲突》（Conflict of Concepts in Early Vitamin Studies），《生物学史杂志》（*Journal of the History of Biology*）第 4 卷（1971年春季）：第 1—33 页；内奥米·阿伦森（Naomi Aronson），《抵抗力的发现：历史记载与科学事业》（The Discovery of Resistance：Historical Accounts and Scientific Careers），《爱希丝》（*ISIS*）第 77 卷（1986 年）：第 630—646 页。"Vitamine"是冯克最初起的名字"vital amine"的缩写。"Amine"表示氮，但是当这一化合物最终被提纯，发现其中含有的氮很少时，最后的字母"e"就被去掉了。

4. "维生素狂热（vitamania）"似乎是由罗伯特·M. 尤德（Robert M. Yoder）在1942 年发明的，在他的文章《维生素狂热》中，载《健康女神》（*Hygeia*）第 20卷（1942 年 4 月）第 264—265 页。瑞玛·艾普儿（Rima Apple）强调了其背后的科学支持的重要性在增加，在她的《维生素狂热》一书中（新泽西州新不伦瑞克 New Brunswick, NJ：罗格斯 Rutgers 大学出版社，1996 年）。

5. 哈罗乐观地补充道："但是数以万计的生命已经由于新知识得到了聪明的应用而得到拯救。"范·布伦·索恩（Van Buren Thorne），对于本杰明·哈罗所著《维生素：食物中的必须元素》（*Vitamines：Essential Food Factors*）的书评，《纽约时报书评》（*NYT Book Review*），1921 年 3 月 17 日。主要的问题聚焦于许多被新营养学家贬为没有营养价值的食物实际上富含维生素。这包括新鲜柑橘类水果，绿色蔬菜，以及其他含水量较高的食物。

6. Thorne, review of Harrow, *Vitamines*.

7. 最后两个名字受到英国人弗雷德里克·哥兰·霍普金斯（Frederick Gowland Hopkins）和美国研究者格雷厄姆·拉斯克（Graham Lusk）的青睐，前者于1929 年由于发现维生素而获得诺贝尔奖（但备受争议）。埃尔默·V. 麦科勒姆，《作为生理发育因素的营养》（Nutrition as a Factor in Physical Development），《美国政治与社会科学学院年鉴》（*Annals of the American Academy of Political and Social Science*）第 98 卷（1921 年 11 月）：第 36 页；阿尔弗雷德·C. 里德（Alfred C. Reed），《维生素与食物缺乏性疾病》（Vitamins and Food Deficiency Diseases），《科学月刊》（*Scientific Monthly*）第13 卷（1921 年 7 月）：第 70 页。

8. 麦科勒姆著作的副标题反映了这一点：《最新营养知识：利用食物保存活力和

健康》(*Newer Knowledge：The Use of Food for the Preservation of Vitality and Health*)。

9. 阿伦森，《发现》，第636页；伊德与贝克尔，《概念冲突》，第27—28页。研究奶牛的营养，并不像听上去那么地位低下。现代营养科学的奠基人，德国化学家尤斯图斯·冯·李比希(Justus von Liebig)就是通过研究奶牛的喂养，做出了他最重要的发现。

10. 沃尔特·格雷策(Walter Gratzer)，《餐桌上的恐惧：营养学的奇妙历史》(*Terrors of the Table：The Curious History of Nutrition*)(纽约：牛津大学出版社，2005年)，第164—167页；阿伦森，《发现》，第636—638页；伊德与贝克尔，《概念冲突》，第27—28；埃尔默·V.麦科勒姆与尼娜·西蒙兹(Nina Simmonds)，《最新营养知识》(*The Newer Knowledge of Nutrition*)，第三版(纽约：麦克米伦，1925年)，第25—36页。老鼠是比牛更好的实验对象，因为它们的生命周期短得多，并且饮食和消化系统与人类更接近。

11. Aronson, "Discovery", 636 - 638; McCollum and Simmonds, *Newer Knowledge*, 3rd ed. (1925), 21 - 41; Elmer V. McCollum, *From Kansas Farm Boy to Scientist：The Autobiography of Elmer Verner McCollum* (Lawrence：University of Kansas Press, 1964), 147 - 151.

12. *NYT*, June 19, 1922; M. K. Wisehart, "What to Eat：Interview with E. V. McCollum", *American Magazine*, January 1923, 15; Aronson, "Discovery", 638.

13. Nina Simmonds, "Food Principles and a Balanced Diet", *AJN* 23 (April 1923)：541 - 545; NYT, August 26, 1923; *WP*, March 23, 1924; Levenstein, *Revolution*, 149.

14. James Harvey Young, *The Medical Messiahs* (Princeton, NJ：Princeton University Press, 1967), 335.

15. Levenstein, *Revolution*, 156 - 158.

16. *NYT*, June 19, 1922.

17. Apple, *Vitamania*, 24 - 27.

18. Richard D. Semba, "Vitamin A as 'Anti-infective' Therapy, 1920 - 1940", *JN* 129 (April 1999)：783 - 792; Apple, *Vitamania*, 20 - 25.

19. 1923年，《美国杂志》(*American Magazine*)发表了一系列关于著名的商人是如何获得成功的报道，在雄心勃勃的年轻人中很受欢迎。编辑随后派遣了一位年轻记者去采访埃尔默·麦科勒姆，以撰写一篇关于商人们的饮食以及如何对抗由他们久坐不动的生活所导致的体重增加、血压增高问题的后续报道。出乎所有人意料的是，该报道所引发的源源不断的读者来信，多数来自妇女。怀斯哈特（Wisehart），《吃什么》（What to Eat），第4—15页；麦科勒姆，《从堪萨斯农场男孩》，第186页。

20. 在早期阶段，它被称为"水溶性维生素"，而不是维生素B，也许是因为"B"可能会被理解为第二重要的。《美国杂志》，1922年1月，第35页；《文学文摘》（Literary Digest），1922年6月10日，第67页。

21. See，For example，*GH*，September 1928，138；January 1935，100；U. S.，Federal Trade Commission，Stipulation no. 02180，Cease and Desist Agreement of Standard Brands，Inc. ，July 18，1938.

22. Reed，"Vitamins and Food Deficiency Diseases"，70；*NYT*，April 16，1923.

23. *Saturday Evening Post*，June 11，1932.

24. *NYT*，October 17，1920；March 20，1921；*Literary Digest*，June 10，1922，67；Apple，*Vitamania*，27.

25. McCollum and Simmonds，*Newer Knowledge*，3rd ed. ，562 - 566；*Newer Knowledge*，4th ed. ，532 - 533.

26. 麦科勒姆甚至还抛出了梅契尼可夫，说他关于牛奶在胃中产生的乳酸能够消灭使食物腐烂的令人厌恶的细菌这一理论"已经被细菌学方法证实"。怀斯哈特，《吃什么》，第112页；麦科勒姆与西蒙兹，《最新营养知识》，第3版，第565页。然而在1920年，他说梅契尼可夫对于保加利亚乳杆菌的健康属性的断言"没有得到后来的研究者许多次实验的支持"。他将"巴尔干国家长寿的人群，以及其他主要依靠牛奶制品生活的人的健康状况"归功于牛奶本身，"而不是其中可能包含的细菌"。埃尔默·麦科勒姆与尼娜·西蒙兹，《美国家庭饮食》（The American Home Diet）（底特律：马修斯 Matthews，1920年），第67页。

27. 有一段时间，麦科勒姆将新鲜蔬菜归类为第三种保护性食物，既是由于其中含有粗纤维，也因为新发现的维生素C。麦科勒姆与西蒙兹，《最新营养知识》，第3版，第562—566页。

28. Eunice Fuller Barnard，"in Food，Also，A New Fashion Is Here"；*NYTM*，May 4，1930，6.

29. See my *Revolution at the Table*，157 - 160.

30. 麦科勒姆将来自鳕鱼肝油和阳光的维生素D列为例外。威廉·M. 约翰逊（William M. Johnson），《食品风尚的兴衰》，《美国水星》（American Mercury）第28卷（1933年4月）；第476页。

31. 新的营养学家倾向于无视这些顾虑，他们认为麸皮和任何附带的养分都无法消化。*NYT*，1907 年 6 月 16 日。

32. 麦科勒姆没有使用当时还比较生僻的术语"维生素"，而是说其"非常缺乏保护身体免受坏血病、脚气和干眼症等缺乏症侵袭的物质"。麦科勒姆与西蒙兹，《美国家庭饮食》，第 47—49 页。

33. Elmer V. McCollum, *The Newer Knowledge of Nutrition*, 2nd ed. (New York：Macmillan, 1923), 416.

34. McCollum and Simmonds, *Newer Knowledge*, 3rd ed., 131.

35. McCollum, *From Kansas Farm Boy*, 196; Elmer V. McCollum and Nina Simmonds, *Food, Nutrition and Health* (Baltimore：the authors, 1925), 55.

36. Elmer McCollum and J. Ernestine Becker, *Food, Nutrition and Health*, 3rd ed. (Baltimore：the authors, 1933), 61 - 62.

37. *WP*, August 4, 1932.

38. M. Daniel Tatkon, *The Great Vitamin Hoax* (New York：Collier-Macmillan, 1968), 28.

39. 他们还忽略了卡西米尔·冯克，却把奖项给了英国人弗雷德里克·霍普金斯爵士，以及一位荷兰人克里斯蒂安·艾克曼（Christian Eijkeman）。*NYT*，1929 年 11 月 1 日。

40. 通用磨坊，《马乔里·哈斯特德(Marjorie Husted)［贝蒂·克罗克］职业生涯概述》，马乔里·哈斯特德论文，施莱辛格(Schlesinger)图书馆，拉德克利夫学院(Radcliffe institute)，马萨诸塞州剑桥；《食品现场报道者》(*Food Field Reporter*)，1933 年 10 月 9 日；弗雷德里克·J. 施林克，《吃喝要警惕》(纽约：科维奇，弗里德，1935 年)，第 12、19、222 页。真正讽刺的——或者说是悲剧的——是就在维生素狂热横扫几乎没有维生素缺乏症之虞的中产阶级之时，美国公共卫生局的约瑟夫·戈德伯格(Joseph Goldberger)医生宣布说，袭击南方农村穷人的一种令人绝望的疾病——糙皮病的病因是维生素缺乏，其根源是他们以玉米粉为主的饮食。然而他仿佛撞到了一堵石墙。因为要纠正这一偏差意味着要求贫穷的佃农把棉花田改为蔬菜和其他粮食作物，从而威胁到当地的"棉花为王"(King Cotton)模式。直到 1927 年和 1928 年的棉籽象鼻虫(boll weevil)疫情毁灭了棉花经济，当地政府才认识到戈德伯格多年以来所呼吁的问题。他们开始提供牛奶，并鼓励种植含有急需的烟酸的作物，因为饮食中缺乏烟酸是糙皮病的主要原因。但是直到 20 世纪 30 年代，糙皮病继续折磨千万人，直至新政和战争最终改变了旧有的饮食习惯制度。

41. McCollum, *From Kansas Farm Boy*, 196 - 198.

42. 据说这是源于体内的碱性不足，是血液中过量的酸导致的。L. J. 亨德森(L.

J. Henderson)，《酸中毒》，《科学》，n. s. 第 46 卷（1917 年 7 月 27 日）；第 73—83 页；玛莎·科纳（MarthaKoehne），《减少还是不减少》；*AJN* 第 25 卷（1925 年 5 月）；第 370—375 页；法塞特·爱德华兹（FassettEdwards）医学博士，《酸性测试》，《科利尔》，1930 年 7 月 19 日，第 23 页。

187　43. 麦科勒姆和贝克尔，《食物、营养和健康》（*Food，Nutrition and Health*），第三版，第 112、115 页。在 1925 版的《食物、营养和健康》中没有提及酸中毒。麦科勒姆和西蒙兹，《食品、营养和健康》。

44. Dr. W. A. Evans, "How to Keep Well", *WP*, January 18, 1929; Josephine H. Kenyon, "Acidosis"; *GH*, May 1931, 106.

45. *WP*, January 22, 1928; McCollum and Becker, *Food，Nutrition and Health*, 3rd ed. , 112.

46. Barnard, "in Food", 6; Bertha M. Wood, "Acidosis and Its Therapeutics", *AJN*, June 1929, 681.

47. *WP*, March 20, 1925; *GH*, April 1928, 199.

48. 麦科勒姆和贝克尔，《食物、营养和健康》，第三版，第 111 页。罗素·W. 邦汀（Russell W. Buntin），《龋齿研究最新进展》，《科学》第 78 卷（1933 年 11 月 10 日）；第 421 页。（在此之前，饮食中脂肪过多被认为是龋齿的原因。伯莎·伍德 Bertha Wood，《测量食物》，*AJN* 第 26 卷［1926 年 2 月］；第 107 页。）伊尼斯·威德·琼斯（Inis Weed Jones），《酸中毒是什么？》《父母》（*Parents*）1934 年 12 月号，第 26 页；肯尼斯·罗伯茨，《探询饮食》，《仅限作家，以及其他阴暗散文》（*For Authors Only，and Other Gloomy Essays*）（纽约州花园城：双日，1935 年），第 89 页。

49. T. Swann Harding, "Common Food Fallacies"; *Scientific Monthly* 25 (November 1927):455 - 456; Mary Swartz Rose, "Belief in Magic"; *JADA* 8 (1933):494; James A. Tobey, "The Truth about Acidosis"; *Hygeia*, August 1937, 693.

50. *AJN* 34 (March 1934):305.

51. *WP*, August 4, 1932.

52. 而韦尔奇（Welch's）葡萄汁则坚持这一说直到 1937 年，新成立的联邦贸易委员会迫使它停止声称其"预消化的葡萄糖能够'燃烧'丑陋的脂肪，保卫你的美"以及具有"纠正"酸中毒的能力。美国联邦贸易委员会，第 01620 号规定，虚假和误导性广告：葡萄汁，1937 年 5 月 28 日。

53. 麦科勒姆又开始发布一个更加复杂的信息，警告人们要吃足够的"矿物营养"，以"保持血液和其他体液合适的中性状态。至少有九种矿物质是生命不可缺少的：其中有五种是基本的[即碱性的]，四种是酸性的。"*WP*，1928 年 1 月 22 日。不过，蛋白质和碳水化合物不应该在胃里混合这样容易理解的简单理念，则要追溯到新营养学最早的日子。1930 年，纽约一位著名医生向《纽约时报》解释蛋白质和淀粉"在化学上和物理上在胃里不相容"，宣告了这一理念的复活。巴纳德，《论食物》，第 7 页。

54. Roberts，"An Inquiry into Diets"；89.

55. 福特也给他在密歇根州和马萨诸塞州资助的两所学校的孩子们带来了这种饮食。巴纳德，《论食物》，第 7 页。

56. Rose，"Belief"，494.

57. "The Wonders of Diet"，*Fortune*，May 1936，90；Morris Fishbein，"Modern Medical Charlatans：II"，*Hygeia* 16（January 1938）：113 - 114；Hillary Schwartz，*Never Satisfied：A Cultural History of Diets，Fantacy and Fat*（New York：Free Press，1986），200.

58. Harmke Kamminga，"'Axes to Grind'：Popularizing the Science of Vitamins，1920's and 1930's"，in *Food，Science，Policy and Regulation in the Twentieth Century*，ed. David R Smith and Jim Phillips（London：Routledge，2000），94 - 95；Levenstein，*Paradox*，3 - 9，53 - 64.

188

第七章

1. Elmer V. McCollum，"The Contribution of Business to the Consumer through Research"，*Journal of Home Economics* 26（October 1934）：510 - 511；*NYT*，December 7，1932；April 18，1941.

2. *NYT*，November 30，1938；*Levenstein*，Paradox，19，112.

3. *NYT*，December 28，1941.

4. 维生素销售从 1929 年到 1939 年上涨了 830％，仅 1937 年到 1939 年就跳涨了 54％。*NYT*，1939 年 4 月 27 日；*WSJ*，1941 年 11 月 25 日；W. H. 西布雷尔（W. H. Sebrell），《美国的营养性疾病》，*JAMA*，第 115 卷（1940 年 9 月 7 日）：第 851 页。市场被主要的"有道德"药厂所控制，包括礼来（Eli Lilly）和默克（Merck），以及利华兄弟（Lever Brothers）。*WSJ*，1941 年 11 月 25 日。

5. 尽管有 AMA 在阻挠，但是仍有许多医生开始开维生素处方，估计占到 1940 年维生素销售量的四分之一。西布雷尔，《营养性疾病》，第 852 页。

6. *NYT*，1941 年 5 月 27 日。这些研究存在严重的缺陷，大大地夸大了营养不良的程度。参见本人所著《悖论》，第 53—60 页。

7. 英国人以胡萝卜的形式给他们的夜间战斗机飞行员提供维生素 A，在推广维生素 A 对于夜视能力至关重要的理念中起到了主要作用。*WP*，1941 年 12 月 7 日。就在战争爆发后不久，德国人——担心缺乏牛奶、肉类、新鲜蔬菜和其他维生素载体可能造成广泛的夜盲症——就开始生产和分发大量的维生素 A。*ToL*，1939 年 12 月 29 日。他们也推动生产和分发其他维生素，这或许是为了响应希特勒众所周知的对健康饮食的痴迷。

8. 在当时，龋齿仍被认为是由于缺乏维生素 C 或 D。*NYT*，1941 年 4 月 18 日，4 月 30 日；*WP*，1941 年 7 月 10 日。后来，当被问及筛选者是否在这方面过于挑剔时，罗斯福总统回答说他们不希望美国军人带着假牙。有一位记者指出，格兰特(Grant)将军就带假牙，可能还有乔治·华盛顿，但是罗斯福没有回应。*NYT*，1941 年 10 月 4 日，10 月 11 日。

9. "Vitamin Famine Prevalent in the United States"，*SNL*，June 22，1940，395.

10. E. M Koch，"Refinement of Food and Its Effect on Our Diet：Part 1"，*Hygeia* 18 (1940)：620；ibid.，"Part II"，703 - 704，718.

11. *NYT*，December 30，1941.

12. *NYT*，May 27，1941.

13. 列文斯坦，《悖论》，第 65—66 页。例如，科学家力图争取更高的硫胺供给量，估计应该是每 1000 卡热量 0. 45 毫克，所以 RDA 确定在 0. 6 毫克。罗素·怀尔德，《维生素 B_1（硫胺）》素》《美国政治与社会科学学院年鉴》第 225 卷(1943 年 1 月)：第 30 页。

14. 因此，美国陆军航空队为了防止夜盲症和改善视力而分发了如此之多的维生素 A，以至于平民的消费不得不受到限制。*WP*，1942 年 2 月 10 日；*NYT*，1942 年 2 月 10 日。德国人也相信了这一说，并浪费了宝贵的资源，在促进维生素 A 生产以对抗夜盲症上面。*ToL*，1939 年 12 月 29 日。

189

15. *NYT*，May 26，1941.

16. 《维生素饥荒盛行》(Vitamin Famine Prevalent)。加上其中含有的糖，白面包占到了约平均卡路里摄入量的 55％。约翰·D. 布莱克(John D. Black)，《营养不良的社会背景》(The Social Milieu of Malnutrition)，《美国政治与社会科学学院年鉴》第 225 卷(1943 年 1 月)：第 144 页。或许只是巧合，主要的肇事者，即大型面粉公司，正好都集中在明尼阿波利斯(Minneapolis，明尼苏达州最大城市——译注)附近。

17. 使用精神病患者的好处是这样可以控制他们所吃的食物，这在每天下班回家的人身上是无法实现的。其中有三个姐妹，她们的病是安静类型的，因此可以帮助医院做清洁工作。给与病人的饮食以白面粉、糖、白葡萄干、白米饭、玉米淀粉、木薯淀粉、氢化脂肪为主，以及管够的糖果。R. D. 威廉姆斯(Williams)，H. L. 梅森(Mason)和 B. F. 史密斯(Smith)，《在人类受试者身上诱导维生素 B_1 缺乏症》(Induced Vitamin B_1 Deficiency in Human Subjects)《梅奥诊所员工会议记录》第 14 卷(1939 年 12 月 13 日)：第 791 页。

18. 《人工诱导硫胺（维生素 B_1）缺乏症患者观察》(Observations on Induced Thiamin〔Vitamin B_1〕Deficiency in Man)《内科医学档案》(*Archives of Internal Medicine*)第 60 卷(1940 年 10 月)：第 785—789 页。作者承认，因为很多含有硫胺的高蛋白质食物——如肉类、牛奶和豆类——必须从该饮食中去除，因此碳水化合物的比例非常高。怀尔德，《维生素 B_1（硫胺）》，第 31 页。这很可能导致受试者血液中的血糖水平明显起伏。

19. "Vitamins for War", *JAMA* 115 (October 5, 1940)：1198；*NYT*, January 22, 1941.

20. George R. Cargill, "The Need for the Addition of Vitamin B, to Staple American Foods", *JAMA* 113(December 9, 1939)：2146 - 2151.

21. In October 1939 Hoffman-La Roche pharmaceuticals told food processors that "Mrs. American Housewife" was now insisting that food labels contain "specific declarations, So many units of vitamin B, So many of C. . . . She knows that these two vitamins especially may be destroyed or lost in modern processing", and that "medical experts" now supported their restoration. *Food Field Reporter*, October 2, 1939. In July 1940 the British government ordered that thiamine be added to white bread, but the measure was postponed, initially because of a shortage of the vitamin, and eventually abandoned. *ToL*, July 19, October 30, 1940.

21. 在 1939 年 10 月罗氏(Hoffman-LaRoche)制药公司告诉食物处理商，"美国家庭主妇女士"现在坚持食品的标签应该包含"具体的含量指示，有多少单位的维生素 B，有多少的维生素 C……因为她知道这两种维生素特别易于在现代加工过程中被破坏或丢失"，而"医学专家"现在支持对其添加修复。《食品现场报道者》，1939 年 10 月 2 日。1940 年 7 月，英国政府下令在白面包中添加硫胺，但这项措施被推迟了，最初是因为缺乏维生素本身，最终还是放弃了。*ToL*，1940 年 7 月 19 日，10 月 30 日。

22. *NYT*, September 8, 1940.

23. *NYT*, October 4, 1940.

24. Rima Apple, "Vitamins Will Win the War: Nutrition, Commerce and Patriotism in the United States during the Second World War", in *Food*,

Science, *Policy and Regulation in the Twentieth Century*, Ed. David F. Smith and Jim Phillips (New York：Routledge, 2000),136.

25. *SNL*, February 8,1941; *NYT*, April 9,1941; *WP*, March 8,1941; *New Yorker*, March 15,1941,14.

26. *SNL*, February 8,1941; *NYT*, January 30,March 19,1941.

27. *WP*, May 27,1941; *NYT*, March 4,1941.

28. *SNL*, April 12,1941; *NYT*, April 24,July 12,1941; *WP*, March 23,1942.

29. Albert M. Potts, "Nutritional Problems of National Defense", *Science*, n. s., 93 (June 6,1941)：539.

30. Waldemar Kaempffert, "What We Know about Vitamins", *NYTM*, May 3, 1942,23.

31. *NYT*, June 17,1941.

32. *NYT*, June 9,1942; June 18,1943.

33. 华莱士是在引述一位电台评论员的话。亨利・A. 华莱士,《营养与国防》,引自美国联邦安全局(Federal Security Agency),《国家营养与国防会议记录》(*Proceedings of the National Nutritional Conference for Defense*),1941 年 5 月 26—28 日(华盛顿特区：USGPO,1942 年),第 37 页。

34. 服用硫胺的一组人能够举起手臂 43 分钟至两小时,而另一组只能举 13 至 16 分钟。《药物问题》(*Drug Topics*),1941 年 1 月 6 日,引自艾普儿,《维生素赢得战争》(Vitamins Will Win the War),第 138 页。

35. *NYT*, March 27,April 1,1941; March 10,1942.

36. *NYT*, January 4,1942.

37. George Gallup, *the Gallup Poll* (New York：Random House, 1972),i：310.

38. *WP*, September 20,1942; Levenstein, *Paradox*, 69.

39. *NYT*, January 17, 1942; *New Yorker*, April 24, 1943, 9; Gallup Organization, "Gallup Brain" website, Gallup Poll no. 266,April 15,1942, question 10g, http：//brain. gallup. com/documents/questionnaire. aspx? STUDY＝AIPO0266&p＝3.

40. *NYT*,1941 年 4 月 29 日;罗素・怀尔德,《食品供应的质量》,卡明斯致威尔逊信件所附备忘录,美国总统行政办公室(Executive Office of the President),健康、福利及国防相关协调办公室,营养学部,记录 RG136,218 条目,文件盒 3t。这是对于怀尔德仅仅十四个月前的立场的转变,当时他谴责了"向原本不含有维生素的食品中添加,以改进自然的企图"。*NYT*,1941 年 6 月 16 日。

41. AMA 不愿意支持强化面包和牛奶以外的食品,甚至反对向婴儿食品添加维生素。《维生素泛滥》(Shotgun Vitamins Rampant)，*JAMA* 第 117 卷(1941 年 10 月 21 日)：第 1447 页；《粮食与营养委员会》(Council on Food and Nutrition)，*JAMA* 第 121 卷(1943 年 4 月 24 日)：第 1369—1370 页。

42. 怀尔德试图贬低这些研究，理由是，与梅奥的女病人不同，这些受试者被剥夺了维生素时间过长，其损害已成为慢性的和无法治愈的。罗素·怀尔德，《与国防有关的营养问题》(Nutritional Problems as Related to National Defence)，《消化系统疾病》(*Journal of Digestive Diseases*)第 8 卷(1941 年 7 月)：第 244—245 页。

43. *WP*，July 4,1943；*WSJ*，June7,1943；Levenstein，*Paradox*，69.

44. *NYT*,1937 年 4 月 22 日；1940 年 3 月 15 日；1941 年 9 月 12 日，11 月 15 日。赫斯特集团所拥有的国际新闻社(International News Service)和国王特写(King Features)都发表了热情洋溢的报道，后者说，在波士顿一名医生在五十个人身上进行的实验中，"每个人的头发都变黑了"。*WP*,1941 年 11 月 17 日,10 月 21 日。

45. *NYT*, November 13,1941；*WP*, October 15,November 17,1941；January 4, 1942.

46. 这两家公司中的美国家庭用品公司(American Home Products)，刚刚收购了安斯巴赫的公司，而雅培(Abbot Laboratories)则报告说，它治好了一些不育的妇女，以及一些皮肤疾病、哮喘以及便秘的病例。*NYT*,1942 年 4 月 3 日。

47. *NYT*,1941 年 11 月 13 日；*WP*,1942 年 12 月 17 日。它还必须与另一种维生素 B 复合体肌醇竞争，它也被称为一种"抗白发维生素"，还有一种号称抗衰老的 B 复合群成员，泛酸。*NYT*,1942 年 9 月 9 日、11 日；1943 年 2 月 14 日。

48. 安斯巴赫确实指出过，这只在三分之二的实例中起效，他妻子的头发也从灰色恢复到原来的暗褐色。*WP*,1942 年 4 月 25 日。

191

49. *Science.* n. s. 95 (April 10,1942)：10.

50. *NYT*, May 16,1943；October 8,1944；May 25,November 4,1945.

51. *NYT*, February 14,1943.

52. *NYT*, September 16,1941；February 27,1942.

53. *NYT*,1941 年 11 月 23 日；1942 年 4 月 5 日；1944 年 3 月 8 日。在维生素药丸冲击下生存情况最好的是菠菜罐头生产商。他们依靠大力水手漫画的流行，其中的水手主人公每当遭遇危险境遇时，就能够咽下罐头菠菜，获得非同寻常的力量。罐头菠菜的刺鼻味道是我的又一个不愉快的童年回忆。

54. 在数据被篡改以后，唯一能辨别出来的区别是，头发干燥和毛囊角质化的发病率略有增高，后者是一种常见的和微不足道的皮肤问题。亨利·波索克

(Henry Borsok)等，"南加州飞机工人的营养状况：IV。补充维生素在临床、仪器测量，以及实验室中的影响，以及症状"，《米尔班克纪念基金季刊》(*Milbank Memorial Fund Quarterly*)第 24 卷(1946 年 4 月)：第 99—185 页。

55. Bengamin·盖罗德·豪瑟，《重返青春，延年益寿》(纽约：法勒，斯特劳斯，1950 年)，第 162—163 页。FDA 对出版商进行了长期的复杂的诉讼，不允许他们随书售卖一种豪瑟予以背书的黑糖蜜，书里说这其中所含的维生素 B 能够延长五年的生命。*NYT*，1951 年 3 月 10 日，3 月 11 日，3 月 27 日，6 月 26 日，8 月 4 日，8 月 16 日。

56. J. W. Buchan, "America's Health：Fallacies, Beliefs, Practices", *FDA Consumer*, October 1972,5.

57. Levenstein, *Paradox*, 169,202.

58. 国立卫生研究院，"学术前沿大会(State-of-the-Science Conference)报告：多种维生素/矿物质补充剂与预防慢性疾病，2006 年 5 月 15—17 日。当然，这并没有影响功能宣称的涌现，后者还是有增无减，还言之凿凿，至少对外行来说通常很有说服力。

59. "Vitamins 'Could Shorten Lifespan'", BBC News, http://news.bbc.co.uk/2/hi/health/6399773.stm, February 28,2007; *NYT*, November 20,2008; February 17,2009.

60. 请麦科勒姆原谅，这对我的牙齿似乎没有什么作用。

第八章

1. 葛培理还认为用肥料对作物施肥是"非自然的"。斯蒂芬·尼森鲍姆(Stephen Nissenbaum)，《杰克逊时代美国的性、饮食与残疾》(*Sex, Diet and Disability in Jacksonian America*)(康涅狄格州韦斯特波特 Westport, CT：格林伍德 Greenwood,1980 年)，第 7 页；凯拉·瓦赞纳·汤普金斯(Kyla Wazana Tompkins)，《西尔维斯特·葛培理的帝国防御》，《食物与文化期刊》(*Gastronomica：The Journal of Food and Culture*)第 9 卷(2009 年)：第 59 页。

2. Robert McCarrison, "Faulty Food in Relation to Gastro-Intestinal Disorder", *JAMA* 78 January 7,1922)：2 - 4.

3. Robert McCarrison, *Studies in Deficiency Disease* (London, 1921); H. M. Sinclair, *The Work of Sir Robert McCarrison*, with additional introductory essays by W. R. Aykroyd and E. V. McCollum (London：Faber and Faber,

1953）；McCarrison，"Faulty Food"，2 - 4；"Memorandum on malnutrition as a cause of physical inefficiency and ill-health among the masses in India" （1926），in Sinclair，*The Work of Sir Robert McCarrison*，261；McCarrison，"A Good Diet and a Bad One：An Experimental Contrast"，*Indian Journal of Medical Research* 14，No. 3（1927）：649 - 654；McCarrison，*Nutrition and National Health：Being the Cantor Lectures delivered before the Royal Society of Arts*，1936（London：Faber and Faber，1944），19 - 30.

4. 1939 年麦卡利森将这种食物形容为"大多数情况下从源头就很新鲜，在制备的过程中极少受到改变，也不伤其完整性；而且由于是以农业为基础的，自然的循环也在这里完成。没有使用化学品或是替代品"。麦卡利森的"医疗证词：营养，土壤肥力与国民健康"，切斯特领地（County Palatine of Chester），地方医疗专家委员会，1939 年 3 月 22 日，journeytoforever. org/farm_library/medtest/medtest. html。这意味着其饮食以全谷类、豆类、乳制品，以及新鲜水果和绿色蔬菜为主的人，比那些"饮食以加工处理食品为主"的人更健康。*ToL*，1939 年 4 月 3 日。

5. Philip Conford，"The Myth of Neglect：Responses to the Early Organic Movement，1930 - 1950"，*Agricultural History Review* 50（2002）：101；McCarrison，"Introduction to the Study of Deficiency Disease"，*Oxford Medical Publications*（1921），in McCarrison，*Nutrition and Health*，94.

6. Eleanor Perényi，"Apostle of the Compost Heap"，*Saturday Evening Post*，July 16，1966，30 - 33.

7. Ibid. ；Wade Greene，"Guru of the Organic Food Cult"，*NYTM*，June 6，1971，60；Samuel Fromartz，*Organic，Inc.*（Orlando，FL：Harcourt，2006），18 - 20.

8. 罗代尔说，这一点比麦卡利森对他们的健康给出的另外三个理由更重要，那三个理由是：他们采用母乳喂养，基本戒酒，以及充分锻炼。J. I. 罗代尔，《健康的罕萨》（以马忤斯：罗代尔，1948 年），第 19—20 页。

9. *NYT*，June 13，1948.

10. Guy Theodore Wrench，*The Wheel of Health：The Sources of Long Life and Health Among the Hunza*（Milwaukee：Lee Foundation for Nutritional Research，1945；New York：Schocken，1972；New York：Dover，2006）.

11. 罗代尔在之后的关于农药和化肥的听证会上获得了更多的重视，这次委员会建议调查他所声称的有机肥料优于化肥的情况。苏珊娜·丽贝卡·怀特，《化学与争议：规制食品中化学品的使用，1880—1959 年》（博士学位论文，埃

192

默里大学,1994 年),第 316—321、330 页。

12. *WP*，April 10,1958；Levenstein，*Paradox*，133.

13. 它被称为德莱尼条款,因为正式地说,它是《食品和药品法》(Food and Drugs Act)的一条修正案。

14. White，"Chemistry"，360 – 365.

15. Levenstein，*Paradox*，135.

16. Rachel Carson，*Silent Spring*（Boston：Houghton Mifflin，1962），13；Levenstein，*Paradox*，134.

17. White，"Chemistry"，393.

18. *NYT*，February 11,September 15,1957.

19. Renée Taylor and Mulford J. Nobbs，*Hunza：The Himalayan Shangri-la*（El Monte, CA：Whitehorn，1962），54.

20. Alan E. Banik and Renée Taylor，*Hunza Land：the Fabulous Health and Youth Wonderland of the World*（Long Beach：Whitehorn，1960）；John H. Tobe，*Hunza：Adventures in a Land of Paradise*（Emmaus，PA：Rodale，1960）；Renée Taylor，*Hunza Health Secrers for Long Life and Happiness*（Englewood Cliffs，NJ：Prentice-Hall，1964 ）；Taylor and Nobbs，*Hunza*；Jay M. Hoffman，*Hunza：Ten Secrers of the World's Oldest and Healthiest People*（Groton，1968）；Shahid Hamid，*S. Karakuram Hunza：The Land of Just Enough*（Karachi：Ma'aref 1979）. In France a Swiss book，Ralph Bircher's *Hunsa：Das Volk das keine Krankheit kennt*（1942），was translated and published in 1943 and went through four more editions until 1955 as *Les Hounza；un peuple qui ignore la maladie*，trans. Gabrielle Godet（Paris：Attinger，1943；1955）. Another German-language book with a similar title appeared in 1978：Hermann Schaeffer，*Hunza：Volk ohne Krankheir*［Hunza：People without Sickness］（Düsseldorf：Diederichs，1978）.

21. 这位医生驻扎在附近的阿富汗。保罗·达德利·怀特,《我的生命与医学:自传体回忆录》(*My Life and Medicine：An Autobiographical Memoir*)（波士顿:开局 Gambit 出版社,1971 年),第 139 页。

22. *JAMA*，February 25,1961,106.

23. John Clark，*Hunza：Lost Kingdom in the Himalayas*（New York：Funk and Wagnalls，1956），64 – 74.

24. 芭芭拉·蒙斯,《通往罕萨的大道》(伦敦:费伯出版社 Faber and Faber,1958 年),第 105 页。文盲和缺乏记录的原因之一是,他们的语言布鲁夏斯基语

(Burashaski)没有文字。亚历山大·利夫(Alexander Leaf),《一个巡回老年病学家的观察》,*NT*,1973 年 9 月/10 月,第 6 页。

25. Kinji Imanishi, ed., *Personality and Health in Hunza Valley* (Kyoto： Kyoto University, 1963), 7 - 14.

26. Jewel H. Henrickson, *Holidey in Hunza* (Washington, DC： Review and Herald Publishing, 1960), 109 - 110.

27. 我在其他地方曾表示过,这种对于天然食品功效的信仰,与对魔法体系的信仰是一样的——也就是说,这是对当下占据统治地位的科学智慧的一种替代范式,根据基思·托马斯(Keith Thomas)的分析,当宗教组织在 15 和 16 世纪巩固了其对西方文化的控制之后,实现诸如健康之类好事的老式或非主流途径就被称为魔法。基思·托马斯,《宗教与魔法的衰落》(*Religion and the Decline of Magic*)(伦敦：韦登菲尔德与尼科尔森 Weidenfeld and Nicolson, 1971 年)。我说,如今现代医学是防治疾病的主要途径,对于天然和有机食品功效的信仰就成了一种类似于魔法的,占据统治地位的科学途径的替代。哈维·列文斯坦,《健康幸福》,载《饮食魔法：食物巫师,食用信仰》(原文为法语),克劳德·费什勒编辑(巴黎：Autrement,1994 年),第 156—68 页。

28. Rodale, *Healthy Hunza*, 37; Tobe, *Hunza*, 625, 629 - 630.

29. Organic Gardening and Farming, *Encyclopedia of Organic Gardening* (Emmaus, PA： Rodale, 1959), 47; Taylor, *Hunza Health Secrets*, 76; Tobe, *Hunza*, 629.

30. 一篇典型的罗代尔式文章从引用著名的《科学》期刊上一位非常杰出的生物学家的话开头,随后是赞扬一位牙医的发现,这一发现由密尔沃基一个奇异的健康食品组织出版,讲述瑞士阿尔卑斯山偏僻山谷的居民、加拿大北部印第安人、爱斯基摩人(现在叫做因纽特人),以及澳大利亚原住民优越的骨骼结构。J. I. 罗代尔,《营养如何影响我们的健康?》《预防》,1968 年 6 月,第 70—75 页。

31. Greene, "Guru", 30, 54.

32. Howard A. Schneider and J. Timothy Hesia, "The Way It Is", *Nutrition Reviews* 31(August 1973)：236.

33. *NYT*, April 30, 1969; Greene, "Guru", 31.

34. U. S. Senate, Select Committee on Nutrition and Human Needs, *Nutrition and Private Industry： Hearings*, 90th Cong., 2nd sess., and 91st Cong, 1st sess., 1969, 3956 - 3961.

35. Schneider and Hesia, "The Way It Is", 136.

36. James S. Turner, *The Chemical Feast* (New York：Grossman, 1970)；Frances Moore Lappé, *Diet for a Small Planet* (New York：Ballantine, 1971)；Boston Women's Health Collective, *Our Bodies, Ourselves* (New York：Simon and Schuster, 1976),108.

37. Victor Herbert and Stephen Barrett, *Vitamins and "Health" Foods：The Great American Hustle* (Philadelphia：Stickley, 1981),105.

38. *NYT*, June 1,1974.

39. Greene, "Guru", 55.

40. Dick Cavett, "When that Guy Died on My Show", May 3,2007, http://opinionator. blogs. nytimes. com/2007/05/03/when-that-guy-died-on-my-show/.

41. Greene, "Guru", 68.

42. Robert Rodale, "J. I. Rodale's Greatest Contribution：" *OGF*, September 1971,33.

43. "Death Rides a Slow Bus in Hunza", *Prevention*, May 1974；"Doctors Follow One Fad after Another"；*Prevention*, July 1974,74 - 75.

44. 马可·布鲁诺(Marco Bruno),《FDA 希望你交出自己的大脑》,《预防》,1974年2月,第117页。该文还攻击该机构否认有机食品营养价值更高。

45. 亚历山大·利夫,《当你超过 100 岁时,每一天都是一份礼物》,《国家地理》,1973年1月,第 93 页;利夫,《老去》,《科学美国人》第 229 卷(1973 年 9 月)：第 44 页;利夫,《一个巡回老年病学家的观察》,NT 第 8 卷,1973 年 9 月/10月：第 4 页。五年后,利夫却否定了这些文章,说他的警告被忽略和被误解了。利夫,《失乐园》,NT 第 13 卷(1978 年五月/6 月)：第 6—8 页。

46. *WP*, April 12,1973.

47. Warren J. Belasco, *Appetite for Change：How the Counterculture Took on the Food Industry* (Ithaca, NY：Cornell University Press, 2006),48 - 50.

48. 1990 年,罗代尔回到那里,他看到化肥和肯德基席卷全国,他觉得这里简直是一个灾区。安东尼(Anthony)·罗代尔,《罗伯特·罗代尔：回顾,1930—1990年》,《变革的种子》(*Seeds of Change*), http://www. seedsofchange. com/cutting_edge/robert_rodale. aspx。

49. Robert Rodale, "Pleasures of the Primitive"；*Prevention*, June 1974,21 - 25；"Building Health with Chinese Herbs"；*Prevention*, February 1974,19 - 24；Michael Clark, "Jethro Kloss：Healing with Nature", *Prevention*, February 1974,138 - 144.

50. Robert Rodale, "Gardening for Security", *OGF*, February 1975,47.

51. 然而,有机食品本身仍然被视为非常时尚主流。见《年轻人和老人都转向有机饮食,食物风尚突然风靡》,*WSJ*,1971 年 1 月 21 日。

52. *WP*, September 23,1971; March 15,May 10,1973; *NYT*, May 24,1978.　　*195*

53. Levenstein, *Paradox*, 195 - 196; *NYT*, March 15,1978.

54. 《预防》引用《家庭实践新闻》(*Family Practice News*),1974 年 3 月 15 日。《生物类黄酮:大自然母亲给女性问题的答案》,《预防》,1974 年 10 月,第 86—87 页。另一个典型的例子是吹捧一种锌补充剂可作为"勃起障碍的新疗法"。这几乎完全是基于一个短命的期刊(《今日性医学》*Sexual Medicine Today*)上的一篇文章,号称锌可以治愈疲软的阴茎,而那篇文章则是基于一次实验,说给 15 位营养不良的埃及男孩和 10 位同样的伊朗男孩的饮食中补充锌、铁,以及许多其他矿物质之后,他们的性成熟早于其他人。马克·布里克林,《锌让你思考》,《预防》,1974 年 5 月,第 28—32 页。

55. 例如,当年《预防》的一篇文章宣传说酸奶能够降低阴道酵母菌感染,这是基于一位长岛的医生对他的 15 名患者的研究。并无提及吃酸奶的保加利亚妇女不会得病。《酸奶对酵母菌》,《预防》,1990 年 5 月,第 20—23 页;丽贝卡·威廉姆斯(Rebecca Williams),《酸奶:健康的凝乳和乳清?》《FDA 消费者》,1992 年 6 月。

56. 这类杂志大量的男性读者对于广告主具有独特的吸引力,正如健康和健身内容的读者通常是绝大多数是女性一样。

57. *NYT*, October 12,2003; Meghan Hamill, "Prevention Integrates Marketing to Grow Franchise", *Circulation Management*, March 25,2005.

58. 《罗代尔 2007 年第二季度报告》,http://www. rodale. com/。2009 年他们出版了一本批评食物处理商的书,作者是其宿敌 FDA 的前局长戴维·凯斯勒(David Kessler),不过该书主要针对肥胖的健康后果,这从来没有成为过罗代尔的主要目标。

59. *NYT*, January 27,2010.

60. Arlene Leonhard Spark, "A Content Analysis of Food Ads Appearing in Women's Consumer Magazines in 1965 and 1977" (EdD diss. , teachers College, Columbia University, 1980),989.

61. 埃里克·施洛瑟,《快餐国家:全美式餐食的阴暗面》(波士顿:霍顿·米夫林,2001 年),第 120—129 页。2004 年吉百利·史威士(Cadbury Schweppes)做广告说,一种新的苏打水,七喜＋(7Up Plus)是"100％纯天然"的。在遭到投诉说其中含有高果糖浆——当时这被看作危害很大的——之后,公司将其标识改成"100％纯天然香精"。*NYT*，2007 年 3 月 7 日。62％的消费者还说"全麦"一词会使他们更有可能购买一种产品。盖洛普机构，"盖洛普大脑"网站，9 月第 4 波，1991 年 9 月 26—29 日，问题 43j，http：//brain. gallup. com/documents/questionnaire. aspx？STUDY＝AIPO0266&p＝3。

62. *Tufts University Health and Nutrition Newsletter*，August 2008，4 - 5；March 2009，3；Marion Nestle，*What to Eat*（New York：North Point Press，2006）.

63. "Rodale Reports"，2007；Kraft website 2007，http：//www. kraft. com/brands/namerica/us. html.

64. Belasco，*Appetite*，185 - 242；Levenstein，*Paradox*，195 - 212.

65. Michael Pollan，*The Omnivore's Dilemma：A Natural History of Four Meals*（New York：Penguin，2006），135 - 184.

66. See "When It Pays to Buy Organic"，*Consumer Reports*，February 2006，12 - 17；Michael Pollan，"*Mass Natural*"，*NYTM*，June 4，2006，15 - 18.

67. 在那些延续这个传说的人之中，有一位就是帕沃·艾罗拉（Paavo Airola）。他是一位芬兰出生的自然疗法师，拥有生物学博士学位，他搬到亚利桑那州，从事起一项有利可图的职业，卖书并在医学院演讲，宣扬美国人应该采用罕萨式的低蛋白质饮食，"罕萨人是世界上最健康的人"，他所鼓吹的食物包括生牛奶制成的酸奶。《纯净的，不纯的，以及偏执的》，《今日心理学》（*Psychology Today*）第 12 卷（1978 年 10 月），第 68 页。他还警告说，酸中毒是许多疾病的病因，并建议一种酸/碱平衡适当的饮食。帕沃·O. 艾罗拉，《如何获得健康》（菲尼克斯 Phoenix：健康增加出版社 Health Plus Publishers，1974 年）。他的吃紫菜可以防脱发的理念不太有说服力，而他的最后一本书，《世界各地保持青春的秘密》（*Worldwide Secrets of Living Young*）（菲尼克斯：健康增加出版社，1982 年），在他死于中风之后就丧失了部分可信度。

68. 克劳德·费什勒寄给我店内展示的照片。这本书是杰伊·M. 霍夫曼的《罕萨：全世界最健康与最长寿的人的十五个秘密》（New Win，1997 年）。这是他 1968 年的书《罕萨：全世界最健康与最长寿的人的十个秘密》的 1985 年修订版（又加了五个秘密）。罗代尔不会同意这本书中的素食主义。他是坚定的肉食主义者，还自己在以马仟斯饲养肉牛。

第九章

1. 似乎是克劳德·费什勒创造了"脂肪恐惧症"一词，首先是在法语中，然后在英语中。克劳德·费什勒，《杂食者：味觉、烹饪与人体》（巴黎：奥黛尔雅各布，1990 年），第 197 页；《从脂肪喜好到脂肪恐惧》，载《膳食脂肪》（*Dietary Fats*），作者 D. J. 梅拉（Mela）（伦敦：爱思唯尔 Elsevier，1992 年）。

2. 我一直认为更好的饮食在这里发挥了重大作用。列文斯坦，《餐桌革命》，第 135 页。盖瑞·陶布斯（Gary Taubes）贴切地描述了这对于心脏病死亡率的影响："任意一个特定年龄的心脏病死亡率都没变化。所以，50 岁的人死于心肌梗塞的人数上升，主要是因为 50 岁的人数上升了。"盖瑞·陶布斯，《膳食脂肪的软科学》，《科学》2001 年 3 月 30 日，第 1 页。

3. 在 20 世纪 40 年代早期，死亡原因分类方式的改变导致了一次明显的增加。然后 1948 年到 1949 年的标准的另一次修订又导致白人男性冠心病死亡率上升约 20％，白人女性则上升约 35％。罗素·L. 史密斯（Russell L. Smith）与爱德华·R. 平克尼（Edward R. Pinckney），《饮食、血胆固醇与冠心病：文学的批评性评述》（加州谢尔曼奥克斯 Sherman Oaks：Vector Enterprises，1991 年），第二卷，第 3—8 页。

4. Association of Schools for Public Health, "Health Revolutionary：The Life and Work of Ancel Keys", movie script, 2001, http://www. asph. org/movies/keys. pdf; *WP*, November 14, 2004; Ancel Keys, "Recollections of Pioneers in Nutrition：From Starvation to Cholesterol", *Journal of the American College of Nutrition* 9 (1990)：288‑291; Keys, letter to the editor, *Time*, February 3, 1961.

5. 1950 年出版的该研究的主要结论，就是从饥饿中恢复的人应该吃多于正常数量的热量和蛋白质，并给予维生素补充剂。有人认为实验结果并不能证明受试者所受到的痛苦是值得的，不过后来由于国际科学组织以不合伦理为由禁止了这类研究之后，这样的结果因为再也无法获得而获得了肯定。安塞尔·基斯，《人类饥饿的生理》（明尼阿波利斯：明尼苏达大学出版社，1950 年）；威廉·霍夫曼，《面见胆固醇先生》，《明尼苏达大学新闻》（*University of Minnesota Update*）1979 年冬季；西奥多·B. 范义大利（Theodore B. VanItallie），《向安塞尔·基斯致敬》，《营养与代谢》（*Nutrition and Metabolism*）（2005 年 2 月 14 日）：第 4 页；利亚·M. 卡尔曼（Leah M. Kalm）与理查德·D. 希姆巴（Richard D. Semba），《他们挨饿是为了别人吃得更好：回忆安塞尔·基斯与明尼苏达实验》，*JN* 第 135 卷（2005 年 6 月）：第 1347—1352 页。在托德·塔克，《饥饿大实验：为了数百万人的生命而挨饿的英雄们》（纽约：自由出版社，2006 年）中，有对这项研究非常正面的描述。

6. 1948 年 1 月基斯宣布他的实验室已经发现了，硫胺缺乏除了众所周知的"易疲劳，缺乏志气"的后果之外，还有与核黄素和烟酸缺乏一样的造成"精神神经机能病（psychoneuroses）"的后果，其症状包括烦躁不安、喜怒无常以及"精神抑郁"。*WP*，1954 年 1 月 4 日。怀尔德以前也曾为他的饥饿研究写过一篇热情的评论。安塞尔·基斯，《一位医学科学家的历险》（纽约：皇冠，1999年），第 36 页。

7. G. Lyman Duff and Gardner C. McMillan, "Pathology of Atherosclerosis," *American Journal of Medicine* 11 (July 1951)：92 – 108；Association of Schools for Public Health, "Health Revolutionary," Frederick Epstein, "Cardiovascular Disease Epidemiology：A Journey from the Past into the Future," *Circulation* 93 (1996)：1755 – 1764；Ancel Keys, Henry Longstreet Taylor, Henry Blackburn et al, "Coronary Heart Disease Among Minnesota Business and Professional Men Followed Fifteen Years," *Circulation* 28 (1963)：381 – 395.

8. 基斯，《历险》，第 44 页；基斯，《回忆》；霍夫曼，《胆固醇先生》；安塞尔·基斯与玛格丽特·基斯，《如何以地中海方式吃好与活好》（纽约州花园城：双日，1975 年），第 2 页。克劳德·费什勒最初指出这篇文章与乌托邦文学的相似性。他还发现了基斯对于地中海式饮食的信仰——这将在下一章讨论——与我所说的对于罕萨饮食信仰的魔法性质的相似之处。克劳德·费什勒，《科学中的魔法与乌托邦思想：地中海式饮食的入侵》，载《今日魔法思想》（巴黎：Les Cahiers de L'OCHA，1996 年）；哈维·列文斯坦，《健康幸福》，载《饮食魔法：食物巫师，食用信仰》，克劳德·费什勒编辑（巴黎：Autrement，1994年），第 156—168 页。

9. *WP*，1953 年 9 月 29 日，A. 基斯，J. T. 安德森（Anderson），F. 菲丹萨（Fidanza）等，《饮食对于人体血脂，尤其是胆固醇和脂蛋白的影响》，《临床化学》（*Clinical Chemistry*）第 1 卷（1955 年）：第 34—52 页；学校公共卫生协会（Association of Schools for Public Health），《卫生革命》；基斯，《回忆》，第 289页。在这些早期研究中，基斯强调，并不是鸡蛋之类的高胆固醇食物造成了高血清胆固醇，而是高脂肪的食物。史密斯与平克尼，《饮食、血胆固醇与冠心病》，第二卷，第 2—6 页。

10. Henry Blackburn, interview in Association of Schools for Public Health, "Health Revolutionary".

11. *WP*, September 15,1954.

12. Paul Dudley White, *My Life and Medicine*：*An Autobiographical Memoir* (Boston：Gambit, 1971), 55 – 56；White, foreword to Ancel Keys and

Margaret Keys, *Eat Well and Stay Well* (Garden City, NY: Doubleday, 1959),7.

13. 在此之前，该学会是一个"在令人愉悦的地方举行小型会议的精英俱乐部"。亨利·布莱克本（Henry Blackburn），《安塞尔·基斯，先锋》，《循环》(*Circulation*)第 84 卷：第 1402—1404 页。 *198*

14. William Hoffman, "Meet Monsieur Cholesterol", *University of Minnesota Update*, Winter 1979; *NYT*, September 14, 1954; *Circulation Research* 2 (1954):392.

15. *Time*, January 31,1955.

16. "Fat's the Villain", *Newsweek*, September 27, 1954; *NYT*, September 19,1954.

17. *NYT*, September 26,1955; Paul Dudley White, "White Links Coronary and World Peace", *WP*, October 30,1955; "Heart Ills and the Presidency: Dr. White's Views", *NYT*, October 30,1955; White, *My Life*, 181.

18. "The Specialized Nubbin", *Time*, October 31,1955.

19. *WP*, October 13, 1955; Keys, *Adventures*, 62 - 69; "Capsules", *Time*, December 30,1957; Keys and Keys, *Eat Well*, 6.

20. J. Yerushalmi and H. E. Hilleboe, "Fat in the Diet and Mortality from Heart Disease: A Methodological Note", *New York State Journal of Medicine* 57 (1957):2343 - 2354.

21. George V. Mann, "Diet-Heart End of an Era", *NEJM* 297(September 22, 1977):644.

22. *NYT*, July 16,1957; Yerushalmi and Hilleboe, "Fat in the Diet", 2343 - 2354; Uffe Ravnskov, "A Hypothesis Out-of-Date: the Diet-Heart Idea", *Journal of Clinical Epidemiology* 55 (2002): 1057; NYT, November 25,1956.

23. 史蒂芬·P. 斯特里克兰(Stephen P. Strickland),《政治、科学与重大疾病》(马萨诸塞州剑桥：哈佛大学出版社,1972 年),第 83、104、142、146—147、21—23 页；*WP*,1955 年 10 月 13 日。作为 1948 年立法的一部分,更名为国立卫生研究院。

24. 《大地的肥沃》,《时代》,1961 年 1 月 13 日；基斯,《历险》,第 91 页；亨利·布莱克本,《七国研究：一场科学的历史性冒险》,H. 丰岛(Toshima)、Y. 古贺(Koga)与 H. 布莱克本编辑(东京：施普林格出版社 Springer-Verlag,1994 年),第 10—11 页。基斯的同事亨利·布莱克本后来说："怀特是将基斯的理念实现的基本条件。"亨利·布莱克本，《预防心肌梗塞和中风：心血管病流行病学史。PDW（怀特全名的字头缩写——译注）：在这一切的中心》。www.epi. umn. edu/cvdepi/essay. asp？ id＝95。

25. Ancel Keys, "A Brief Personal History of the Seven Countries Study," in *Lessons for Science*, ed. Toshima, Koga, And Blackburn, 3.

26. 安塞尔·基斯，《你的能量与你的饮食》，《时尚》（*Vogue*）1957 年 2 月 15 日；基斯，《历险》，第 100 页；基斯与基斯，《吃好》，第 59 页——基斯没有在任何地方提到他 1950 年发表的一项受到全国乳品业协会赞助的研究显示，几乎不可能通过饮食降低血清胆固醇。其结论是一种几乎完全不含胆固醇的饮食才能做到。安塞尔·基斯等，《人类饮食与血液中胆固醇之间的关系》，《科学》第 112 卷（1950 年 7 月 21 日）：第 79—81 页。

27. White, Preface to Keys and Keys, *Eat Well*, 8.

28. Keys and Keys, Eat Well, 53 - 59; "The Specialized Nubbin".

29. 基斯与基斯，《吃好》，第 284—285 页。基斯认为蛋黄和内脏中的"预成型"胆固醇不会像饱和脂肪那样被血液吸收。《脂肪与事实》，《时代》，1959 年 3 月 30 日。

30. 玛格丽特·基斯确实重现了那不勒斯邻居的食谱，手工制作了意大利肉卷的面，但要求填的馅料是低脂奶酪、酪浆和一个鸡蛋。基斯与基斯，《吃好》，第 219、174 页。

31. *NYT*, April 5, 1959; "Fats and Facts".

32. *NYT*, May 1, May 3, November 1, 1959.

33. Keys, *Adventures*, 100.

34. 报告中用小号字体写着，减少脂肪摄入主要对那些已经超重、已经患过一次心肌梗塞，或是有家族心脏病史的人有益，但是建议仍然针对所有的人。*NYT*，1960 年 12 月 11 日，12 月 18 日；*WSJ*，1960 年 12 月 12 日；《火中的脂肪》，《时代》，1960 年 12 月 26 日。

35. *NYT*, December 15, 1960.

36. "Fat in the Fire"; *NYT*, December 12, 1960.

37. *WSJ*, December 13, 1960.

38. "Fat in the Fire".

39. *NYT*, August 7, 1962.

40. 历史学家戴维·波特（David Potter）在一本很有影响力的书中表示，美国的国民性格是一个长期处于富足之中的历史的产物。戴维·波特，《富足的人民：经济充裕与美国性格》（芝加哥：芝加哥大学出版社，1954 年）。我的书《丰富的悖论》的标题正是对该书的致敬。

41. *NYT*，September 27，1959.

42. *NYT*，February 9，1947；Peter Steincrohn，*What You Can Do for Angina Pectoris and Coronary Occlusion*（Garden City，NY：Doubleday，1946）.

43. "The Specialized Nubbin".

44. 心脏病的主要原因动脉粥样硬化，是一种现代文明病的理念在一次古埃及木乃伊的检测中遭到沉重打击，这次检测发现在四十五岁以上的木乃伊中，八个人里面有七个患有这种病。*G&M*，2009 年 11 月 20 日。

45. O. W. Portman and D. M. Hegsted，"Nutrition"，*Annual Review of Biochemistry* 26（1957）：307 - 326，in Kenneth J. Carpenter，"A Shon History of Nutritional Science"；*JN* 133（November 2003）：3331 - 3342.

46. 《火中的脂肪》，*NYT*，1954 年 9 月 19 日；实际上，一位长期同事说："多年来，基斯最大的爱好就是取笑保险行业将体重与较高的死亡风险等同起来。"他说基斯"乐于证明……在大多数工业化国家，体重适中的人远比体重处于两个极端的人（死亡率高）"。他还发现在 40 岁到 60 岁之间发福的人，死亡率低于没有发胖的人，这其中一部分原因可能是戒烟的人会变胖。亨利·布莱克本，《安塞尔·基斯》，载《明尼苏达冠军录》，http://mbbnet. urnn. edu/firsts/blackburn_h. html。

47. Keys and Keys，*Eat Well*，20.

48. Keys and Keys，*How to Eat Well*；Fischler，"Pensée magique".

49. *NYT*，October 21，1960；*WSJ*，December 12，1960.

50. Keys and Keys，*Eat Well*，56 - 57.

51. Gary Taubes，*Good Calories*，*Bad Calories*（New York：Knopf；2007），16.

200

第十章

1. 迈克尔·波伦使用《我们国家的饮食失调症》作为《杂食者的两难：四种食物的自然史》一书导言一章的标题（纽约：企鹅出版社，2006），第 1—11 页；戴维·斯坦伯格（David Steinberg），《胆固醇战争》（牛津：学术出版社，2007年）。

2. 丹尼尔·斯坦伯格（Daniel Steinberg），《胆固醇争议的阐释性历史：第二部分：人类高胆固醇血症与冠心病联系的早期证据》，《脂质研究期刊》（*Journal of Lipid Research*）第 46 卷（2005 年 2 月）：第 179 页。盖瑞·陶布斯在《好卡路里，坏卡路里》中对基斯理论的弱点有很好的分析（纽约：诺夫，2007 年）：第

4—41 页。

3. *WP*，December 29，1965；January 11，1970.

4. *NYT*，July 7，1965.

5. *NYT*，October 9，October 10，1946；February 3，February 9，June7，1947；February 3，1951；April 5，1953；American Heart Association，"History of the American Heart Association"，AHA website，http://www. heart. org/HEARTORG/；Taubes，*Good Calories*，9.

6. *NYT*，September 20，1955.

7. *NYT*，October 9，October 10，1946；February 9，1947；April 5，1953；*WP*，September 13，September 18，1954.

8. 在 20 世纪 40 年代后期，美国心脏协会的预算中，支持研究的部分从大约四分之一开始上升，到 1954 年达到一半的份额。1955 年，AHA 将其研究资金比上一年提高了 50%，达到接近 150 万美元。*NYT*，1954 年 2 月 26 日，4 月 2 日；《循环研究》(*Circulation Research*)第 3 卷(1955 年)：第 426 页。

9. *NYT*，January 18，1960.

10. *NYT*，October 25，1961.

11. *WSJ*，June 10，1964.

12. *WSJ*，1961 年 10 月 27 日；1967 年 6 月 22 日；欧文·H. 佩奇(Irving H. Page)与海伦·B. 布朗(Helen B. Brown)，《对于全国饮食——心脏研究的一些看法》，《循环》第 37 卷(1968 年)：第 313—315 页。另一项研究——由美国公共卫生局资助，计划研究 10 万名男女——也失败了。莱昂纳德·恩格尔(Leonard Engel)，《胆固醇：有罪还是无罪？》*NYTM*，1963 年 5 月 12 日。

13. AHA 报告建议，"作为一个实验性的治疗方法"，医生应该通过要求患者从饮食中去除全脂牛奶和奶油，鸡蛋限制在每周四个，以及用瘦肉、家禽和鱼类来代替较肥的肉，来治疗动脉的硬化。"在烹调中，用植物油代替黄油和猪油"。*NYT*，1960 年 12 月 11 日。

14. NYT，3 月 4 日，1962 年 8 月 7 日；*WSJ*，1963 年 3 月 28 日；《胆固醇争论》，《时代》，1962 年 7 月 13 日。多年以后，红花油被指为含有 omega - 6 脂肪酸，据说会诱发炎症，从而导致心脏病。*G&M*，2009 年 4 月 8 日。

15. *WP*，June 14，1971；Monon Mintz，"Eat，Drink and Be Merry"，*WP*，March 18，1973；R. l. Smith and E. R. Pinckney，*The Cholesterol Conspiracy* (St. louis：Green，1991)，125.

16. *NYT*，October 12，1962.

17. George V. Mann，"Diet-Heart：End of an Era"，*NEJM*，297（September

22,1977)：646.

18. *NYT*, December 11,1959.

19. *WSJ*, September 28,1964.

201

20. FDA也迫使降胆固醇药物的制造商告诉医生,目前并不知道这些药物对于心脏病是"有害、有益还是几乎没有影响"。*WSJ*,1964年6月9日；*NYT*,1971年1月14日。

21. *WP*, March 1,1971; August 20,1972.

22. *WP*, August 20,1972; April 14,May 27,1973; Mintz, "Eat, Drink".

23. Mann, "Diet-Heart", 646.

24. "Diet and Coronary Heart Disease", *Nutrition Reviews*, October 1972,123.

25. Richard Podell, "Cholesterol and the Law"; *Circulation* 48（August 1973）：225 - 228; *WP*, July 15,1976.

26. *WP*, May 17, 1973; Edward R. Pinckney and Cathey Pinckney, *the Cholesterol Controversy* (Los Angeles：Shelburne, 1973),1.

27. 他们建议,多元不饱和脂肪摄入量应由目前的占饮食卡路里的4%到6%提高到10%。*WP*,1972年8月20日；*NYT*,1974年10月25日。

28. 研究经费的主要来源是新近成立的美国健康基金会（American Health Foundation）,其主席所在的公司就是韦森油的生产商,其食品和营养委员会里面净是为该公司和其他植物油公司工作的科学家。1971年11月,它呼吁国会把更多地利用多元不饱和脂肪来减少心脏病确定为"国家政策"。明茨（Mintz）,《吃喝》。该基金会后来把目标转向癌症,资助旨在证明高脂肪、低纤维饮食能够诱发癌症的研究。

29. *Food Processing*, April 1964,65; Sheila Hany, *Hucksters in the Classroom：A Review of Industry Propaganda in the Schools* (Washington, DC：Center for the Study of Responsive Law, 1979),23.

30. 约翰·尤德金,《瘦身业务》（伦敦：MacGibbon & Kee,1958年）。这本书的销量超过10万册,其中大部分是在英国售出的。维多利亚·布里顿（Victoria Brittain）,《对糖并不好》,*ToL*,1972年9月26日。

31. John Yudkin, *Pure White and Deadly* (London：Davis Pointer, 1972),84 - 85.

32. *ToL*, August 1,1961; February 6,1962; December 11,1964; J. Yudkin and J. Roddy, "Levels of Dietary Sucrose in Patients with Occlusive Atherosclerotic Disease"; *Lancet*, No. 7349（July 4, 1964）：6 - 8; John Yudkin and Jill Morland, "Sugar Intake and Myocardial Infarction", *AJCN* 20（May 1967）：503 - 506; Yudkin, "Sucrose and Heart Disease", *NT*,

Spring 1969,16 - 20.

33. *ToL*, September 22,1961; Mark W. Bufton and Virginia Berridge, "Post-war Nutrition Science and Policy in Britain c. 1945 - 1994：the Case of Diet and Heart Disease", in *Food*, *Science*, *Policy and Regulation in the Twentieth Century*, ed. David F. Smith and Jim Phillips (London：Routledge, 2000),212.

34. 尤德金也是最早鼓吹巧克力有益健康的人之一,并且得到过雀巢(Nestlé)公司的资助。*ToL*,1972 年 6 月 26 日；1995 年 7 月 17 日；丹尼斯·巴克 (Dennis Barker)与安东尼·塔克(Anthony Tucker),"与方糖先生算账",《卫报》(伦敦),1995 年 7 月 20 日,第 30 页。

35. John Yudkin, *Pure*; *Sweet and Dangerous*; *The New Facts about the Sugar You Eat as a Cause of Heart Disease*, *Diabetes*, *And Other Killers* (New York：Wyden, 1973).

36. *NYT*,1974 年 12 月 11 日。与此同时,在英国,之前保持中立的 BBC 用一部叫做《穿过你的心,希望活下来》的节目打击了尤德金,这个节目警告人们,如果想降低自己死于心脏病的几率,就必须减少消费鸡蛋、牛奶、黄油和奶酪。*ToL*,1974 年 5 月 27 日。

202   37. AHA 发言人确实承认,但是是以小号字体的方式承认还有许多其他因素导致心脏疾病,如"遗传、性别、年龄、压力、性格、其他疾病、吸烟、不活动,以及肥胖",但是说这些因素之中很多都极难控制,因此他们选取饮食作为"合乎逻辑的选择",因为这是"最容易改变的事物"之一。*NYT*,1973 年 6 月 28 日。

38. 列文斯坦,《悖论》,第 193 页;威廉·杜夫特,《糖之蓝调》(纽约:华纳,1975年),第 1、14 页。杜夫特的书仍在再版之中,销路很好。其最新版本声称已经印刷了超过 160 万本。

39. 进化确实似乎赋予了我们固有的"脂肪爱好",可与我们的"甜食爱好"相当。亚当·德鲁诺夫斯基(Adam Drewnowski),《我们为什么喜欢脂肪?》,*JADA* 第 97 卷(1997 年)：S58—S62 页；亚当·德鲁诺夫斯基与 M. R. C. 格林伍德 (Greenwood),《奶油与糖:人类对高脂肪食物的偏好》,《生理与行为》 (*Physiology & Behavior*)第 30 卷(1983 年 4 月)：第 629—633 页；亚当·德鲁诺夫斯基等,"甜食爱好的再思考:人类肥胖中的味觉反应",《生理与行为》第 35 卷(1985 年 10 月)：第 617—622 页；德鲁诺夫斯基,《脂肪与糖:经济分析》,*JN* 第 133 卷(2003 年 3 月)：838S—840S。

40. 这些数字已包括了损耗和食品加工中使用的数量。直到 1966 年之前,美国农业部都没有单独列出植物油的数量。美国农业部经济研究局,《食物可用性电子表格,鸡蛋、黄油、油的供应和损耗》,2008 年 3 月 15 日更新,http://www. ers. usda. gov/Data/FoodConsumption/FoodAvailSpreadsheets. htm ♯ dymfg。

41. 亚历山大·利夫,《一个巡回老年病学家的观察》,*NT*,1973 年 9 月/10 月,第 6 页。查尔斯·珀西,《在罕萨活到 100 岁》,《大观》,1974 年 2 月 17 日,第 1012 页;《失乐园》,*NT* 第 13 卷(1978 年 5 月/6 月):第 8 页。利夫也在《国家地理》和《科学美国人》发表了他的发现。他报告说每天都有一个不同的人被派到吉尔吉特(Gilgit)去取邮件,来回 120 英里,这促使作家兼跑步者埃里希·西格尔(Erich Segal)考虑,那些感觉自己大限将近的人或许需要跑一个从纽约到波士顿的"罕拉松"。*NYT*,1977 年 12 月 18 日。五年后,利夫收回了他关于罕萨人长寿的故事,不过是在一份流通量很少的期刊《今日营养学》上。《失乐园》,第 8 页。

42. U. S. Congress, Senate, Select Committee on Nutrition and Human Needs, *Diet Related to Killer Diseases*, re: Meat: Hearings, 95th Cong., 1st sess., 1977,p. 6.

43. 糖和盐的摄入量也将大幅减少。美国国会参议院营养和人类需要专责委员会,《美国膳食目标》(*Dietary Goals for the United States*)(华盛顿特区:USGPO,1977 年),第 12—14 页;米歇尔·采比西(Michele Zebich),《营养的政治》(博士论文,新墨西哥大学,1979 年),第 172—174 页;陶布斯,《好卡路里》,第 46 页;迈克尔·波伦,《为食物辩护》(*In Defense of Food*)(纽约:企鹅出版社,2008 年),第 23 页。

44. Nick Mottern, "Dietary Goals"; *Food Monitor*, March/April 1978,9; Marion Nestle, *Food Politics* (Berkeley: University of California Press, 2002),41 - 42.

45. Sam Keen, "Eating Our Way to Enlightenment", *Psychology Today*, October 1978,62.

46. *NYT*, August 3,1977.

47. 美国农业部,经济研究局,食物可用性电子表格,《牛肉:人均可用性,计入损耗后/1,1970 年—2007 年》。随着鸡肉价格下跌,以及瘦猪肉被作为"其他白肉"上市销售,牛肉消费也遭到了沉重打击。

48. Taubes, *Good Calories*, 160 - 167; Michel de Lorgeril, *Cholesterol, Mensonges et propaganda* (Paris: Thierry Souccar, 2007). 113 - 114.

49. 这种药物是消胆胺(cholestyramine)。饮食本身降低胆固醇的效果很小,从 179 毫克减少到 177 毫克。约翰·尤德金,《身体政治》,*ToL*,1984 年 4 月 7

日；盖瑞·陶布斯，《如果这一切都是个大肥谎言?》，*NYTM*，2002 年 7 月 7 日。两年前，一场历时十年的大规模研究的结果公布了，在这场研究中，有 6 千人用药物或饮食降低胆固醇，并被要求戒烟和降低血压，与 1 万 2 千个保持"正常生活"的人进行比较。令调查者惊讶的是，两组人的死亡率差异不明显。他们随后猜测，这是因为大部分"正常生活"的人也听从了 AHA 和癌症协会等团体的忠告，少吃脂肪，戒烟，因而血压也降低了。*WSJ*，1982 年 10 月 6 日。

50. 《控制鸡蛋和黄油》，《时代》，1984 年 3 月 26 日。事实上，这些数据并不支持这一说。批评家称这些结论是"不必要、不科学的，而且一厢情愿"，和"过分夸大数据"。陶布斯，《好卡路里》，第 57 页。

51. 对于多高的胆固醇水平能够危及一个人的生命，估计值一直在稳定地下降。在这里，"风险人群"被定义为高于 100mg/dl，这已经涵盖了绝大多数的成年人。西南医学中心(Southwestern Medical Center)，"全国胆固醇教育计划"，http://www8. utsouthwestern. edu/utsw/cda/dept27717/files/97623. html；弗雷德里克·斯太尔，罗伯特·E. 奥尔森(Robert E. Olson)与伊丽莎白·M. 惠兰(Elizabeth M. Whelan)，《均衡营养：超越胆固醇恐慌》(*Balanced Nutrition：Beyond the Cholesterol Scare*)(马萨诸塞州霍尔布鲁克 Holbrook：鲍勃·亚当斯 Bob Adams，1989 年)，第 146 页；玛丽·恩尼格(Mary Enig)与莎莉·法伦(Sally Fallon)，《给美国上油》，《纽带》(*Nexus Magazine*)，1998 年 12 月/1999 年 1 月和 1999 年 2 月/3 月。

52. 陶布斯，《好卡路里》，第 50 页；《膳食脂肪的软科学》，《科学》第 291 卷(2001 年 3 月 30 日)：第 2536 页。当时，有些使用可疑的血清胆固醇危险水平估算方法的专家警告说半数的美国人血液中胆固醇水平已经达到"临界较高"或"较高"的程度，而其他的专家计算出只有 16％的美国人真正达到了"高风险"水平。斯太尔等，《均衡营养》，第 157、166 页。

53. 预计有四分之一的病人会被告知他们的"血胆固醇水平高得危险"。罗素·L. 史密斯与爱德华·R. 平克尼，《饮食、血胆固醇与冠心病：文学的批评性评述》(加州谢尔曼奥克斯：Vector，1991 年)，第二卷，第 2—24 页。

54. 斯太尔等，《均衡营养》，第 167 页；侧重于原始的含义。

55. "Searching for Life's Elixir", *Time*, December 12, 1988.

56. 帕特里夏·A. 克罗蒂(Patricia A. Crotty)，《营养良好?：饮食建议中的事实与时尚》(*Good Nutrition?：Fact and Fashion in Dietary Advice*)(伦敦：Allen and Unwin，1991 年)，第 58 页。实际上，在说服他们转而相信脂肪恐惧症上面，参议员的妻子发挥了主要作用。采比西，《营养的政治》，第 172 页。

57. 流行病学家梅厄·施坦普费尔(Meir Stampfer)后来说："人们看到这个就会说：'就是这样——脂肪引起了乳腺癌。'你可以画一幅 GNP 与癌症的关系图，能得到同样的图形，或者是电话杆的数量。任何西方文明的标志都能得出同样的关系。"*NYT*,2005 年 9 月 27 日。

58. 该报告还特别乐于凸显含有维生素 C 和 β-胡萝卜素的水果和蔬菜能够预防癌症,这从来没有得到深入研究的支持。*NYT*, 1982 年 6 月 17 日,6 月 23 日。

204

59. 该饮食建议也呼吁避免肥胖、饮酒,吃更多的纤维。*NYT*,1984 年 2 月 11 日。

60. *NYT*, January 1,1987.

61. 斯太尔等,《均衡营养》。到了 1990 年,人们已经发现心脏病死亡率一直在稳定地下降,尽管美国的脂肪消费量一直在上升,而且自从 1950 年以来,在全世界脂肪消费量上升最多的日本,心脏病死亡率同样稳步下降。代尔·M. 阿特伦斯(Dale M. Atrens),《低脂肪饮食和降低胆固醇,不可靠的智慧》,《社会科学与医学》(*Social Science and Medicine*)第 39 卷(1994 年)：第 433—447 页。

62. *NYT*, February 8,2006.

63. 安塞尔·基斯与玛格丽特·基斯,《如何以地中海方式吃好与活好》(纽约州花园城：双日,1975 年)；安塞尔·基斯等,《七国：对于死亡与冠心病的一次多元分析》(Seven Countries：A Multivariate Analysis of Death and Coronary Heart Disease)(马萨诸塞州剑桥：哈佛大学出版社,1980 年)。基斯在 1970 年和 1975 年已经预先发表报告,预测了这些结论。安塞尔·基斯编,《七个国家的冠心病》(纽约：美国心脏协会,1970 年)。一个主要问题是不同地方的合作者没有使用相同的方式来计算饮食与健康的效果,这使得通过比较得出的结论非常可疑。一位统计员,拉塞尔·史密斯(Russell Smith)写道："膳食评估方法在不同群组之间高度不一致,完全不可信。此外,仔细检查死亡率以及饮食与死亡率之间的联系,能够发现更多的不一致和矛盾……七国研究的执行过程如此地不科学,几乎是不可接受的。"史密斯与平克尼,《饮食、血胆固醇与冠心病》,第 4—49 页。

64. 在一张又一次重新排序的脂肪列表中,橄榄油的单不饱和脂肪被认为比其他植物油中的多元不饱和脂肪更加有益于心脏。

65. 迈克尔·西蒙斯(Michael Symons),《橄榄油与空调文化》,《向西》(*Westerly*)第 4 卷(1994 年夏季)：第 17—31 页；帕特里夏·克罗蒂《作为饮食指导的地中海式饮食：一个文化与历史问题》,*NT* 第 33 卷(1998 年 11 月/12 月)：第 227—232 页；邓恩·吉福德(Dun Gifford),《作为饮食指导的地中海式饮食：

评论》,出处同上,第 233—243 页;克罗蒂,《回应 K. 邓恩·吉福德》,出处同上,第 244—245 页;克里斯蒂娜·威尔逊,《地中海式饮食:过去与未来?》,出处同上,第 146—149 页。为了充分揭示利益相关性,我必须承认曾在两次这类会议上做过有偿演说,分别是在波士顿和多伦多。当然我所传递的信息,自然是否定食物的健康功能宣传,并且认为这些风潮就像过去流行过的那样,终将过时,不过这些并不被组织者所认同,而且我从此就再也没有得到更多会议邀请,那些会议的举办地可都是罗马、马德里和突尼斯这些更有异国风情的地方。

66. 其结果第二年年初在英国发表,即塞尔日·雷诺(Serge Renaud)与米歇尔·德·洛热尔,《葡萄酒、酒精、血小板与冠心病的法国悖论》,《柳叶刀》第 339 卷(1992 年 6 月 20 日):第 1523—1526 页。《60 分钟》在 1992 年和 1993 年再次拍摄了同样的节目,并在 1995 年做了一次后续报道。

67. Renaud and de Lorgeril, "Wine, Alcohol, Platelets", 1523 - 1526; De Lorgeril, *Cholesterol*, 114.

68. Michel de Lorgeril et al., "Mediterranean Diet, Traditional Risk Factors, and the Rate of Cardiovascular Complications after Myocardial Infarction", *Circulation* 99 (February 16,1999):779 - 785; De Lorgeril, *Cholesterol*, 116 - 119.

69. *NYT*,1999 年 3 月 13 日。脂肪恐惧者在自己的主场面临一次严峻的挑战,广受欢迎的罗伯特·阿特金斯(Robert Atkins)博士否认饱和脂肪的危险。不过,他们在 2003 年收到了一份礼物,时年 72 岁的阿特金斯在他纽约市的家门外的冰上滑倒,头撞在人行道上不幸去世。他们马上散布谣言说他是死于心肌梗塞,他们还用窃取来的显示他患有严重心脏疾病的医疗记录来支持自己的说法。*NYT*,2004 年 2 月 11 日。

70. Ancel Keys, "Mediterranean Diet and Public Health: Personal Reflections", *AJCN* 61 (Supplement, June 199s):1321S - 1323S; Nancy Harmon Jenkins, *The Mediterranean Diet Cookbook: A Delicious Alternative for Lifelong Health* (New York: Bantam, 1994).

71. Daily Telegraph (London),November 8,2008; "Le poidsdes Européens: Les Françaises les plus minces et les plus insatisfaites!" Observatoire CNIEL des Habitudes Alimentaires (OCHA), Actualités, April 2009, http://www.lemangeur-ocha.com/; Claude Fischler and Estelle Masson, *Manger: Français, Européens et Amèricains face à l'alimentation* (Paris: Odile Jacob, 2007),14 - 25.

72. CreteTravel. com，http://www. cretetravel. com/Cretan_Diet/Cretan_Diet_ l. htm.

73. *WSJ*，December 13,1988；March 12，April 2,1990；*NYT*，October 22，October 29,1997；Gary Taubes，"The Soft Science of Dietary Fat"，*Science*，March 30,2001,1；*Blood Weekly*，November 16,2006,54.

74. *NYT*，March 1,1996；Walter C. Willett et al，"Intake of Trans Fatty Acids and Risk of Coronary Heart Disease Among Women"，*Lancet* 341（1993）：581 – 585；William S. Weintraub，"Is Atherosclerotic Vascular Disease Related to High-Fat Diet?" *Journal of Clinical Epidemiology* 55（2002）：1064 – 1072；Sylvan Lee Weinberg，"The Diet-Heart Hypothesis：A Critique"，*Journal of the American College of Cardiology* 43（2004）：731 – 733；Steinberg，*Cholesterol Wars*，197.

75. Willet et al. ，"Intake"；*G&M*，October 28，October 29,2003.

76. *NYT*，July 3,2001.

77. E. Lopez-Garcia，et al，"Consumption of Trans Fatty Acids Is Related to Plasma Biomarkers of Inflammation and Endothelial Dysfunction"，*JN* 135（March 2005）：562 – 566.

78. Fran B. Hu et al. ，"Types of Dietary Fat and the Risk of Coronary Heart Disease：A Critical Review"，*Journal of the American College of Nutrition* 20（2001）：15.

79. Steinberg，*Cholesterol Wars*，7.

80. 2004 年 AHA 加入 NIH 要求具有中高心脏病风险的人们大幅降低胆固醇水平的行列——现在人们广泛认为只有他汀类药物才能做到这一点。当有人指出，九位推荐许多人服用他汀类药物的专家中，有八位都接受过制药厂的资助时，得到的回答是几乎无法分辨，谁真正了解这一领域，而谁又不懂。*NYT*,2004 年 7 月 20 日。

81. 这包括为维妥力的电视广告背书，这条广告声称血液中大部分的胆固醇不是来自饮食，而是来自身体自身，而这样就违背了 AHA 一直以来的饮食/心脏病理论。《电视周刊》（*TV Week*），2007 年 10 月 31 日；"国会议员审查维妥力广告"，NewsInferno. com,2008 年 1 月 18 日，http://www. newsinfemo. com/legal-news/vytorin-ads-scrutinized-by-lawmakers/；*NYT*,2008 年 1 月 24 日。

82. *NYT*，January 24，March 31，April 2，September 5,2008；"Cholesterol Lowering and Ezetimibe," editorial，*NEJM* 358（April 3,2008）：1507 – 1508.

83. 2007 年，其营业收入总额达到 6. 68 亿美元,AHA 的 CEO 被奖励超过 100 万的年薪。2008 年，在其 6. 42 亿美元的营收中，只有 1. 68 亿用于研究，而有

206

1.31亿直接用于筹款，还有2.75亿用于所谓"公众健康教育"，正如我们所见，其中大部分间接地用在筹款上。AHA，财务报表，2003年6月30日；2007年6月30日；以及2008年6月30日，http://www.americanheart.org；AHA，国税局，990表格，2008年，http://www.americanheart.org/downloadable/heart/12586449685482008-2009％20Form％20990％20.pdf，2009年12月19日。

84. Steinberg，*Cholesterol Wars*，197.

85. 乔尔·考夫曼(Joel Kauffman)，《最近同行评议医学期刊中，关于饮食与药物的论文中存在的偏见》，《美国医师与外科医生期刊》(*Journal of American Physicians and Surgeons*)第9卷(2004年春季)：第12页；德·洛热尔，《胆固醇》，第123—199页；保罗·M.里德克(Paul M. Ridker)等，《罗伐他汀在较高C-反应蛋白的男性和女性中预防血管事件》，*NEJM*第359卷(2008年11月9日)：第2195—2207页。甚至是多年来一直针对饱和脂肪的纽约时报健康专栏作家简·布罗迪(Jane Brody)，也改变了调子，把枪口转向CRP。*NYT*，2009年1月13日。

86. Paul Elliot et al，"Genetic Loci Associated with C Reactive Protein Levels and Risk of Coronary Heart Disease"，*JAMA* 302 (July 1,2009)：37-48.

87. 帕里·W.希利-塔利诺(Parry W. Siri-Tarino)，孙奇(Qi Sun)，弗兰克·B.胡(Frank B. Hu)，以及罗纳德·M.克劳斯(Ronald M. Krauss)，《评估饱和脂肪与冠心病之间联系的前瞻性世代研究的元分析》，*AJCN*，doi：10.3945/ajcn.2009.27725。这篇文章——以及另一篇同一批作者的文章支持这一想法，即伴随着饮食中脂肪的减少，随之而来的摄入碳水化合物增加提高了心脏病风险——遭到了一次有力的反驳，来自一位著名的饮食/心脏病理论的辩护者耶利米·斯塔姆勒(Jeremiah Staimler)。但是他也承认"从来没有人做过一次明确的饮食——心脏病关系实验，有可能永远都不会有人做了。"帕里·W.希利-塔利诺等，《饱和脂肪，碳水化合物与冠心病》，*AJCN*，doi：10.3945/ajcn.2008.26285；耶利米·斯塔姆勒，《饮食——心脏病：问题的再提出》，*AJCN*，doi：2010：29216。

88. *G&M*，February 10，February 12，2010.

89. 《卫报》(伦敦)，1995年7月20日；陶布斯，《好卡路里》，第119—124、324—348、第404—415页。一些实验也表明，在食品上贴上"低脂肪"标签，会造成人们，尤其是超重者低估其热量，从而吃得过量，或是吃更多的其他食品。布赖恩·万辛克(Brian Wansink)和皮埃尔·尚东(Pierre Chandon)，《"低脂肪"营养标签会导致肥胖吗?》，《营销研究期刊》(*Journal of Marketing*

Research)第 43 卷(2006 年 11 月)：第 605—617 页。

90. "Dietary Sugars Intake and Cardiovascular Health: A Scientific Statement from the American Health Association", *Circulation* 109（September 15, 2009)：1011 - 1020.

91. 迈克尔·马尔莫,《地位综合征：社会地位如何影响我们的健康和长寿》(纽约：Holt,2004 年)。随后对英国公务员的一项数据分析将这一差异主要归咎于行为上的不同——即吸烟、过度饮酒、不良饮食,以及缺乏锻炼——而不是压力。然而一篇评论文章说这表明现在我们应该放下压力与健康行为之间的辩论继续前行。该文指出这些有害行为往往是压力的产物,而那些在贫困压力下长大的孩子往往没有能够发展出那些社会经济地位更高的孩子所具有的"自制力"。西尔维娅·斯特林吉尼(Silvia Stringhini)等,《社会经济地位与健康行为和死亡率的联系》,*JAMA* 第 303 卷(2010 年 3 月 24/31 日)：第 1159 页；詹姆斯·R.邓恩(James R. Dunn),《低社会经济地位及其健康后果的健康行为和压力假说》,出处同上,第 1199—1200 页。

207

尾声

1. 克劳德·费什勒：《杂食者：味觉、烹饪与人体》(巴黎：奥黛尔雅各布,1990 年)。1997—1998 年华盛顿州的一项调查发现,几乎没有证据表明存在这种"营养反抗"。不过,有四分之一的受访者确实觉得吃低脂肪食物剥夺了进食的乐趣。R. 帕特森(R. Patterson)等,《消费者对于饮食健康的宣传存在反抗吗?》,*JADA* 第 101 卷(2001 年)：第 37—41 页。

2. 我在《革命》中讲了这个故事,第 44—59 页。

索 引

(原文页码)

注:斜体页码表示插图。

abattoirs. See slaughterhouses
Abs Diet for Women, 122
acidosis, 89 - 92
Adams, Samuel Hopkins, 69,18n25
additives, 2, 61 - 77; alum, 70 - 71;
 Artificial flavorings, 122 - 123; in
 beef, 44 - 46,51,53; benzoate of
 soda, 65,67,68 - 70,71,72,73,74,
 75,76 - 77. 181n27; benzoic acid,
 62, 67, 68, 18n6; borax, 46, 64,
 66 - 67,68,181n27; food colorings,
 62,112; formaldehyde, 62,67,68,
 181n27; and natural foods, 121;
 regulation of, 61,65 - 66,110 - 112;
 Saccharin, 69,71 - 72,73; salicylic
 acid, 44, 62, 67, 176n9, 181n27;
 sulfate of copper, 68, 73, 183n62;
 Sulfur dioxide, 51,67,68,75,76,
 182n39,183n62
advertising, false, 76, 85, 143 -
 144,187n52
affluence, 128,135 - 137
Affluent Society, the (Galbraith),136
AHA. See American Heart Association
 (AHA)
AIDS. See HIV/AIDS
Airola, Paavo, 196n67

Air supply Ionic Personal Air Purifier,
 24
Alsberg, Carl, 74
alternative medicine, 38,119
alum, 70 - 71
AMA. See American Medical Association
 (AMA)

American Cancer Society, 150,151,163
American College of Physicians, 154 A-
 merican Dietetic Association, 150 A-
 merican Health Foundation, 201n28
American Heart Association (AHA):
 And
diet, 3,41,134,135,142,144,145,147,
 149 - 150, 152, 200n13, 202n37;
 endorsements by, 153 - 154,115,158;
 finances of; 140 - 141, 206n83;
 funding of Seven Countries study,
 132; And pharmaceutical companies,
 156 - 157, 205n80, 206n81; research
 funding, 140 - 141, 200n8; And
 successful men thesis, 136
American Institute of Homeopathy, 70
American Journal of Clinical Nutrition,
 120
American Journal of Nursing, 91

American Magazine, 185n19

American Meat Institute, 99

American Medical Association (AMA), 33,38 - 39,89,96,102,142 - 43,144 - 145,150

American Medicine, 10

ammonia, 59

Ansbacher, Stefan, 103

anthrax, 10

appendicitis, 108,109

apricots, 113,116,119

Arbuthnot-lane, William, 28 - 29,35,39

Armour and Company, 47 - 49,48

arteriosclerosis, 173n11

artificial color. See food colorings

artificial flavorings, 122 - 123

atherosclerosis, 130,136,149 - 150,199n44

Atkins, Robert, 205n69

autointoxication, 27,28 - 42,174n33, 177n31

Autointoxication, or Intestinal Toxemia (Kellogg),38

baby food, 71,73

Bacillus Bulgaricus, 29,31 - 34,42, 185n26

Bacillus of Long Life, The (Douglas), 31 - 32

Back to Nature, 123

bacteria. See germs

baldness, 6,168n4

Beatrice Foods, 41

beef, 2,43 - 60; boycotts of, 50,181n18; BSE (bovine spongiform encephalopathy), 56, 178n58; Chemical additives in, 44 - 46, 51, 53; and cholesterol, 2,

148 - 149; Consumption of, 43,50 - 51, 52, 53, 55 - 56, 56, 148 - 149; cooking temperature for, 54 - 55,59; *E. Coli* in, 53 - 60; "embalmed", 44,60, 62 - 63, 64, 180n7; ground, 47,49, 51 - 52, 53, 54 - 56, 58 - 59; price of, 44,50,52; radiation of, 56, 57; Recalls of, 55,58 - 59; regulation of, 47 - 49, 51, 53, 55, 56, 57, 60; slaughterhouses, 46,47 - 49,53,57, 59,176n4; transportation of, 43

benzoate of soda, 65,67,68 - 70,71, 72,73,74,75,76 - 77,181n27   *210*

benzoic acid, 62,67,68,182n46

beriberi, 80,102

Betts, Rome, 140

Betty Crocker, 87 - 88,89

Beverly Hills Diet, 92

Bittman, Mark, 179n74

Boardwalk Empire, 169n15

Boer War, 169n19

borax, 46,64,66 - 67,68,181n27

Borden's, 21

Borgia, lucrezia, 182n44

boric acid, 62,64,66 - 67

bottled water, 24

botulism, 74

Bowditch, Henry, 37

boycotts of beef, 50,181n18

brand names, 15

bread, 87 - 89,99,107. *See also* flour

breast cancer, 150 - 151,163

Bright's disease, 31

Brody, Jane, 153

Brooklyn Daily Eagle, 8

Brooklyn Dodgers, 101

Bryan, William Jennings, 174n33

BSE (bovine spongiform encephalopathy), 56,178n58

211   Burger King, 59

butter, 147,154

Cadbury Schweppes, 195n61

caffeine, 71,75,183n63

California Fruit Growers Exchange, 85

cancer: and additives, 112; Breast, 150 – 151,163; And germs, 6,10; Lung, 142; and natural foods, 108, 109,110,117 – 118; And removal of the colon, 36; And Yogurt, 31

Carasso, Daniel, 40,42

Carasso, Isaac, 40

carbohydrates, 145 – 147,154,158,206n87. *See also sugar*

Cardiovascular News, 150

Cargill, 59

Carson, Rachel: *Silent Spring*, 112,117

cattle: tuberculosis in, 51, 183n72; vitamin experiments on, 81. *See also* beef; milk

Cattlemen's Association, 154

Cavett, Dick, 118

CBS. *See* Columbia Broadcasting System

Center for Science in the Public Interest, 117,154

Centers for Disease Control, 150

Chemical Feast, *The* (Turner),117

chewing of food, 36,37

Chicago Tribune, 120

chickens, 112

Child, Julia, 164

China, 120

Chittenden, Russell, 37,69

chlorosis, 182n47

chocolate, 201n34

cholera, 10,11

cholesterol: and heart disease, 53, 126, 128 – 138,139 – 145,147 – 150,152,154, 157; high-density lipoproteins (HDL), 149,150,152,154; levels, 203nn51 – 53; low-density lipoproteins (LDL), 149, 150,152,154,157; reducing drugs, 149, 156 – 157, 203n49, 205n80; And Yogurt, 41

cholestyramine, 203n49

chronic fatigue syndrome, 39

citrus fruits, 90 – 92,153 – 154,155

Clinton, Bill, 54,157

Coca-Cola, 1,71,183n63

cocaine, 71

cod liver oil, 79,84,84 – 85,86,105

coffee, 71,75

Cohen, Jerome Irving. *See* Rodale, Jerome Irving

colitis, 41,109

Collier's, 82

colon, removal of 28 – 29,35,36,38

colonic irrigation, 38 – 39

Columbia Broadcasting System, 102

ConAgra, 59,154

conjunctivitis, 115

Connaught, Duchess of, 35

constipation, 35,119

Consumers Union, 51

copper sulfate. *See* sulfate of copper

corn syrup, 71,72

cranberries, 112

Crete, 130,153

Creutzfeldt-Jakob disease (vCJD),56

Crohn's disease, 39,41

CRP. *See* high-sensitivity C-reactive protein (CRP)

Crumbine, Samuel, 10 - 11,169n24

culture, Vii - viii, 3 - 4,163

Dannon/Danone, 40,41,42,175nn55 - 56

Davis, Adele, 117 - 118

DDT, 110,117

death, Causes of; 125,196n3

Delaney, James, 111,112

de Lorgeril, Michel, 152

diabetes, 32,136,154,158

Diana, Princess of Wales, 39

diarrhea, 41

Dick Cavett Show, 118

Dietary Goals for Americans, 148

Diet for a Small Planet (Lappé),117

diets: food combining, 92; low-fat, 139, 141 - 143, 144, 148 - 151, 154, 156, 199n34,200n13,206n89; Mediterranean, 132 - 134,137,151 - 153; Ornish, 154; starvation, 126,196n5

digestive system, 28 - 42

diphtheria, 6,10,18

dirt and disease, 6,7

disinfectants, 12,14,169n28

dried fruit, 75

Duffy's Malt Whiskey, 32

Dufty, William: *Sugar Blues*, 147

Dunlap, Frank, 72,111

Dunne, Peter Finley, 47,49

dust, 7,183n72

dysentery, 114

dyspepsia, 35,68,108,110,136,173n30

E. Coli, 53 - 60,179n60

Eat This Not That series, 122

Eat Well and Stay Well (Keys and Keys),132 - 134

eggs, 139,147,197n9

Eijkeman, Christian, 186n39

Eisenhower, Dwight, 129 - 130,140

Electrozone, 121 24

Encyclopedia of Organic Gardening, 116

exercise, 121,130

experts, 1 - 2

eye health, 113

Fast Food Nation (Schlosser),57

fats, 3; And breast cancer, 150 - 151, 163; lipophobia, 125 - 138,139,147 - 148,154 - 156,157 - 158,19601; low - fat diets, 139,141 - 143,144,148 - 151, 154, 156, 199n34, 200n13, 206n89; Saturated, 130, 132 - 133, 134, 135, 141,142,145,148,150 - 151,152 - 153, 154,156,157; trans, 137,

212 fats (continued)

154,156; unsaturated and polyunsaturated, 130,132 - 133,134,141,142 - 143,145, 156

FDA. *See* Food and Drug Administration (FDA)

Federal Trade Commission, 76, 85, 143 - 144,187n52

fenility, 108

fertilizers, 107 - 18,109 - 110,192n11

Finland, 131

Fischler, Claude, Vii, 161,196n1, 197n8

flavonoids, 121

Fleischmann's margarine, 142,144

Fleischmann's Yeast, 75,76,85,86

Fletcher, Horace, 36 - 37,38,174n36, 177n31

flies, 9 - 15,4,17,20,169n18,183n72

flour, 87 - 89,98,99 - 101,107,183n64

Food, Drug, And Cosmetic Act, 51, 76,118

Food and Drug Administration (FDA),41,58,59,60,75 - 77,96, 104 - 105,111,112,119,143,145, 153,156

food colorings, 62,112

food combining, 92,287n53

food packaging, 121

food processing: and additives, 2, 65, 68 - 69, 110 - 112, 121; And false advertising, 76, 85, 143 - 144; and germophobia, 11 - 15; and nutritional quality, 107, 117, 119 - 120; by

strangers, 2; and vitamins, 85 - 86, 95 - 97,98,99 - 101,102,189n21

Ford, Henry, 92

formaldehyde, 62,67,68,181027

fortified foods, 102

Fortune, vii

France, vii, 152,164

frankfurters, 49 - 50,177n28

French Paradox, 152,164

fruits and vegetables, 7, 75, 86, 90 - 92,162

Funk, Casimir, 80,186n39

Galbraith, John Kenneth: *The Affluent Society*, 136

Garbo, Greta, 41

gastroenteritis, 7,11,10

General Federation of Women's Clubs, 63

General Mills, 59,87 - 89,99,142

germs: airborne, 7; and baldness, 6; and dust, 7,183n72; and flies, 9 - 15,14,17,20,169n18,183n72; and germ - killing potions, 7, 8, 24; germophobia, 2,5 - 15,24 - 25,66, 157; and laziness, 6, 168n3; and milk, 17 - 20; and pets, 9

Germs Are Not for Sharing, 24

GMA. *See* Grocery Manufacturers Association (GMA)

goiter, 114,115

Goldberger, Joseph, 186n40

Gold Medal flour, 12

Goldwyn, Sam, 140

Good Housekeeping, 75,76,87,90

Gore, Al: *An Inconvenient Truth*, 122

Graham, Sylvester, 62,88,107

Grocery Manufacturers Association (GMA),95

guilt, vii, 3 - 4,163

hair color, 103,190n44,190n47,191n48

hamburgers, 49, 51 - 52, 54 - 56, 58,59

hand washing, 7,24

Handwerker, Nathan, 50

Harper's Magazine, 29

Harper's Weekly, 45

Harrow, Benjamin, 80

Hatch, Edward, 11

Hauser, Gayelord, 39, 40 - 41, 104, 112, 175nn50 - 51; *Look Younger, live Longer*, 41,191n55

Hay, William, 40; *Health via Food*, 92

Health via Food (Hay),92

Healthy Hunza, The (Rodale),110

heart disease: and affluence, 128, 135 - 137; and carbohydrates, 145 - 147,154,158,206n87; causes of; 115, 202n37; and cholesterol, 116 - 138, 139 - 145, 147 - 150, 152, 154, 157; deaths from, 115,196nn2 - 3,204n61; and inflammation, 157; and poverty, 158 - 159; and stress, 158

Heinz, 12, 59, 65, 66, 68 - 69, 72,182n40

herbicides, 112

hidden hunger, 96 - 101

high-sensitivity C-reactive protein (CRP),157

Hilton, James: *Lost Horizon*, 109

Himaleyan Shangri-La, The, 113

HIV/AIDS, 24

hookworm, 168n3

Hoover, Herbert, 50 - 51

Hopkins, Frederick Gowland, 184n7, 186n39

hormones, 112

horse manure, 6,7,15,17604

hot dogs. *See* frankfurters

houseflies. *See* flies

Howard, Albert, 107 - 108,109,110

Howells, William D. , 29

How to Eat Well and Stay Well the Mediterranean Wey (Keys and Keys),151

Humane Society, 59

100 , 000 , 000 Guinea Pigs (Kallet and Schlink),51,76

Hunza: Adventures in a Land of Paradise (Tobe),113

Hunza: 15 Secrets of the World's Healthiest and Oldest Living People (Hoffman),124

Hunza: Secrets of the World's Healthiest and Oldest Living People (Hoffman),113

Hunza: The Himalayan Shangri-la (Taylor),113

Hunza: The Land of Just Enough (Hamid),113

Hunza Health Secrets for Long Life and Happiness (Taylor),113

Hunza Land (Banik and Taylor),113

Hunza Valley, 108 - 109, 110, 111, 112 - 16,119, 120, 122, 123 - 124, 148,196n67,202n41

Hygeia, 97

ice cream, 71

Inconvenient Truth , An (Gore),122

In Defense of Food (Pollan),57

individualism, Viii, 4,164

infantile paralysis. *See* polio

Ingram, Edgar, 51

International Olive Oil Council, 151,152

International Society of Cardiology, 128 - 129

International Vitamin Corporation,103

Intesti-Fermin, 32,33

irradiation of beef, 56,57

irritable bowel syndrome, 39

Italy, 127 - 128

Jack in the Box, 54,57

James, Henry, 37

James, William, 37

Jell-0,75

Johnson, Lyndon, 118

Journal of the American Medical Association, 98,114

Jungle, The (Sinclair),46,49,177n20

Kallet, Arthur, 183n172; 100, 000, 000 Guinea Pigs, 51,76

Kashi, 123

Kellogg, John Harvey, 36 - 38, 39, 107,174n33,174n38,174n40,176n16; *Autointoxication, or Intestinal Toxemia*, 38

Kellogg, William, 38

Kellogg's, 12,13,25,123,147,153

Keys, Ancel, 125 - 138, 127, 139, 141, 145, 146, 148, 152 - 153, 154, 157,158,198n26;

Eat Well and Stay Well, 132 - 134; *How to Eat Well and Stay Well the Mediterranean Way*, 151; *Seven Countries*, 131 - 132,141 - 142,151, 204n63

Keys, Margaret, 127; *Eat Well and Stay Well*, 132 - 134; *How to Eat Well and Stay Well the Mediterranean Wey*, 151

kidney disease, 68

Kohl, Helmut, 39

Koop, C. Everett, 149

Kraft, 123

K rations, 126

Kroger, 96

lactobacillus, 42,175n60

Ladies' Home Journal, 76

laetrile, 119

Langworthy, Charles F, 31

Lappé, Frances: *Diet for a Small Planet*, 117

Lasker, Mary, 131,140

laziness, 6,168n3

lead arsenic, 76

Leaf, Alexander, 120,148,194n45, 102n41

Liggett's, 12

Linkletter, Art, 113

lipophobia, 125 - 138,139,147 - 148, 154 - 156,157 - 158,196n1

Listerine, 169n28

LL Cool J's Platinum Workout, 122

locavores, 12 1

Lodge, Henry Cabot, 68

Long, John H. , 73

longevity: of the Hunza, 108, 109, 110,112, 113,114 - 115, 119, 120, 148,202n41; increase of American, 125; and Yogurt, 29 - 34,39 - 40

Look Younger, *Live Longer* (Hauser), 41,191n55

Lost Horizon (Hilton),109

Lotus Sanitizing System, 24

low - fat diets, 139, 141 - 143, 144, 148 - 151,154,156,199n34,200n13, 206n89

Luce, Clare Booth, 140

Luce, Henry, 140

lung cancer, 142

Lusk, Graham, 184n7

Macy's, 96

mad cow disease. *See* BSE (bovine spongiform encephalopathy)

magic and natural foods, 193n27

malaria, 114

March of Dimes, 140

margarine, 139,142,147,154,161

Marmot, Michael, 158

Mayer, Jean, 119,139,143

Mayo Clinic, 98,100

Mazola oil, 134

McCall's, 87,90

McCarrison, Robert, 108 - 109,110

McClure's Magazine, 29

McCollum, Elmer, 22,80,81 - 82,83, 84,86 - 92,95,96,99,108,171n27, 185n19,185n26; The Newer Knowledge of Nutrition, 82

McDonald's, 52,59

McGovern, George, 148

McKinley, William, 44

meat: and cholesterol, 148 - 149; consumption of, 177n20; ground, 47,49,51 - 52,53,54 - 56,58 - 59. *See also* beef

meat eating, 36,37 - 38,176n16

Meat Inspection Act, 47, 53, 60, 61,118

meat patés, 177n26

media, 3

medicines, Fraudulent, 181n25

Mediterranean diet, 132 - 134,137, 151 - 153

Mendel, lafayette, 37,81,82,89

Men's Health, 121

Merck, 156

mercury, 117

Metchnikoff, Elie, 7, 17 - 34, 30, 35, 36, 38, 40, 42, 115, 172n2, 185n26; *The Nature of Man*, 19; *The Prolongation of Life*, 31; "Why Not Live Forever", 32

Metzger, Joe, 40

Metzger, Juan, 40

miasmas, 6

microscopes, 7 - 9

Miles, Nelson, 44, 46

milk, 17 - 25, 16t; certification of, 19 - 20; and cholesterol, 135; and flies, 17, 20; fresh milk, 17; and germs, 17 - 20, 157; and good health, 21 - 24, 23, 185n26; for infants, 17 - 18, 19, 20, 171n15; pasteurization of, 18 - 19, 20 - 21, 171n21; percentage feeding, 17 - 18, 20, 171n15; swill milk, 17; and tuberculosis, 18, 10, 170n9, 183n72; and typhoid, 18; and vitamins, 86, 95. *See also* Yogurt

Mons, Barbara, 114

morality and vitamins, 103 - 104

Morgan, Agnes Fay, 102

Mottern, Nick, 148

Mueller, Sebastian, 68

Murphy, Steve, 122

Nabisco, 14, 143

Nader, Ralph, 52 - 53, 117

National Academy of Sciences, 150

National Bakers Association, 88

National Biscuit Company, 12

National Cancer Institute, 112, 150

National Canners Association, 72

National Consumers League, 63

National Dairy Council, 21, 134, 145

National Dairy Products, 21

National Geographic, 120

National Heart Institute (NHI), 131, 141

National Heart, Lung and Blood Institutes, 150

National Institutes of Health (NIH), 131, 141, 149, 151

National Research Council, 150 - 151

Native Americans, 120

narural foods, 3, 107 - 124, 192n4, 193n27

Nature of Man, The (Metchnikoff), 19

Nestlé, 59

neurasthenia, 35, 98, 136, 182n47

New England Journal of Medicine, 156

Newer Knowledge of Nutrition, The (McCollum), 82

Newsweek, 129

New York Rangers, 101

New York Times, 5, 10, 12, 15, 18, 29 - 30, 31, 32, 35, 50, 52, 55 - 56, 62 - 63, 64, 65, 86, 97, 101, 103, 105, 110, 121, 129, 141

New York Times Magazine, 91, 100, 118

niacin, 99, 103 - 104, 186n40, 197n6

night blindness, 96, 188n7, 188n14

nitrogen peroxide, 183n64

nitrolosides, 119

Nixon, Richard, 105, 140

Nucoa, 142

Nutrition Today, 120

obesity and being overweight, 129, 130,136,137,153,154,158,199n46
olive oil, 151 - 152,156
olives, 74
Omnivore's Dilemma, *The* (Pollan),57
opthalmia, 10
organic farming, 3,108,110,123
Organic Farming and Gardening, 110
Organic Gardening and Farming, 110,117
Ornish, Dean, 154
Osborne, Thomas, 81,82

Our Bodies, *Ourselves*, 117
Outwitting Middle Age (Ramus),40

Para-aminobenzoic acid (PABA),103
Parade, 148
parasitic worms, 10,114,115
Parents magazine, 91
Parke-Davis drug company, 85
Pasteur, Louis, 5,6,7,18,27,168n1
Pasteur institute, 7,17,33,40
pasteurization of milk, 18 - 19,20 - 21
Pavlov, Ivan, 36
pellagra, 99,168n3,186n40
People Are Funny, 113
percentage feeding, 17 - 18,10, 171n15
Percy, Charles, 148
pesticides, 110,112,192n11
pets and germs, 9

Pfizer, 14
pharmaceutical companies, 156 - 157
Pinckney, Edward, 145
Poison Squads, 63 - 65,64,66,67,68, 73,74
polio, 9,11,15,140
Pollan, Michael, 164; *In Defense of Food*, 57; *The Omnivore's Dilemma*, 57
Potter, David, 199n40
poverty, 158 - 159,207n91
Pratt and Whitney, 101 - 102
preservatives, 1,44,61,62 - 73,161, 181n27
Prevention, 110,119 - 120,121 - 122,123
probiotics, 42
Prolongation of Life, *The*(Metchnikoff), 31
Proxmire, William, 105
psoriasis, 39
Public Health Service, 89,102
Pure Food and Drug Act, 33,61,62, 65 - 66,70,74,118
Pure; Sweet and Dangerous (Yudkin), 147
Purell, 24
Puritanism, 3 - 4,163

rabies, 6
railways, 43
rats: Processed foods experiments on, 108; sugar experiments on, 146;
rats (continued)
vitamin experiments on, 82, 83, 83,

216

86,102 – 103,184n10

Reagan, Ronald, 149

recalls, 55,58 – 59

red wine, 152

Reed, Walter, 9

regulation: of additives, 61,65 – 66;
of beef, 47 – 49, 51, 53, 55, 56,
57,60

Remsen, Ira, 69,71

Remsen Board, 69 – 70,71 – 72,73

rheumatism, 31,36,115

riboflavin, 197n6

rickets, 80,84

Rickey, Branch, 101

Roberts, Kenneth, 91,92

Rodale, Jerome Irving, 109 – 112,
115, 116 – 117, 118, 122, 123,
192n11; *The Healthy Hunza*, 110

Rodale, Robert, 116,119,120,122

Roosevelt, Eleanor, 76

Roosevelt, Franklin D. , 76,97,188n8

Roosevelt, Theodore, 44, 47, 65,
69,73

Rose, Pete, 122

Rosenau, Milton, 18,170n11

Roth, Eldon, 59

Royal Society of Medicine, 34

Rozin, Paul, Vii, 1

Runner's World, 121

Rusk, Howard, 141

Russia, Jews in, 172n2

saccharin, 69,71 – 72,73

Safer, Morley, 152

Safeway, 55

safflower oil, 142,143,200n14

Saffola, 143. 144

salicylic acid, 44, 62, 67, 68,
176n9,181n27

salt, 3,4,161

Sanavita, 32

Sanitarium, Battle Creek, 36,37,38

SARS, 24

sausages, 47,49

scarlet fever, 18

Schering-Plough, 156 – 157

Schlink, Frederick, 183n72; *100,
000,000 Guinea Pigs*, 51,76

Schlitz Brewing Company, 12

Schlosser, Eric: *Fast Food Nation*, 57

Scientific American, 120

scurvy, 80,85

Search for Paradise, 113

Seven Countries study, 131 – 132,141
– 142,151,204n63

Silent Spring (Carson),112,117

Sinclair, Upton, 46 – 47,53,57; The
Jungle, 46,49,177n20

slaughterhouses, 46,47 – 49,53,57,
59,176n4

smallpox, 6,10

smoking, 126,130,136,142

Sombart, Werner, 50

"Some Little Bug ls Going to Find
You", 9

South Africa, 131

South Beach Diet, *The*, 122

Spain, 128

Spanish-American War, 9,15,44,45, 46 – 47,169n19

spinach, 58,191n53

spinal meningitis, 11

Squibb comparry, 84

Staimler, Jeremiah, 206n87

Stampfer, Meir, 203n57

Staphylococcus infections, 10

Stare, Frederick, 139,143,151

starvation diets, 126,196n5

statins, 156 – 157,157,205n80

Steincrohn, Peter, 136

St. Louis Cardinals, 101

Stonyfield Farm, 41

Straus, Adolphe, Mrs. , 19

Straus, Nathan, 19

stress, 158,207n91

strokes, 125

sugar, 3,145 – 147,158. *See also* carbohydrates

Sugar Blues (Dufty),147

sulfate of copper, 68,73,183n62

sulfur dioxide, 51, 67, 68, 75, 76, 182n39,183n62

sulfurous acid, 67

Sulistrowski, Zygmunt, 113

Sullivan, Mark, 69

Sulzberger, C. L, 112

Sunkist, 85,91

Sun Maid, 75

Swanson, Gloria, 112

Sweden, 131

swine fever, 10

Swiss Kriss, 41

Taco Bell, 58

Taft, William Howard, 20,72,73

Taubes, Gary, 196n2

thiamine, 98 – 102,106,126,157,197n6

This Slimming Business (Yudkin),146

Thomas, Keith, 193n27

Thomas, Lowell, 112 – 113

thyroid problems, 103

Time, 55, 129, 130, 131, 133, 134, 136,149

Tobe, John, 116

tooth decay, 95,96,188n8

trachoma, 114

tropical sores, 10

Tropix B_1 ,101

Truman, Harry S. , 52

tuberculosis: in canle, 51, 183n72; and germs, 6,10,11,169nn21 – 22; among the Hunza, 151; and milk, 18,20,170n9,183n72

Tugwell, Rexford, 76

Twain, Mark, 43

typhoid, 7, 9 – 10, 11, 18, 31, 103,170n3   *217*

Typhoid Mary, 7

ulcers, 108,110

Uneeda biscuits, 12

UNESCO, 153

USDA. *See* U. S. Department of Agriculture (USDA)

U. S. Department of Agriculture

（USDA），55，59，60，72，89，150；
Department of Chemistry，62，74

vaginal infections，41
Vanderbilt，Cornelius，170n3

vegetable oils，134，139，141，142 –
143，144，t45，147，201n28
vegetables. See fruits and vegetables
vegetarianism，176n16
Viscardi，Andrew，99
vitamins，2，79 – 89；deficiencies，96 –
101；experiments on cattle，81；
experiments on rats，82，83，83，86，
102 – 103，184n10；and hair color，
103，190n44，190n47，191n48；and
morality，103 – 104；naming of；
80 – 81，184n3；recommended daily
allowances （RDAs），97，188n13；
supplements，87，95 – 96，101 – 102，
104 – 106，116 – 117，188n4；
vitamania，79，80 – 81，82 – 86，92 –
93，104 – 106，116，158，184n4；
vitamin A，80，81，84，85，86，96，
188n7，188n14；vitamin B，80，85，
104，116，185n20；vitamin B_1
（thiamine），98 – 102，106，157，
197n6；vitamin B_1 （riboflavin），
197n6；vitamin B_3（niacin），99，103 –
104，186n40，197n6；vitamin C，80，
85，92；vitamin D，80，84，86，95，
96，186n30；and World War II，3，
96 – 97，100，188n7，188n14
von Liebig，Justus，184n9

Vytorin，156 – 157

Wallace，Henry，97，101
Wall Street Journal，102
Walmart，55
Washington Post，33，90，100，120
Washington Times，29
water，bottled，24
Weiss，Walt，55
Welch's Grape Juice，187n52
Wesson Oil，134，201n28
Wheel of Life，*The* （Wrench），
110，111
whisky，71，72，182n50
White，Ellen，36
White，Paul Dudley，114，128 – 133，
140 – 141
White Castle，51
White Tower，51，52
whooping cough，115
Whorton，James，35，74
"Why Not Live Forever" (Metchnikoff)，
32
Wilder，Russell，97，98，99，100，102，
104，107，126，190n40
Wiley，Harvey W. ，6，19，20，44，
50，
62 – 76，63，87，105，111，168n4，180n4
Wilson，Woodrow，72 – 73，74
wine，182n39，183n62；red，152
World Health Organization (WHO)，131
World Heritage List，153
World War II: K rations，126；and
milk，23；and vitamins，3，96 – 97，

100,188n7,188n14

worms. *See* parasitic worms

Wrench, G. T. ; *The Wheel of Life*, 110,111

yellow fever, 9

yogurt, 28, 29 – 34, 36, 38, 39 – 42, 115,161. *See also* milk

Yoplait, 42

Yudkin, John, 119, 145 – 147, 158, 201n34; *Pure*; *Sweet and Dangerous*, 147; *This Slimming Business*, 146

Yugoslavia, 131

Zetia, 156

zinc, 195n54

Zocor, 156

Zoolak, 32

图书在版编目(CIP)数据

让我们害怕的食物：美国食品恐慌小史/[美]列文斯坦
(Levenstein，H.)著;徐漪译.—上海:上海三联书店,2016.5
ISBN 978-7-5426-5547-9

Ⅰ.①让… Ⅱ.①列…②徐… Ⅲ.①食品卫生-历史-美国
Ⅳ.①TS201.6

中国版本图书馆CIP数据核字(2016)第067280号

让我们害怕的食物：美国食品恐慌小史

著　　者／[美]哈维·列文斯坦
译　　者／徐　漪

责任编辑／彭毅文
装帧设计／陈乃馨
监　　制／李　敏
责任校对／张大伟

出版发行／上海三联书店
　　　　　(201199)中国上海市都市路4855号2座10楼
网　　址／www.sjpc1932.com
邮购电话／021-22895559
印　　刷／上海叶大印务发展有限公司

版　　次／2016年5月第1版
印　　次／2016年5月第1次印刷
开　　本／640×960　1/16
字　　数／220千字
印　　张／15
书　　号／ISBN 978-7-5426-5547-9/G·1423
定　　价／36.00元

敬启读者,如发现本书有印装质量问题,请与印刷厂联系 021-66019858